U0389105

普通高等教育"十二五"规划教材

程序设计及数据库编程实践教程

主 编 张新明 沈俊媛 何 锋 胡 丹

科学出版社

北 京

内 容 简 介

本书与《程序设计及数据库编程教程》配套使用,主要内容包括:Visual Basic 基础知识实验、窗体和常用控件实验、程序设计基础实验、程序控制结构实验、数组实验、过程和函数实验、创建 Access 数据库实验、SQL 语句实验、数据库的安全实验、Visual Basic 数据库编程实验、数据文件访问及菜单界面设计实验。还设计制作了三个数据库应用系统开发案例:小区收费管理、学生成绩管理、网上书店管理。

光盘内容:实验源文件、实验素材、操作演示视频、教学 PPT。

本书可作为高校非计算机专业的 VB 程序设计＋数据库应用基础课程的实验教材,也可供计算机爱好者参考使用。

图书在版编目 (CIP) 数据

程序设计及数据库编程教程:含实践教程/陈丽花等主编 . —北京:科学出版社,2014

普通高等教育"十二五"规划教材

ISBN 978-7-03-039660-0

Ⅰ.①程⋯ Ⅱ.①陈⋯ Ⅲ.①BASIC 语言-程序设计-高等学校-教材②数据库管理系统-程序设计-高等学校-教材 Ⅳ.① TP312 ②TP311.13

中国版本图书馆 CIP 数据核字(2014)第 017777 号

责任编辑:李淑丽 / 责任校对:刘亚琦

责任印制:徐晓晨 / 封面设计:华路天然工作室

科 学 出 版 社 出版

北京东黄城根北街 16 号

邮政编码:100717

http://www.sciencep.com

北京东华虎彩印刷有限公司 印刷

科学出版社发行 各地新华书店经销

*

2014 年 2 月第 一 版 开本:787×1092 1/16

2018 年 1 月第五次印刷 印张:8

字数:189 000

定价:56.00 元(全套)

(如有印装质量问题,我社负责调换)

前　言

把程序设计与数据库应用两门课程整合进行联动改革,将程序设计与数据库知识贯通,培养非计算机专业学生程序设计与数据库编程的思维和能力,提高其应用和开发信息管理系统的水平和能力,是我们编写教材希望达到的教学目标。本书是与《程序设计及数据库编程教程》教材配套使用的上机实验教程。根据"培养计算思维能力"的主导思想,根据非计算机专业学生的学习需求,总结多年来独立进行程序设计与数据库课程教学的经验得失,制定教学目标,组织实验内容编写而成,满足一般院校计算机基础课程的教学需要。

本书包括 11 章,由浅入深,由简单到复杂,精心组织编写了 34 个基本实验或综合实验,还有三个数据库管理应用系统的开发案例。为了便于学生独立完成实验,在实验内容及操作指导中给出了相应的操作说明或提示,特别在随书光盘中,有理论教程各章习题及答案,编写本书各章的老师都制作了教学 PPT,给出了实验所需文件,有的还制作了操作演示视频和实验的结果文件,易学易教。特别是:三个数据库管理应用系统开发案例,不但提供了代码、结果文件(.EXE),还提供了开发制作过程的演示视频,为学生自行设计制作出优秀的数据库应用系统作品,给以启示。

本书作者均为一线教师,有丰富的教学经验,沙莉编写第 1 章,陈丽花编写第 2 章,李莉平编写第 3 章,何锋编写第 4 章,胡丹编写第 5 章,沈湘芸编写第 6 章,徐娟编写第 7 章,沈俊媛编写第 8 章,李春宏编写第 9 章和综合案例二,玄文启编写第 10 章,张新明编写第 11 章和综合案例一,陶冶编写综合案例三。全书由张新明统稿。

本书的编写得到了云南财经大学各级领导的关心和支持,在此表示深深地感谢!此外,还要感谢科学出版社的各级领导和相关工作人员对我们编写教材的精心策划、组织和编辑!没有他们的帮助和支持就没有本书的问世。

由于时间仓促,编者水平有限,书中难免有不妥之处,敬请各位读者批评指正!

编　者
2013 年 10 月

目　　录

第 1 章　Visual Basic 基础知识实验

实验 1.1　熟悉 Visual Basic 6.0 集成开发环境

1. 实验目的

（1）了解 Visual Basic 6.0 集成开发环境。

（2）掌握窗体中控件对象的建立、选定、调整布局、属性设置和删除等操作方法。

（3）掌握 Visual Basic 6.0 帮助系统的使用。

2. 实验内容

（1）Visual Basic 6.0 集成环境的基本使用：启动和关闭 Visual Basic 6.0 系统；属性窗口、工程资源管理器窗口、代码窗口、窗体布局窗口、立即窗口、工具箱的显示与关闭。

（2）控件的基本操作：将工具箱中的每一个常用控件添加到窗体中，并识别这些控件，调整其位置、大小；修改窗体、标签、命令按钮的 Caption、Font 等属性，观察它们的变化。

（3）Visual Basic 6.0 帮助系统的使用。

3. 实验操作

（1）单击 Visual Basic 6.0 集成开发环境的"帮助"菜单，弹出其下拉菜单，选择下拉菜单中的"内容"或"索引"命令，可以打开"MSDN Library Visual Studio 6.0"窗口界面，如图 1-1 所示。分别通过"目录"、"索引"、"搜索"来查找需要帮助的信息。

图 1-1　MSDN Library Visual Studio 6.0 窗口

（2）在 Visual Basic 界面的任何上下文相关部分按 F1 键，就可显示有关该部分的信息，上下文相关部分包括：Visual Basic 中的每个窗口（"属性"窗口、"代码"窗口等）、工具箱中的控件、窗体或文档对象内的对象、"属性"窗口中的属性、Visual Basic 关键词（语句、声明、函数、属性、方法、事件和特殊对象）、错误信息。

（3）从 Internet 上获得帮助：Visual Basic 主页，该站点包含：Visual Basic 基础知识、Visual Basic 软件库、Visual Basic 常见问题等，地址为 http：//www. microsoft. com/vbasic/；还有一些 Visual Basic 学习的网站：

学 VB. NET	http：//www. xuevb. net/
VB 爱好者乐园	http：//www. vbgood. com/vb. good/
问专家	http：//www. china-askpro. com/
中国 VB 网	http：//www. chinavb. net/
VB 大世界	http：//vbworld. sxnw. gov. cn/vbbooks/index. asp

实验 1.2　设计一个 VB 应用程序

1. 实验目的

（1）理解 VB 中对象以及对象的属性、事件和方法的概念。

（2）熟悉 VB 编程的基本步骤：界面设计、属性设计、编写代码、运行、调试、保存文件。

（3）掌握在属性窗口中设置对象属性的基本操作。

（4）掌握在代码窗口中编辑程序代码的基本操作。

（5）体验 Visual Basic 程序编写过程，达到对可视化编程有一定感性认识的目的。

2. 实验内容

编写一个程序。程序的功能：在窗体中单击按钮，显示"Visual Basic 6.0 欢迎您!"，再次单击按钮，则隐藏字符，同时按钮上的标识在"显示"和"隐藏"之间切换。

3. 实验操作

大家可能会对操作过程中的操作和代码不了解，此时我们不需要去探究，在以后的章节会逐步详细的介绍 Visual Basic 的编程方法和技巧，在此处用户只需要根据操作步骤来完成本实验。

（1）启动 Visual Basic 6.0 程序，系统新建一个标准 EXE 工程，即工程中包含一个默认的窗体 Form1，如图 1-2 所示。

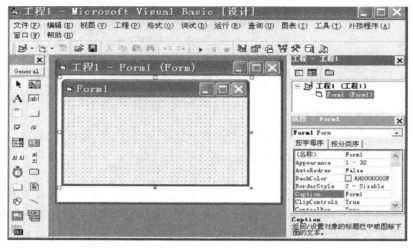

图 1-2　显示窗体

（2）进行界面设计：设计好的窗口界面如图 1-3 所示。界面应该包含_____、_____控件，"显示"应该设置_____控件的_____属性，它的字号应该用_____属性设置，其他隐含的属性有_____。

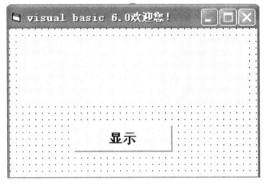

图 1-3　已添加控件的窗口界面

可以参考表 1-1 在属性框中进行属性设置。

表 1-1　在属性框中设置的各控件属性

对象名	属性名	默认值	设置值
Form1	Caption	Form1	Visual Basic 欢迎您！
Label1	Caption	Label1	空
	Alignment	0-Left Justify	2-Center
	Font	宋体、常规、小五号	隶书、粗体、一号
Command1	Caption	Command1	显示
	Font	宋体、常规、小五号	宋体、粗体、小四

（3）根据题意"在窗体中单击按钮"，单击指对象的三要素中的_____，按钮是指_____，"再次单击按钮，则隐藏字符"应该用方法实现。

显示"Visual Basic 6.0 欢迎您！"应该用_____控件的_____属性设置，显示"显示"或"隐藏"字样应该用_____控件的_____属性设置，在代码窗口中编写相应的程序代码：

```
Private sub command1_click()                'command1 的 Click 事件过程
If label1.caption= "" then
  Label1.caption= "Visual Basic 6.0 欢迎您！"'标签显示"Visual Basic 6.0 欢迎您！"
  Command1.caption= "隐藏"          '命令按钮显示"隐藏"字样
Else
  Label1.caption= ""                      '标签显示为空
Command1.caption= "显示"            '命令按钮显示"显示"字样
  End if
  End sub
```

（4）在工具栏上单击"启动"按钮，以查看程序运行结果：屏幕上出现"Visual Basic 6.0 欢迎您！"窗体，窗体上有一"显示"按钮，如图 1-4 所示，单击该按钮，按钮上方出现"Visual Basic 6.0 欢迎您!"字样,如图 1-5 所示,于此同时,按钮名由"显示"变为"隐藏",如果再次单击"隐藏"按钮,则窗体显示为如图 1-3 所示,即循环显示。

图 1-4　运行窗体

图 1-5　显示欢迎字样

图 1-6　生成可执行文件

(5) 将此工程生成可执行文件,可执行文件是以 exe 为后缀的文件,不需要在 Visual Basic 环境下即可运行的文件。从菜单栏中选择"文件"→"生成工程 1.exe"命令,如图1-6所示。

(6) 选择"文件"→"保存工程"命令,分别保存窗体文件(图 1-7)和工程文件(图 1-8)在指定的文件夹中。

(7) 提示:①单引号用来标记注释信息,一个程序行上单引号之后的所有代码均为注释信息;②双引号用来标记字符串,括在一对双引号之间的内容均为字符,二者的作用完全不相同,一定不要混淆;③程序中使用的标点符号都应该是西文输入方式下输入的,如果使用了中文标点符号,也会导致语法错误;④程序录入出现的语法错误:系统用红色表示一个语句行,表示该语句行有语法错误。这类错误通常是关键字拼写错误、使用了中文的标点符号、括号不匹配、遗漏了某些标点符号、函数调用缺少参数、不按格式书写语句定义符等;另外,正常情况下,当一行语句输入完按下回车键后,代码中对象名的首字母将变成大写,若没有转换成大写字母,就表示设计的用户界面中没有创建该控件,在运行程序时会出现运行错误。

图 1-7　保存窗体文件

图 1-8　保存工程窗口

第2章 Visual Basic 窗体和常用控件实验

实验 2.1 基本控件程序设计

1. 实验目的

（1）掌握标签、文本框、命令按钮控件的常用属性、事件和方法。

（2）掌握滚动条控件、时钟控件的常用属性、重要事件和基本方法。

（3）掌握图片框、图像框和直线等控件的常用属性、重要事件和基本方法。

（4）掌握单选按钮、复选框的常用属性、重要事件和基本方法。

（5）掌握列表框、组合框的常用属性、重要事件和基本方法。

（6）熟练掌握在窗体上建立上述控件的操作方法，以及编写事件过程的程序设计。

2. 实验内容

（1）显示或清除图片。窗体上有三个按钮"显示图形（L）"、"清除图形（C）"、"结束（E）"和一个图像框，单击"显示图形（L）"按钮则在图像框中显示一个图片，单击"清除图形（C）"按钮则清除图像框中的图片，单击"结束（E）"按钮则结束程序的运行。如图 2-1 所示。

（2）模拟秒表程序。单击"开始"按钮，该按钮变为灰色，同时"停止"按钮可用，在文本框 1 中显示开始时间，单击"停止"按钮，该按钮变为灰色，同时"开始"按钮可用，在文本框 2 中显示结束时间，在文本框 3 中显示共用时间。

（3）图像框、滚动条、计时器实验。编写一个动画程序，单击"开始"按钮，图像从左到右不断运动，然后"开始"按钮变成不可用，同时"停止"按钮变成可用，用滚动条来控制运动的速度。

（4）简单文本设置。编写一个设置文本样式和字号的应用程序，其主要功能是在文本框中输入文本，并且可以设置文本的样式和字号。

（5）左右移动字幕。为一个应用系统设计滚动字幕版，字幕"天长地久有时尽，此恨绵绵无绝期"在窗体中从左至右后从右向左反复移动，移动速度和移动幅度可以由用户控制。

（6）列表框应用举例。设计一个窗体，窗体中有 2 个列表框（List1、List2）和 8 个按钮。此程序能实现两个列表框之间的信息互换，且 List1 中只允许单选，List2 中允许多选且信息可以排序。

3. 实验操作

1）显示或清除图片

（1）在窗体上添加一个图像框和三个命令按钮。属性设置如表 2-1 所示。

表 2-1 控件属性设置

对象类型	对象名称	属性名	属性值
命令按钮	Command1	Caption	显示图形（&L）

对象类型	对象名称	属性名	属性值
命令按钮	Command2	Caption	清除图形（&C）
命令按钮	Command3	Caption	结束（&E）
图像框	Image1	Stretch	true

（2）程序代码如下：

```
Private sub command1_click()
  Image1.picture= loadpicture("e:\VB\aa.bmp")
End sub
Private sub command2_click()
  Image1.picture= loadpicture("")
End sub
Private sub command3_click()
  End
End sub
```

　　说明：Image1.picture = loadpicture（"e：\ VB \ aa.bmp"）中的"e：\ VB \ aa.bmp"是图片文件的文件名，具体操作的时候选择用户磁盘上的图片文件。运行结果如图 2-1 所示。

　　2）模拟秒表程序

　　（1）在窗体上添加 2 个命令按钮、3 个标签、3 个文本框，如图 2-2 所示。属性设置如表 2-2。

图 2-1　运行界面

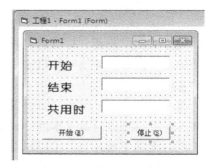

图 2-2　窗体设置界面

表 2-2　控件属性设置

对象类型	对象名称	属性名	属性值
命令按钮	Command1	Caption	开始（&B）
命令按钮	Command2	Caption	停止（&S）
标签	Label1	Caption	开始
	Label2	Caption	结束
	Label3	Caption	共用时
文本框	Text1	Text	""
	Text2	Text	""
	Text3	Text	""

（2）程序代码如下：

```
Dim st, et, pt
Private Sub Command1_Click()
    st = Now
    Text1 = Format(st, "hh:mm:ss")
    Text2 = ""
    Text3 = ""
    Command1.Enabled = False
    Command2.Enabled = True
End Sub
Private Sub Command2_Click()
    et = Now
    pt = et - st
    Text2 = Format(et, "hh:mm:ss")
    Text3 = Format(pt, "hh:mm:ss")
    Command2.Enabled = False
    Command1.Enabled = True
End Sub
```

运行结果如图 2-3 所示。

图 2-3　运行界面

3）图像框、滚动条、计时器实验

（1）在窗体上添加 2 个命令按钮、1 个滚动条、2 个标签、1 个计时器和 1 个图像框，如图 2-4 所示。属性设置如表 2-3。

图 2-4　窗体设置界面

表 2-3　控件属性设置

对象类型	对象名称	属性名	属性值
命令按钮	Command1	Caption	开始
命令按钮	Command2	Caption	停止
标签	Label1	Caption	快
标签	Label2	Caption	慢

续表

对象类型	对象名称	属性名	属性值
滚动条	HScroll1	Max	1000
	HScroll1	Min	1
	HScroll1	LargeChange	200
	HScroll1	SmallChange	20
图像框	Image1	Stretch	true
	Image1	picture	添加一幅图片

（2）程序代码如下：

```
Private Sub Command1_Click()
  Timer1.Enabled = True              '使计时器有效
  Timer1.Interval = HScroll1.Value   '用滚动条的值设置计时器时间间隔
  Command1.Enabled = False
  Command2.Enabled = True
End Sub
Private Sub Command2_Click()
  Timer1.Enabled = False             '使计时器无效
  Command1.Enabled = True
  Command2.Enabled = False
End Sub
Private Sub HScroll1_Change()
  Timer1.Interval = HScroll1.Value
End Sub
Private Sub Timer1_Timer()
  If Image1.Left + Image1.Width > 0 Then
    Image1.Move Image1.Left - 100
  Else
    Image1.Left = Form1.ScaleWidth
  End If
End Sub
```

运行结果如图 2-5 所示。

4）简单文本设置

（1）界面设计。建立窗体，设计界面，如图 2-6 所示调整控件大小和位置，使界面美观大方。

图 2-5　运行界面

图 2-6　窗体对象属性设置

（2）属性设置。窗体对象属性如表 2-4 所示，结果如图 2-7 所示。

表 2-4　窗体对象属性

对象	属性	设置值
Form	Caption	设置文本样式和字号
TextBox	Text	欢迎使用 VB6.0
	Scrollbars	2-Vertical
	Multiline	True
Frame1	名称	Framestyle
	Caption	样式
Frame2	名称	Framefont
	Caption	字号
CheckBox1	Caption	粗体
CheckBox2	Caption	斜体
CheckBox3	Caption	下划线
OptionButton1	Caption	8
OptionButton2	Caption	12
OptionButton3	Caption	24

（3）编写程序代码。程序代码如下：

```
Private Sub Form_Load()
  Text1.FontBold= False
  Text1.FontItalic= False
  Text1.FontUnderline= False
  Text1.FontSize= 12
  Option2.Value= True
End Sub
Private Sub Check1_Click()
  Text1.FontBold= Check1.Value
End Sub
Private Sub Check2_Click()
  Text1.FontItalic= Check2.Value
End Sub
Private Sub Check3_Click()
  Text1.FontUnderline= Check3.Value
End Sub
Private Sub Option1_Click()
  Text1.FontSize= 8
End Sub
Private Sub Option2_Click()
  Text1.FontSize= 12
End Sub
```

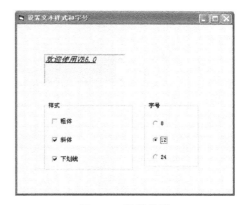

图 2-7　显示结果

```
Private Sub Option3_Click()
   Text1.FontSize= 24
End Sub
```

5）左右移动字幕

（1）界面设计。新建一个标准的 EXE 工程，添加一个窗体，并按如图 2-8 所示把标签、命令按钮、文本框、单选按钮、框架、计时器等控件添加到窗体上。

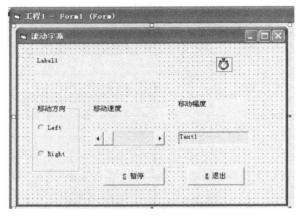

图 2-8　窗体对象属性设置

（2）属性设置，如表 2-5 所示。

表 2-5　窗体对象属性

对象	属性	设置值
Form1	Caption	滚动字幕
Label2	Caption	移动速度
Label3	Caption	移动幅度
OptionButton1	Caption	Left
OptionButton2	Caption	Right
Command1	Caption	&S 暂停
Command2	Caption	&E 退出

（3）编写程序代码。本程序的重点是如何控制字幕的移动，方法是每隔一定的时间来改变用来显示文本的标签左边的位置，从而达到移动字幕的效果。为控制字幕的移动，还需解决移动方向、移动速度和移动幅度等具体参数的位置。

程序代码如下：

```
Dim direction, value
'direction 用于方向控制,1 向左移,2 向右移；value 为每次移动的距离
Private Sub Form_Load()
   Label1.Caption =  "天长地久有时尽,此恨绵绵无绝期。"
   HScroll1.Min =  10:   HScroll1.Max =  100
   HScroll1.LargeChange =  10
   Text1.Text =  "20"
```

```
      Option1.value = False
      Option2.value = True
End Sub
Private Sub Command1_Click()        '命令按钮 1 实现字幕移动与暂停的目的
    If Command1.Caption = " & S 暂停" Then
       Command1.Caption = " & C 继续"
       Timer1.Enabled = False          '计时器失效,暂停移动
    Else
       Command1.Caption = " & S 暂停"
       Timer1.Enabled = True
    End If
End Sub
Private Sub Hscroll1_Change()
    Timer1.Interval = 101 - HScroll1.value
End Sub
Private Sub Option1_Click()
    direction = 1
End Sub
Private Sub Option2_Click()
    direction = 2
End Sub
Private Sub Text1_Change()
    value = Val(Text1.Text)
End Sub
Private Sub Timer1_Timer()
    If direction = 1 Then
       If Label1.Left + Label1.Width > 0 Then
          Label1.Move Label1.Left - value
       Else
          Label1.Left = Form1.ScaleWidth
       End If
    Else
       If Label1.Left < Form1.ScaleWidth Then
          Label1.Move Label1.Left + value
       Else
          Label1.Left = 0 - Label1.Width
       End If
    End If
End Sub
Private Sub Command2_Click()
    Unload Me            '或 End
End Sub
```

（4）调试与运行。保存工程文件，然后运行程序，得到如图 2-9 所示的运行界面。

6）列表框应用举例

（1）界面设计。建立窗体，设计界面，如图 2-10 所示，调整控件大小和位置，使界面美观大方。

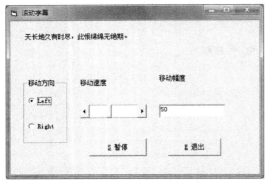

图 2-9　显示结果　　　　　　　图 2-10　窗体对象属性设置

（2）属性设置。窗体对象属性设置如表 2-6 和表 2-7 所示。

表 2-6　窗体对象属性

对象	属性	设置值
Form	Caption	列表框运用程序
Label1	Caption	未排序列表
Label2	Caption	排序列表
List1	Sorted	False
List2	Sorted	Ture
	MultiSelect	2（允许多选）
	Style	1（带 CheckBox）

表 2-7　窗体中各按钮属性

按钮名称	名称属性	按钮名称	名称属性
删除所选项目（左）	cmdList1move	删除所选项目（右）	cmdList2move
增加新项目（左）	cmdListladd	增加新项目（右）	cmdList2add
清除列表（左）	cmdList1clear	清除列表（右）	cmdList2clear
右箭头（>>）	cmdLefttoright	左箭头（<<）	cmdRighttoleft

（3）编写程序代码。程序代码中有关列表框操作的部分代码的功能说明如表 2-8 所示。

表 2-8　功能说明

方法	作用
List1. AddItem " China"	将 China 添加到列表框中
List1. ListIndex	返回列表框 List1 中当前选择项目的索引号
List1. ListCount	返回列表框 List1 中项目总数
List1. ListCount－1	返回列表框 List1 中最后一个项目的索引号
List. Selected（）	返回一个项目的选择状态，返回值是布尔值

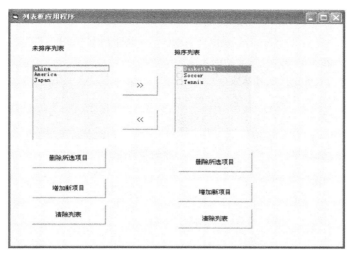

图 2-11　显示结果

程序代码如下：

```
    Option Explicit
Private Sub Form_Load()
    List1.AddItem "China"
    List1.AddItem "America"
    List1.AddItem "Japan"
    List2.AddItem "Basketball"
    List2.AddItem "Soccer"
    List2.AddItem "Tennis"
End Sub
Private Sub cmdlefttoright_Click() '将左列表中所选元素移到右列表
    If List1.ListIndex >= 0 Then
       List2.AddItem List1.Text       '在右边列表中增加新元素
       List1.RemoveItem List1.ListIndex '删除左边列表中的所有元素
    End If
End Sub
Private Sub cmdList1add_Click()
    Dim ListItem  As String
    ListItem = InputBox("在列表中输入新项目") '向列表中加入新项目
    If Trim(ListItem) <> " " Then
      List1.AddItem ListItem
    End If
End Sub
Private Sub cmdList1clear_Click()
      List1.Clear
End Sub
Private Sub cmdList1move_Click()
  Dim i As Integer
```

```
    If List1.SelCount = 1 Then '判断列表框是否仅有一个项目被选中
       List1.RemoveItem List1.ListIndex
    ElseIf List1.ListCount > 1 Then '删除列表框中的所选中的多个项目
       For i = List1.ListCount - 1 To 0 Step -1
        'ListCount 返回列表框中的项目总数
        'ListCount-1 是列表框中最后一个项目的索引号
        '判断该项目是否被选中,Selected( ) 返回布尔值
          If List1.Selected(i) Then
             List1.RemoveItem i                    '删除索引号为 i 的项目
          End If
       Next
    End If
End Sub
Private Sub cmdList2add_Click()
    Dim ListItem As String            '定义变量,以接收输入的字符串
    ListItem = InputBox("在列表中输入新项目")
    If Trim(ListItem) < > " " Then
       List2.AddItem ListItem                  '将字符串增加到列表中
    End If
End Sub
Private Sub cmdList2clear_Click()
    List2.Clear              '清空列表
End Sub
Private Sub cmdList2move_Click()
    Dim i As Integer
    If List2.SelCount = 1 Then      '判断所选元素是否只有一个
       List2.RemoveItem List2.ListIndex
    '如果所选 元素大于 1,则按下列操作进行
    ElseIf List2.ListCount > 1 Then
       For i = List2.ListCount - 1 To 0 Step -1
          If List2.Selected(i) Then
             List2.RemoveItem i
          End If
       Next i
    End If
End Sub
Private Sub cmdRighttoleft_Click()
    Dim i As Integer
    If List2.SelCount = 1 Then            '判断选中的元素的数目
       List1.AddItem List2.Text
       List2.RemoveItem List2.ListIndex
    ElseIf List2.SelCount > 1 Then        '当选中的元素大于一个时
       For i = List2.ListCount - 1 To 0 Step -1
          If List2.Selected(i) Then    '若该元素被选中,则将其从右边移至左边
```

```
            List1. AddItem List2. List(i)
            List2. RemoveItem i
        End If
     Next i
   End If
End Sub
```

（4）调试与运行。选择"运行"→"启动"命令、单击"运行"按钮或按"F5"键，系统将执行运用程序，其运行界面如图 2-11 所示。

4. 实验思考

（1）实验内容（4）中，将控件放置在窗体上时，如果先放框架内的控件，再放框架，会产生什么结果？

（2）实验内容（5）中，如果采用一个表示字体大小（10—80）的滚动条，移动滚动条，则文本框中字体大小发生相应的变化。程序该如何编写？

（3）实验内容（6）中，若采用键盘方式（如左、右方向键）来改变滚动字幕的移动速度，程序该如何编写？

实验 2.2　综合实验

1. 实验目的

（1）进一步掌握 Visual Basic 控件的使用方法。
（2）掌握日历控件、多功能文本框、框架等控件的使用。

2. 实验内容

利用 Visual Basic 的日历控件制作一个电子台历。

3. 实验操作

（1）界面设计，如图 2-12、图 2-13 所示。其中要用到 Microsoft Tabbed Dialog Ctrol 6.0 控件和 Microsoft 日历控件。

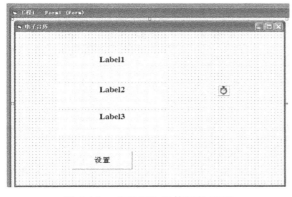

图 2-12　"设置"窗体属性设置

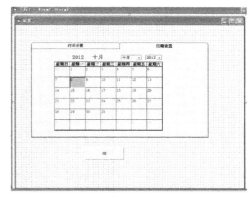

图 2-13　"电子台历"窗体属性设置

（2）控件属性设置，见表 2-9 所示。

表 2-9　电子台历控件属性表

窗体	对象	属性	设置值
Form1	Form	名称	Form1
		Caption	电子台历
	Label1	名称	Label1
		Caption	Label1
	Label2	名称	Label2
		Caption	Label2
	Label3	名称	Label3
		Caption	Label3
	CommandButton1	名称	Command1
		Caption	Set
	Timer1	名称	Timer1
		InterVal	4000
Form2	Form	名称	Form2
		Caption	设置
	SSTab1	名称	SSTab1
		Caption	时间设置/日期设置
		Tabs	2
		TabsPerRow	2
	CommandButton1	名称	Command1
		Caption	Ok
	"时间设置标签"		
	Label1	名称	Label1
		Caption	Label1
	Label2	名称	Label2
		Caption	Label2
	Label3	名称	Label3
		Caption	Label3
	Combo1	名称	cmdHour
	Combo2	名称	cmdMinute
	Combo3	名称	cmdSecond
	"日期设置标签"		
	Calendar1	名称	Calendar1
	CommandButton1	名称	Command1
		Caption	Ok

（3）程序代码如下：

① "设置" 窗体（Form1 窗体）。

```
Private Sub Command1_Click ( )
    Form2. show
End Sub
Private Sub Timer1_Timer( )
    rq= Year(Date) & "年"& Month(Date) & "月"& Day(Date) & "日"
      sj= Hour(Time( ) ) & ":"& Minute(Time ( ) ) & ":"& Second (Time( ) )
      xq= Weekday (Date,vbMonday )
    If  xq= 1   Then  xq= "一"
    If  xq= 2   Then  xq= "二"
    If  xq= 3   Then  xq= "三"
    If  xq= 4   Then  xq= "四"
    If  xq= 5   Then xq= "五"
    If  xq= 6    Then  xq= "六"
    If  xq= 7    Then  xq= "日"
    xq= "星期"& xq
    Label1. Caption= rq
    Label2. Caption= xq
    Label3. Caption= sj
End Sub
```

　　② "电子台历" 窗体（Form2 窗体）。

```
Private Sub Calendar1_Click()'在日期控件上选择日期后修改系统日期
        d =  Str(Calendar1. Day)
        m =  Str(Calendar1. Month)
        y =  Str(Calendar1. Year)
        Date =  y & "-" & m & "-" & d     '修改系统日期
End Sub
Private Sub cmdHour_Click() '设置时间的小时
        m =  Str(Minute(Time()))
        s =  Str(Second(Time()))
        h =  cmdhour. Text
        Time =  h & ":" & m & ":" & s     '修改系统时间
End Sub
Private Sub cmdMinute_Click()          '设置时间的分
        h =  Str(Hour(Time()))
        s =  Str(Second(Time()))
        m =  cmdminute. Text
        Time =  h & ":" & m & ":" & s
End Sub
Private Sub cmdSecond_Click()      '设置时间的秒
        h =  Str(Hour(Time()))
        m =  Str(Minute(Time()))
        s =  cmdsecond. Text
        Time =  h & ":" & m & ":" & s
End Sub
```

```
Private Sub Command1_Click()
        'Unload Me
        Form2.Hide
        Form1.Show
End Sub
Private Sub Form_Load()    '初始化
        For i = 0 To 23    '向组合框内添加 0- 23(小时)
          cmdhour.AddItem i
        Next i
        cmdhour.ListIndex = Hour(Time())    '取系统时间的小时,并指定为当前显示项
        For i = 0 To 59
          cmdminute.AddItem i
        Next i
        cmdminute.ListIndex = Minute(Time())
        For i = 0 To 59
          cmdsecond.AddItem i
        Next i
        cmdsecond.ListIndex = Second(Time())
    End Sub
    Private Sub Timer1_Timer()    '计时器每隔 4 秒更新一次时间设置中的时间
        cmdhour.ListIndex = Hour(Time())
        cmdminute.ListIndex = Minute(Time())
        cmdsecond.ListIndex = Second(Time())
    End Sub
```

　　显示结果如图 2-14、图 2-15 所示。

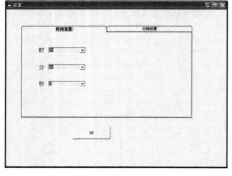

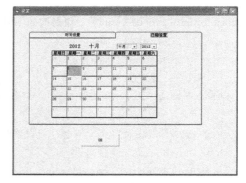

图 2-14　"设置"显示结果　　　　　图 2-15　"电子台历"显示结果

第3章 Visual Basic 程序设计基础实验

实验 3.1 计算年龄

1. 实验目的

了解 VB 的数据类型、掌握常量和变量的声明方法、掌握运算方法和表达式的求值，以及数值转换函数、日期函数的用法。

2. 实验内容

输入出生年份，计算出年龄后输出。程序界面如图 3-1 所示。

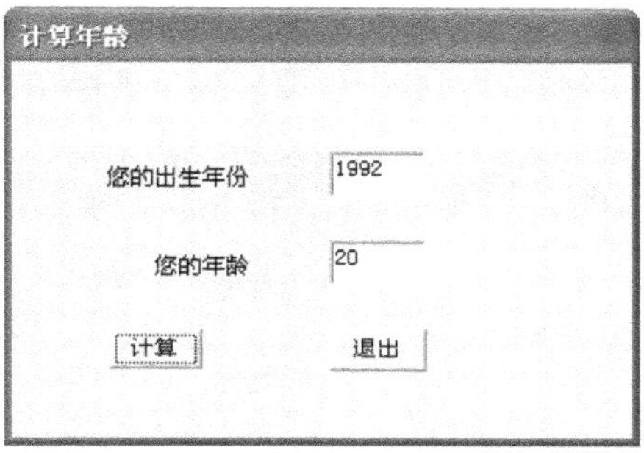

该问题的求解思路为：定义 3 个变量分别存放出生年份、当前年份、年龄，输入出生年份，用函数求得当前年份后减去出生年份即为年龄，最后输出结果。

图 3-1 计算年龄程序界面

3. 实验操作

1) 设计界面

本程序需要 2 个标签（Label1 "您的出生年份"、Label2 "您的年龄"），用于显示 2 个提示信息；需要 2 个文本框（Text1、Text2）用于显示出生年份和年龄；两个命令按钮（Command1 "计算"、Command2 "退出"），用于控制程序的运行。所需的控件如表 3-1 所示。

表 3-1 计算年龄控件表

控件	用途	显示名称
Label1	显示信息	您的出生年份
Label2	显示信息	您的年龄
Text1	输入出生年份	
Text2	显示年龄	
Command1	控制程序执行	计算
Command2	退出程序	退出

2) 设置控件代码

```
Private Sub Command1_Click()'"计算"按钮的单击事件代码
    Dim a As Integer
    Dim b As Integer
    Dim c As Integer
    a = Val(Text1.Text)'把 Text1 的值转换为数值并赋值给 a
    b = Year(Now)          '取现在的年份赋值给 b
```

```
    c = b - a    '用现在的年份减去出生的年份,结果赋值给 c
    Text2.Text = c
End Sub
Private Sub Command2_Click()'"退出"按钮的单击事件代码
    End
End Sub
```

3) 运行程序

4) 保存程序

实验 3.2　算术运算

1. 实验目的

了解 VB 的数据类型、掌握常量和变量的声明方法、掌握运算方法和表达式的求值,以及字符转换函数、数值转换函数的用法。

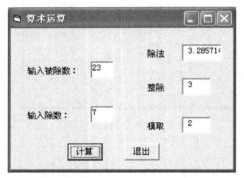

图 3-2　算术运算程序界面

2. 实验内容

输入两个数(被除数、除数),求它们的商、整除值、余数。程序界面如图 3-2 所示。

该问题的求解思路为:定义 5 个变量,分别存放被除数、除数、商、整除值、余数,输入被除数和除数,利用不同的算术运算求得结果后输出。

3. 实验操作

1) 设计界面

本程序需要 5 个标签(Label1 "输入被除数"、Label2 "输入除数"、label3 "除法"、label4 "整除"、label5 "取模"),用于显示 5 个提示信息;需要 5 个文本框(Text1、Text2、Text3、Text4、Text5)用于输出计算结果;两个命令按钮(Command1 "计算"、Command2 "退出"),用于控制程序的运行。所需的控件如表 3-2 所示。

表 3-2　算术运算控件表

控件	用途	显示名称
Label1	显示信息	输入被除数
Label2	显示信息	输入除数
Label3	显示信息	除法
Label4	显示信息	整除
Label5	显示信息	取模
Text1	输入被除数	
Text2	输入除数	
Text3	输出除法结果	
Text4	输出整除结果	
Text5	输出取模结果	
Command1	控制程序执行	计算
Command2	退出程序	退出

2）设置控件代码

```
Private Sub Command1_Click()'"计算"按钮的单击事件代码
    Dim x, y As Integer
    Dim a1, a2, a3 As Integer
    x =  Val(Text1.Text)
    y =  Val(Text2.Text)
    Text3.Text =  Str(x / y)  '计算商,把结果转换为字符,并赋值给文本框 text1
    Text4.Text =  Str(x \ y)  '求整除结果,把结果转换为字符,并赋值给文本框 text2
    Text5.Text =  Str(x Mod y)  '求余数,把结果转换为字符,并赋值给文本框 text3
End Sub
Private Sub Command2_Click()'"退出"按钮的单击事件代码
  End
End Sub
```

3）运行程序

4）保存程序

实验 3.3　交换数

1. 实验目的

了解 VB 的数据类型、掌握常量和变量的声明方法、掌握运算方法和表达式的求值，数值转换函数的用法，以及交换变量值的方法。

2. 实验内容

输入两个整数，交换它们的值后输出。程序界面如图 3-3 所示。该问题的求解思路为：输入两个数，分别存放在定义好的变量 a，b 中，再定义一个变量作为临时仓库，暂存交换的数值，把变量 a 的值放入临时仓库，变量 b 的值放入变量 a，然后把临时仓库中的值放入变量 b，即可完成 a，b 两个变量值的交换，最后输出结果。

图 3-3　交换数程序界

3. 实验操作

1）设计界面

本程序需要 4 个标签（Label1 "第一个数"、Label2 "第二个数"、Label3 "交换前"、Label4 "交换后"），用于显示 4 个提示信息；需要 4 个文本框（Text1、Text2、Text3、Text4）用于显示两个数交换前后的值；两个命令按钮（Command1 "执行"、Command2 "退出"），用于控制程序的运行。所需的控件如表 3-3 所示。

表 3-3　交换数控件表

控件	用途	显示名称
Label1	显示信息	第一个数
Label2	显示信息	第二个数
Label3	显示信息	交换前
Label4	显示信息	交换后

续表

控件	用途	显示名称
Text1	输入第一个数	
Text2	输入第二个数	
Text3	显示交换结果	
Text4	显示交换结果	
Command1	控制程序执行	执行
Command2	退出程序	退出

2）设置控件代码

```
Private Sub Command1_Click()'"执行"按钮的单击事件代码
    Dim a As Integer, b As Integer
    Dim temp As Integer'temp 为交换的临时变量
    a=Val(Text1.Text)
    b=Val(Text2.Text)
    temp=a'把 a 的值赋给 temp
    a=b'把 b 的值赋给 a,覆盖 a 的原值
    b=temp'把 temp 的值赋给 b,即完成 a,b 交换
    Text3.text= a
    Text4.text= b
End Sub
Private Sub Command2_Click()'"退出"按钮的单击事件代码
        End
End Sub
```

3）运行程序

4）保存程序

实验 3.4　转换时间格式

1. 实验目的

了解 VB 的数据类型、掌握常量和变量的声明方法、掌握运算方法和表达式的求值，数值转换函数，以及求余数的方法。

图 3-4　转换时间格式程序界面

2. 实验内容

输入一个正整数（秒数），将其转换为时：分：秒的形式输出。程序界面如图 3-4 所示。该问题的求解思路为：定义 2 个变量，用于存放总秒数和结果，输入总秒数，利用整除及取模求得结果后输出。

3. 实验操作

1）设计界面

本程序需要 2 个标签（Label1 "请输入总的秒数："、Label2 "转换为时：分：秒"），用于显示 2 个提示信息；需要 2 个文本框（Text1、Text2）

用于显示总秒数和转换结果；两个命令按钮（Command1 "转换"、Command2 "退出"），用于控制程序的运行。所需的控件如表 3-4 所示。

表 3-4　转换时间控件表

控件	用途	显示名称
Label1	显示信息	请输入总的秒数：
Label2	显示信息	转换为时：分：秒：
Text1	输入总的秒数	
Text2	输出转换结果	
Command1	控制程序执行	转换
Command2	退出程序	退出

2）设置控件代码

```
Private Sub Command1_Click() '"转换"按钮的单击事件代码
    Dim h As Integer, m As Integer, s As Integer, total As Integer    'h 为小时,m 为分钟,s 为秒,total 为总秒数
    total= Val(Text1.Text) '把 text1 的文字转换为数值,并赋值给 total
    h= total \ 3600    '求小时数,并赋值给 h
    total= total Mod 3600    '求余下的秒数
    m= total \ 60        '求分钟数,并赋值给 m
    total= total Mod 60        '求余下的秒数
    s= total                '把秒数赋值给 s
    Text2.Text = h & ":" & m & ":" & s
End Sub
Private Sub Command2_Click() '"退出"按钮的单击事件代码
    End
End Sub
```

3）运行程序
4）保存程序

第 4 章　程序控制结构实验

通过本章实验达到的实验目的：

(1) 熟练掌握双分支与多分支程序设计的原理和实现方法。

(2) 熟练掌握循环结构程序设计的原理和实现方法。

实验 4.1　编写一个可以计算个人应交纳所得税的程序

说明：根据个人所得税法规定：个人工资、薪金所得，以每月收入额减去费用 1600 元后的余额，为应纳税所得额。超额累进税率见表 4-1 所示。

表 4-1　个人所得税率表

级数	全月应纳税所得额	税率
第 1 级	不超过 500 元的	5％
第 2 级	超过 500 元至 2000 元的部分	10％
第 3 级	超过 2000 元至 5000 元的部分	15％
第 4 级	超过 5000 元至 20000 元的部分	20％
第 5 级	超过 20000 元至 40000 元的部分	25％
第 6 级	超过 40000 元至 60000 元的部分	30％
第 7 级	超过 60000 元至 80000 元的部分	35％
第 8 级	超过 80000 元至 100000 元的部分	40％
第 9 级	超过 100000 元的部分	45％

例如，某人个人月收入 6000 元，扣除免税额 1600 元后，其应纳税额为 4400 元，即应按第 3 级税率 15％进行纳税。其应纳税额应为

$500 * 0.05 + 1500 * 0.10 + ((6000 - 1600) - 2000) * 0.15 = 535$（元）

界面设计：新建一个标准 EXE 工程文件，其界面设计如图 4-1（a）所示。

(a) 设计界面

(b) 运行结果

图 4-1　个人应交纳所得税界面

主要操作步骤：

在 Visual Basic 的窗体界面上，添加相应的各种控件按钮，其控制属性的设置如表 4-2 所示。

表 4-2　窗体内含控件的属性设置

控件	属性	值	控件	属性	值
Form1	Caption	"计算个人所得税"	Command1	Caption	"计算"
Label1	Caption	"当月收入"	Text1	Text	""
Label2	Caption	"应纳税额"	Text2	Text	""

代码设计：

该实验的程序代码如下。

```
Option Explicit
Private Sub Command1_Click()
    Dim income As Single, tax As Single
    income = Val(Text1.Text) - 1600
    If (income - 100000) > 0 Then
        tax = 29625 + (income - 100000)* 0.45
    ElseIf (income - 80000) > 0 Then
        tax = 21625 + (income - 80000)* 0.4
    ElseIf (income - 60000) > 0 Then
        tax = 14625 + (income - 60000)* 0.35
    ElseIf (income - 40000) > 0 Then
        tax = 8625 + (income - 40000)* 0.3
    ElseIf (income - 20000) > 0 Then
        tax = 3625 + (income - 20000)* 0.25
    ElseIf (income - 5000) > 0 Then
        tax = 625 + (income - 5000)* 0.2
    ElseIf (income - 2000) > 0 Then
        tax = 175 + (income - 2000)* 0.15
    ElseIf (income - 500) > 0 Then
        tax = 25 + (income - 500)* 0.1
    ElseIf (income) > 0 Then
        tax = income* 0.05
    Else
        tax = 0
    End If
    Text2.Text = tax
End Sub
```

实验 4.2　编写一个演示字体及其效果的控制程序

说明：要求输入一段文字，通过不同的选择按钮，产生不同的字体、字型和字号效果。

界面设计：新建一个标准 EXE 工程文件，其界面设计如图 4-2（a）所示。

(a) 设计界面　　　　　　　　　　　(b) 运行结果

图 4-2　字体效果演示界面

主要操作步骤：

在 Visual Basic 的窗体界面上，添加相应的各种控件按钮，其控制属性的设置如表 4-3 所示。

表 4-3　窗体内含控件的属性设置

控件	属性	值	控件	属性	值
Form1	Caption	"字体控制"	Option1	Caption	"宋体"
Frame1	Caption	"字体"	Option2	Caption	"隶书"
Frame2	Caption	"字号"	Option3	Caption	"华文彩云"
Frame3	Caption	"效果"	Check1	Value	0
Command1	Caption	"演示"	Check2	Value	0
Label1	Caption	"好学笃行 厚德致远"	Check3	Value	0
Label1	BorderStyle	1—Fixed Single	Combo1	Font	"宋体"

代码设计：

该实验的程序代码如下。

```
Option Explicit
Private Sub Command1_Click()
    Select Case Combo1.ListIndex
      Case 0
         Label1.FontSize = 8
      Case 1
         Label1.FontSize = 10
      Case 2
         Label1.FontSize = 12
      Case 3
         Label1.FontSize = 16
      Case 4
         Label1.FontSize = 24
    End Select
    Select Case True
      Case Option1.Value
         Label1.FontName = "宋体"
      Case Option2.Value
         Label1.FontName = "隶书"
```

```
        Case Option3.Value
            Label1.FontName = "华文彩云"
        End Select
        If Check1.Value = 1 Then
            Label1.FontBold = True
        Else
            Label1.FontBold = False
        End If
        If Check2.Value = 1 Then
            Label1.FontItalic = True
        Else
            Label1.FontItalic = False
        End If
        If Check3.Value = 1 Then
            Label1.FontUnderline = True
        Else
            Label1.FontUnderline = False
        End If
End Sub
Private Sub Form_Load()
    Combo1.AddItem "8"
    Combo1.AddItem "10"
    Combo1.AddItem "12"
    Combo1.AddItem "16"
    Combo1.AddItem "24"
    Combo1.ListIndex = 2
    Label1.FontSize = 12
    Label1.FontName = "宋体"
End Sub
```

实验 4.3　设计一个管理系统的用户登陆身份验证程序

说明：要求设计一个简单的信息管理系统的用户登陆验证程序模块。

界面设计：新建一个标准 EXE 工程文件，其界面设计如图 4-3（a）所示。

(a) 设计界面

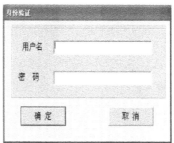
(b) 运行结果

图 4-3　用户登陆界面

主要操作步骤：在 Visual Basic 的窗体界面上，添加相应的各种控件按钮，其控制属性的设置如表 4-4 所示。

表 4-4　窗体内含控件的属性设置

控件	属性	值	控件	属性	值
	（名称）	FrmLogin	Label2 Label	Caption	密码
	Caption	身份验证	txtUser TextBox	（名称）	txtUser
	DrawMode	13—Copy Pen		Alignment	0—Left Justify
	StartUpPostion	2—屏幕中心		OLEDropMode	0—None
FrmLogin Form	Top	−105		ToolTipText	输入用户名，不超过 20 个字符
	ScaleWidth	5670	txtPwd TextBox	（名称）	txtPwd
	Height	3840		Alignment	0—Left Justify
	Width	5760		OLEDropMode	0—None
Frame1 Frame	（名称）	Frame1		ToolTipText	输入密码，不超过 20 个字符
	BackColor	&H80000000&	Cmd _ Ok CommandButton	（名称）	Cmd _ Ok
	ForeColor	&H80000012&		Caption	确定
Label1 Label	BorderStyle	1—Fixed Single	Cmd _ Cancel CommandButton	（名称）	Cmd _ Cancel
	Caption	用户名		Caption	取消

代码设计：该实验的程序代码如下。

```
Public PasswordKey As String
Public NameKey As String
Public Try_times As Integer
Private Sub Cmd_Cancel_Click()
   End
End Sub
Private Sub Cmd_OK_Click()
   Dim j As Single
   If txtUser = "" Then    '数据有效性检查
      MsgBox "请输入用户名"
      txtUser.SetFocus
      Exit Sub
   End If
   If txtPwd = "" Then
      MsgBox "请输入密码"
      txtPwd.SetFocus
      Exit Sub
   End If
   NameKey = Trim(txtUser)
   PasswordKey = Trim(txtPwd)
```

```
If Myyh. In_DB(NameKey) = False Then    '判断用户是否存在
    MsgBox "用户名不存在"
    Try_times = Try_times + 1
    If Try_times > = 3 Then
        MsgBox "您已经三次尝试进入本系统,均不成功,系统将关闭"
        DBapi_Disconnect
        End
    Else
        Exit Sub
    End If
End If
Myyh. GetInfo (NameKey)    '判断密码是否正确
If Myyh. mm < > PasswordKey Then
    MsgBox "密码错误"
    Try_times = Try_times + 1
    If Try_times > = 3 Then
        MsgBox "您已经三次尝试进入本系统,均不成功,系统将关闭"
        DBapi_Disconnect
        End
    Else
        Exit Sub
    End If
End If
'登陆成功,将当前用户的信息保存在 CurUser 中
    myCurUser. GetInfo (Myyh. yhm)
    Unload Me    '关闭自己
End Sub
```

实验 4.4　设计一个管理系统的用户管理程序

说明：要求设计一个简单的信息管理系统的用户管理程序模块。从而实现用户的添加、修改和删除。

界面设计：新建一个标准 EXE 工程文件，其界面设计如图 4-4（a）所示。

(a) 设计界面　　　　　　　　　　(b) 运行结果

图 4-4　用户管理模块界面

主要操作步骤：

在 Visual Basic 的窗体界面上，添加相应的各种控件按钮，其控制属性的设置如表 4-5

所示。

表 4-5　窗体内含控件的属性设置

控件	属性	值	控件	属性	值
AdoUserList Adodc	（名称）	AdoUserList	Frame1 Frame	（名称）	Frame1
	Align	0－vbAlignNone		Caption	用户列表
	Appearance	1－ad3DBevel	DataList1 Datalist	（名称）	DataList1
	BOFAction	0－adDoMoveFirst		BoundColumn	yhm
	CacheSize	50		CausesValidation	True
	Caption	AdoUserList		DataField	yhm
	CommandTimeout	30		DataSource	AdoUserList
	CommandType	2－adCmdTable		DragMode	0－vbManual
	ConnectionString	DSN＝MS Access Database		ListField	yhm
	Connection Timeout	15		Locked	False
	CursorLocation	3－adUseClient		MatchEntry	0－dblBasicMatching
	CursorType	1－adOpenKeyset		MousePointer	0－dblDefault
	DragMode	0－vbManual		OLEDragMode	0－dblOLEDragManual
	Enabled	True		OLEDropMode	0－dblOLEDropNone
	EOFAction	0－adDoMoveLast		RightToLeft	False
	LockType	3－adLockOptimistic		RowSource	AdoUserList
	Mode	0－adModeUnknown		Visible	True
	Negoatiate	False	Frame2 Frame	（名称）	Frame2
	Orientation	0－adHorizontal		Caption	用户信息
	RecordSource	yh		ClipControls	True
	Visible	False	Label3 Label	（名称）	Label3
Cmd _ Add CommandButton	（名称）	Cmd _ Add		Caption	用户名：
	Caption	添加用户	Label2 Label	（名称）	Label2
Cmd _ Modi CommandButton	（名称）	Cmd _ Modi		Caption	用户类型：
	Caption	修改用户	Cmd _ Back CommandButton	（名称）	Cmd _ Back
Cmd _ Del CommandButton	（名称）	Cmd _ Del		Caption	返回
	Caption	删除用户			

代码设计：

该实验的程序代码如下。

```
Private Sub Cmd_Add_Click()
  With FrmYhEdit
  .txtUserName = ""
  .Txtlx = ""
  .txtPass = ""
```

```
    .txtPass2 = ""
    .Modify = False
    .Show 1
    End With
    AdoUserList.Refresh
    DataList1_Click
End Sub
Private Sub Cmd_Back_Click()
    Unload Me
End Sub
Private Sub Cmd_Del_Click()
    If DataList1.Text = "" Then    '如果没有选择用户名,则返回
        MsgBox "请选择要删除的用户"
        Exit Sub
    End If
    '如果选择用户名为 Admin,则提示不能删除,返回
    If Format(Myyh.yhm, "< ") = "admin" Then
        MsgBox "此用户不能删除"
        Exit Sub
    End If
    '确认删除
    If MsgBox("是否删除当前用户", vbYesNo, "请确认") = vbYes Then
        '删除当前用户
        Myyh.Delete (DataList1.Text)
        AdoUserList.Refresh    '刷新用户名列表框内容
        MsgBox "删除成功"
        DataList1_Click
        DataList1.Refresh
        lblUserName.Caption = ""
        lblUserType.Caption = ""
    End If
End Sub
Private Sub Cmd_Modi_Click()
    If DataList1.Text = "" Then
        MsgBox "请选择要修改的用户"
        Exit Sub
    End If
    '把当前用户的数据赋值到 FrmUserEdit 窗体的相关位置
    With FrmYhEdit
    .OriUser = Myyh.yhm
    .txtUserName = Myyh.yhm
    .Txtlx = Myyh.yhlx
    .txtPass = Myyh.mm
    .txtPass2 = Myyh.mm
```

```
    '如果当前用户为 Admin,则不能修改用户名
    If Format(Myyh.yhm, "< ") = "admin" Then
      .txtUserName.Enabled = False
    End If
    '将变量 Modify 设置为 True,表示当前状态为修改已有数据
    .Modify = True
    '启动窗体 FrmUserEdit
    .Show 1
    End With
AdoUserList.Refresh
  DataList1_Click
End Sub
Private Sub DataList1_Click()
  If DataList1.Text = "" Then
    Exit Sub
  End If
  Myyh.GetInfo (DataList1.Text)    '读取当前用户数据
  lblUserName = Myyh.yhm    '设置用户名
  lblUserType = Myyh.yhlx   '设置用户类型
End Sub
Private Sub Form_Load()
  lblUserType = ""
  lblUserName = ""
  AdoUserList.ConnectionString = Conn
  AdoUserList.CommandType = adCmdTable
  AdoUserList.RecordSource = "yh"
  AdoUserList.Refresh
  DataList1.Refresh
End Sub
```

实验 4.5　设计一个管理系统的编辑用户信息程序

说明：要求设计一个简单的信息管理系统的用户信息编辑模块。从而实现用户个人信息和密码的修改。

界面设计：新建一个标准 EXE 工程文件，其界面设计如图 4-5（a）所示。

(a) 设计界面

(b) 运行结果

图 4-5　用户信息编辑界面

主要操作步骤：

在 Visual Basic 的窗体界面上，添加相应的各种控件按钮，其控制属性的设置如表 4-6 所示。

表 4-6　窗体内含控件的属性设置

控件	属性	值	控件	属性	值
Frame1 Frame	（名称）	Frame1	Txt1x TextBox	（名称）	Txt1x
Label1 Label	（名称）	Label1		Text	
	Caption	用户名	txtPass TextBox	（名称）	txtPass
Label1 Labe4	（名称）	Label4		Text	
	Caption	用户类型	txtPass2 TextBox	（名称）	txtPass2
Label1 Labe2	（名称）	Label2		Text	
	Caption	密码	Cmd _ Ok CommandButton	（名称）	Cmd _ Ok
Label1 Labe3	（名称）	Label3		Caption	确定
	Caption	确认密码	Cmd _ Cancel CommandButton	（名称）	Cmd _ Cancel
txtUserName TextBox	（名称）	txtUserName		Caption	取消
	Text				

代码设计：

```
Public Modify As Boolean
Public OriUser As String
Private Sub Cmd_Cancel_Click()
    Unload Me
End Sub
Private Sub Cmd_OK_Click()
    If Trim(txtUserName) = "" Then '判断输入的用户名和密码是否符合标准
    MsgBox "请输入用户名"
    txtUserName.SetFocus
    Exit Sub
  End If
  If Len(txtPass) < 6 Then
    MsgBox "密码长度不能小于6"
    txtPass.SetFocus
    txtPass.SelStart = 0
    txtPass.SelLength = Len(txtPass2)
    Exit Sub
  End If
  If txtPass < > txtPass2 Then
    MsgBox "密码和确认密码不相同,请重新确认"
    txtPass2.SetFocus
    txtPass2.SelStart = 0
    txtPass2.SelLength = Len(txtPass2)
    Exit Sub
```

```
      End If
    '判断用户名是否已经存在,如果是插入新的用户,则必须进行判断;如果是修改已有的用户,则当用
户名被修改时进行判断
      With Myyh
      If Modify = False Or OriUser < > Trim(txtUserName) Then
        If . In_DB(txtUserName) = True Then
          MsgBox "用户名已经存在,请重新输入"
          txtUserName. SetFocus
          txtUserName. SelStart = 0
          txtUserName. SelLength = Len(txtUserName)
          Exit Sub
        End If
    End If
    . yhm = Trim(txtUserName)
    . mm = Trim(txtPass)
    . yhlx = Trim(Txtlx)
    '根据变量 Modify 的值决定是插入新数据,还是更新已有的数据
    If Modify = False Then
      . Insert
      MsgBox "添加成功"
    Else
      . Update (OriUser)
      '如果修改自身用户名,则更新 CurUser 对象
      If OriUser = myCurUser. yhm And Trim(txtUserName) < > OriUser Then
        myCurUser. yhm = Trim(txtUserName)
        myCurUser. GetInfo (myCurUser. yhm)
      End If
      MsgBox "修改成功"
    End If
    End With
    Unload Me
End Sub
```

第5章 数组实验

1. 实验目的

（1）掌握一维数组的声明和应用方法。

（2）掌握二维数组的声明和应用方法。

（3）掌握数组的各种常用算法。

2. 实验内容

（1）随机数排序。

（2）数组元素互换。

（3）有序数组中数的插入。

（4）统计字符串中出现字母的个数。

3. 实验操作

（1）编写程序，随机产生 10 个两位数，按从大到小的顺序排序输出（自己补充完整划线部分的代码）。

程序代码为（冒泡法，自己考虑用其他排序算法实现）：

```
Option Explicit
Private Sub Command1_Click()
        Const n As Integer = 10
        ①定义一个 10 个元素的数组
        Dim i As Integer, j As Integer, temp As Integer
        For i = 1 To n
            ②随机产生一个两位数
              Picture1. Print a(i);
        Next i
        For i = 1 To n - 1                '冒泡算法,进行 n- 1 趟比较
            For j = 1 To n - i
                If a(j) < a(j + 1) Then          '逆序则交换
            ③a(j)和 a(j+ 1)交换位置
                    End If
                Next j
            Next i
            For i = 1 To n
              Picture2. Print a(i);
            Next i
End Sub
```

程序运行结果如图 5-1 所示。

（2）编写程序。将二维数组 a 中的元素行列互换，并存入另一数组 b 中（自己补充完整划线部分的代

图 5-1 运行结果

码）。即

$$a = \begin{vmatrix} 1 & 2 & 3 \\ 4 & 5 & 6 \\ 7 & 8 & 9 \end{vmatrix} \qquad b = \begin{vmatrix} 1 & 4 & 7 \\ 2 & 5 & 8 \\ 3 & 6 & 9 \end{vmatrix}$$

　　分析：如果数组中的初始数据有规律，可用 For 循环进行初始化；数组 b 中的元素是数组 a 中的元素行列互换，可以用循环控制变量进行有规律的操作。

　　程序代码为：

```
Option Explicit
Option Base 1
Private Sub Command1_Click()
    ①定义二维数组 a 和 b
    Dim i As Integer, j As Integer
    For i = 1 To 3                    '为数组 a 赋值并显示在 Picture1 中
      For j = 1 To 3
    ②按照图示生成 a(i,j)的数组元素
        Picture1. Print a(i, j);
      Next j
      Picture1. Print
    Next i
    For i = 1 To 3                    '将数组 a 转置为数组 b
      For j = 1 To 3
    ③将数组 a 转置为数组 b
      Next j
    Next i
    For i = 1 To 3                    '将数组 b 显示在 Picture2 中
      For j = 1 To 3
        Picture2. Print b(i, j);
      Next j
      Picture2. Print
    Next i
End Sub
```

　　（3）在一个有序数组中插入一个数，使原数组仍然保持有序。

　　分析：要保持原数组仍然有序，需要首先查找到待插入数的位置。然后把该位置之后的数据向后移动一个位置，在空出来的位置上插入待插入的数。

　　程序代码为：

```
Option Explicit
Private Sub Form_Click()
  Const n As Integer = 5
  ①定义动态数组 a
  Dim i As Integer, num As Integer
  ReDim a(n)
  For i = 1 To n        '初始化数组 a
      a(i) = i* 2
```

```
    Print a(i);
Next i
Print
num =  Val(InputBox("请输入数据:"))    '输入待插入数据
②重新定义数组 a,增加一个数组元素
For i =  n To 1 Step - 1                    '从后向前查找
    If num >  a(i) Then Exit For
③向后移动一位数据元素
Next i
④插入新的数据                               '插入数据
For i =  1 To n +  1
    Print a(i);
Next i
Print
End Sub
```

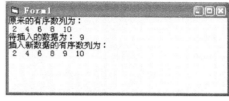

图 5-2　运行结果

程序运行的结果如图 5-2 所示。

（4）编写程序。单击"统计"按钮后，统计文本框中各种字母（不区分大小写）出现的次数，将统计结果存放在数组 intCount 中，并将出现次数大于 1 的字母及其出现次数显示在图片框中。要求每行输出 10 个统计结果。

程序运行界面如图 5-3。

图 5-3　运行结果

程序代码为

```
Option Explicit
Option Base 1
Private Sub Command1_Click()
    Dim intCount(26) As Integer
    Dim str As String, n As Integer, ch As String* 1
    Dim i As Integer, j As Integer, num As Integer
    str =  Text1.Text
    ①给 n 赋值为 str 串的长度
    For i =  1 To n
        ②依次取出 str 串中的每一个字符,放在 ch 中
```

```
        If ch > =  "A" And ch < =  "Z" Then
            j =  Asc(ch) -  Asc("A") + 1
```
③累计该字符出现的次数
```
        End If
    Next i
    For j =  1 To 26
        If intCount(j) >  0 Then
            Picture1. Print Chr$ (j +  64); "= "; intCount(j);
            num =  num + 1
```
④控制每行输出 10 个统计结果
```
        End If
    Next j
End Sub
```

实验 5.1 补充代码：

①Dim a(1 To n) As Integer

②a(i) = Int(Rnd* 90)+ 10

③temp = a(j)

　a(j) = a(j + 1)

　a(j + 1) = temp

实验 5.2 补充代码：

① Dim a(3, 3) As Integer, b(3, 3) As Integer

② a(i, j) = (i - 1)* 3 + j

③ b(i, j) = a(j, i)

实验 5.3 补充代码：

①Dim a()

②ReDim Preserve a(n + 1)　　　　　　　　　'增加一个数组元素

③a(i + 1) = a(i)

④a(i + 1) = num　　　　　　　　　　　　'插入数据

实验 5.4 补充代码：

①n = Len(str)

②ch = UCase(Mid(str, i, 1))

③intCount(j) = intCount(j) + 1

④If num Mod 10 = 0 Then Picture1. Print

第6章　过程和函数实验

实验 6.1　验证哥德巴赫猜想

1. 实验目的

（1）掌握用户自定义子过程的定义和调用的方法。

（2）理解参数传递的方法及使用原则。

2. 实验内容

用 Sub 子过程验证哥德巴赫猜想：一个不小于 6 的偶数可以表示为两个素数之和。

3. 实验操作

1）界面设计

（1）新建一个工程，参考图 6-1 设计界面。

(a) 设计界面　　　　　　　　　(b) 运行结果

图 6-1　用 Sub 子过程验证哥德巴赫猜想

（2）控件的属性，见表 6-1。

表 6-1　控件的主要属性设置

控件名	属性名	属性值
Form1	Caption	验证哥德巴赫猜想
Label1	Caption	请输入一个不小于 6 的偶数
Text1	Text	空
Text2	Text	空
Command1	Caption	确定

2）操作提示

把判断是否素数这一过程编写为一个 sub 程序 Prime。程序代码如下，请补齐：

```
Private Sub Prime(m as long, f as boolean)
    f= _____
    if  m> 3 then
       for  i= 3 to sqr(m)
            if (m mod i)= 0 then f= false: exit for
```

```
            next i
        End if
End Sub
Private Sub Command1_Click()
        Dim n as long, x as long, y as long, p as Boolean
        n= Val(text1.text)
        If   n< 6   or   n mod 2< > 0   then
          Msgbox"必须输入大于 6 的偶数,请重新输入!"
          Cancel= true
          Else
          For x= 3 to n/2 step 2
            Call prime(x,p)
            If p then
                y= n- x: call prime(y,p)
                If p then
                 Text2.text= x & " + "& y
                 Exit for
                End if
                ————————
            Next x
        End if
        Text1.Selstart= 0
        Text1.Sellength= len(text1.text)
End Sub
```

实验 6.2　输入三个数，求出它们中的最大数

1. 实验目的

(1) 掌握用户自定义函数的定义和调用的方法。

(2) 理解局部变量、模块级变量及全局变量的作用范围。

2. 实验内容

用 Function 函数求解：输入三个数，求出它们的最大数。

3. 实验操作

1) 界面设计

(1) 新建一个工程，参考图 6-2 设计界面。

(a) 设计界面　　　　　　(b) 运行中结果　　　　　　(c) 运行后界面

图 6-2　用 Function 函数求解三个数中的最大数

（2）控件的属性参考表 6-2。

表 6-2　控件的主要属性设置

控件名	属性名	属性值
Form1	Caption	求三个数中的最大数
Command1	Caption	单击我

2）操作提示

（1）把求两个数中的大数编成 Function 函数，函数名为 Max1。

（2）采用 InputBox 函数输入三个数，判断出最大数后采用 Print 直接输出在窗体上。

（3）程序代码如下，请补充完整：

```
Function max1(m, n) As Single
    If  m >  n   Then
        max1 = _____
    Else
        max1 = _____
    End If
End Function
Private Sub command1_click()
    Dim a As Single, b As Single, c As Single
    Dim s As Single
    a =  Val(InputBox("输入第一个数"))
    b =  Val(InputBox("输入第二个数"))
    c =  Val(InputBox("输入第三个数"))
    s =  max1(a, b)
    Print "最大数是:"; max1(s, c)
End Sub
```

实验 6.3　数组元素的和

1. 实验目的

（1）掌握参数传递的方法及使用原则。

（2）掌握用数组传递参数的方法。

2. 实验内容

用数组传递参数求解：数组元素的和。

3. 实验操作

1）界面设计

（1）新建一个工程，参考图 6-3 设计界面。

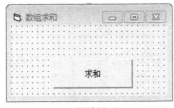 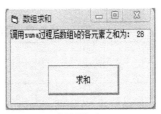

(a) 设计界面　　　　　　　　　　(b) 运行界面

图 6-3　用数组传递参数

（2）控件的属性参考表 6-3。

表 6-3　控件的主要属性设置

控件名	属性名	属性值
Form1	Caption	数组求和
Command1	Caption	求和

2）操作提示

（1）用 LBound 和 UBound 函数确定数组的下、上界。

（2）代码如下，请补充完整。

```
Function suma%(a())
        Dim i%
        suma= 0
        For i= 1 to UBound(a)
            suma= suma+ a(i)

        _____
End Function
Private Sub Command1_Click()
        Dim b( ),s%
        b= array(2,4,6,8,10)
        s= suma(b())
        print"调用 suma 过程后数组 b 的各元素之和为";s
End Sub
```

实验 6.4　求任意两个整数的最大公约数

1. 实验目的

掌握过程的嵌套与递归调用的方法。

2. 实验内容

用递归调用求解：任意两个整数的最大公约数。

3. 实验操作

1）界面设计

（1）新建一个工程，参考图 6-4 设计界面。

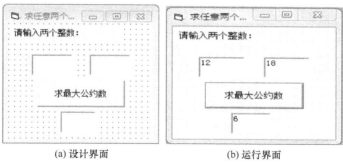

(a) 设计界面　　　　　　　　(b) 运行界面

图 6-4　过程的递归调用

（2）控件的属性参考表 6-4。

表 6-4　控件的主要属性设置

控件名	属性名	属性值
Form1	Caption	求任意两个整数的最大公约数
Label1	Caption	请输入两个整数
Text1	Text	空
Text2	Text	空
Text3	Text	空
Command1	Caption	求最大公约数

2）操作提示

（1）分析：

$$gys（m，n）=\begin{cases} n, & m \bmod n = 0 \\ gys（n，m \bmod n） & m \bmod n \neq 0 \end{cases}$$

（2）函数代码如下，请补充完整：

```
Public Function gys(m as integer, n as integer) as integer
    If  (m mod n )= 0 then
        gys= _____
    else
        gys= gys(n, m mod n)
    End if
End Function
Private Sub Command1_Click()
    Dim a As Integer, b As Integer, c As Integer
    a=Val(Text1.Text)
    b= _____
    Text3.Text =  gys(a, b)
End Sub
```

第7章 创建 Access 数据库实验

实验 7.1   Access 开发环境

1. 实验目的

通过熟悉的罗斯文商贸数据库中的数据表、查询、窗体、报表等对象，学习 Access 2003 的各种界面操作，进一步体会 Access 简单、快捷的系统开发方式。

2. 实验内容

以罗斯文商贸数据库为操作内容，使用数据表、查询、窗体、报表等对象。

3. 实验操作

（1）打开罗斯文商贸数据库。启动 Access，选择"帮助"→"示例数据库"→"罗斯文示例数据库"。在提示的"安全警告"对话框中，选择"打开"，在 Access 中打开罗斯文商贸数据库，如图 7-1 所示。

图 7-1　打开罗斯文商贸数据库窗口

（2）了解"主切换面板"窗体。在 Access 中打开罗斯文商贸数据库，在出现的"启动"窗体中选择"确定"按钮。随后打开"主切换面板"窗体，如图 7-2 所示。也可以关闭"主切换面板"窗体后，在罗斯文商贸数据库的"数据库对象"窗体中选择窗体对象"主切换面板"打开（图 7-3）。

图 7-2　罗斯文商贸数据库"主切换面板"窗体

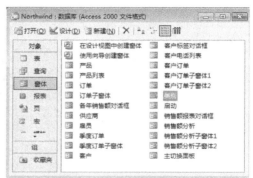

图 7-3　罗斯文商贸数据库的窗体对象

（3）了解"供应商"数据窗体。在打开的"主切换面板"窗体中选择"供应商"选项，如图 7-4 所示。也可以关闭"主切换面板"窗体后，在罗斯文商贸数据库的"数据库对象"窗体中选择窗体对象"供应商"打开。

图 7-4 "供应商"数据窗体

（4）了解"类别"主子窗体。在打开的"主切换面板"窗体中选择"类别"选项，如图 7-5 所示。也可以关闭"主切换面板"窗体后，在罗斯文商贸数据库的"数据库对象"窗体中选择窗体对象"类别"打开。

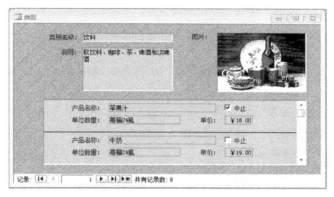

图 7-5 "类别"主子窗体

（5）熟悉表对象。以"产品"表为例，在罗斯文商贸数据库的"数据库对象"窗体中选择表对象"产品"打开，如图 7-6 所示。

图 7-6 "产品"表

（6）熟悉其他对象。在罗斯文商贸数据库的"数据库对象"窗体中可对 Access 数据库的表、查询、窗体、报表等对象进行查看。

4. 实验记录

查看罗斯文商贸公司数据库的数据状态，记录下列信息：

（1）罗斯文商贸公司的产品信息有＿＿＿＿＿种。

（2）罗斯文商贸公司的订单 ID 是"10254"的订单有＿＿＿＿＿＿＿＿＿产品。

（3）罗斯文商贸公司的最贵的商品是＿＿＿＿＿＿＿＿。

（4）罗斯文商贸公司的 1997 年度饮料的销售总额是＿＿＿＿＿＿＿＿。

（5）罗斯文商贸公司的产品"白米"的总销售额是＿＿＿＿＿＿＿＿。

实验 7.2　创建数据库

1. 实验目的

掌握数据库的创建方法和步骤。

2. 实验内容

通过使用"直接创建空数据库"的方法建立学生成绩管理系统中的"StudentMis.mdb"数据库。

3. 实验操作

（1）启动"Microsoft Access"应用程序，从任务窗格中选择"新建文件"，再选择"新建空数据库"。

（2）在"文件新建数据库"窗口的"保存位置"下拉列表中，选择数据库文件的保存位置（例如：E：\），在"文件名"下拉列表中输入数据库文件的名字为"StudentMis.mdb"，再单击"创建"按钮，打开"数据库"窗口。

实验 7.3　创建数据表

1. 实验目的

（1）熟悉表的多种创建方法和过程。

（2）掌握使用表设计器创建表的方法。

（3）掌握通过直接输入数据的方法创建表。

2. 实验内容

（1）使用表设计器创建表 Student_info 的表结构，如图 7-7 所示。

（2）并在 Student_info 表中输入数据，如图 7-8 所示。

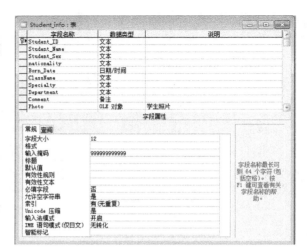

图 7-7　Student_info 表的设计视图

Student_ID	Student_Name	Student_Sex	nationality	Born_Date	ClassName	Specialty	Department	Comment	Photo
200905001005	顾斌	男	汉	1992/2/3	会计09-1班	会计学	会计学院	2008年获得校级奖学金	长二进制数据
200905000078	李艳梅	女	瑶	1990/9/15	会计09-1班	会计学	会计学院	诗歌朗诵	长二进制数据
200905002155	李学文	男	苗	1989/10/7	会计09-1班	会计学	会计学院	2009-2010学年度获得省级一等奖学金	长二进制数据
200900000110	叶静	女	汉	1990/12/30	会计09-1班	会计学	会计学院	2007-2008学年度获得一等奖学金	长二进制数据
200905001108	张晓娟	女	汉	1992/2/9	会计09-1班	会计学	会计学院	2009获校级文艺表演鼓励奖	长二进制数据
200905001211	张蔚然	女	汉	1992/1/23	会计09-1班	国际会计	会计学院		长二进制数据
200905005468	李莉莉	女	汉	1992/3/5	会计09-1班	会计学	会计学院	美术、舞蹈表演	长二进制数据
201005001145	钱进	男	汉	1990/6/7	会计10-1班	会计学	会计学院	篮球和足球	长二进制数据
201105001488	李敏	女	白	1991/3/9	会计11-1班	会计学	会计学院		长二进制数据
201205004587	王海	男	回	1990/4/8	会计12-1班	会计学	会计学院	跆拳道6段	长二进制数据
200805001229	赵文波	男	汉	1990/6/22	计机08-1班	计算机科学与技术	信息学院		长二进制数据
200805003154	张雅倩	女	藏	1990/8/5	计机08-1班	计算机科学与技术	信息学院	校级三好生	长二进制数据
200905001463	陶春霞	女	汉	1990/7/27	计机09-2班	计算机科学与技术	信息学院	2007-2008学年度获得二等奖学金	长二进制数据
201005003126	张斌	男	汉	1990/1/23	计机10-2班	计算机科学与技术	信息学院	围棋4段	长二进制数据
201205001056	李丽娟	女	汉	1992/3/8	计机12-1班	计算机软件	信息学院	2011年省级三好学生、电脑游戏	长二进制数据
201205001364	杨美娜	女	汉	1992/3/7	计机12-2班	计算机软件	信息学院	体育、摄影	长二进制数据
200905001021	张凯德	男	满	1990/5/1	金融09-1班	金融学	金融学院	爱好摄影和写作	长二进制数据
201005002149	李文强	男	傣	1991/2/12	金融10-1班	金融学	金融学院	爱好体育	长二进制数据
201105000025	郭佳佳	女	回	1988/11/23	金融11-2班	金融学	金融学院	2008-2009学年度获得一等奖学金	长二进制数据
201205001234	赵坤	男	汉	1992/10/1	审计12-1班	会计学	会计学院		长二进制数据
201205003784	杨帆	女	汉	1989/12/4	物联12-1班	物联网工程	信息学院	体育、绘画	长二进制数据
201205001248	杨德海	男	汉	1992/5/6	物联12-1班	物联网	信息学院	编程、电脑游戏	长二进制数据
201205003328	李佳伟	男	汉	1992/2/4	物联12-1班	物联网	信息学院	电脑游戏、围棋、游泳	长二进制数据
201205003569	李彬	男	汉	1992/9/10	物联12-1班	物联网	信息学院	绘画	长二进制数据
201205008765	杨倩	女	汉	1990/9/7	物联12-1班	物联网工程	信息学院	计算机程序设计、电脑游戏	长二进制数据
201205001244	曾诚	男	汉	1993/12/4	物联12-1班	物联网	信息学院	计算机程序设计	长二进制数据
201205006359	雷鸣	男	汉	1991/3/7	物联12-1班	物联网工程	信息学院	计算机游戏、桥牌	长二进制数据
201205001246	黎明	男	汉	1990/12/2	物联12-1班	物联网工程	信息学院	摄影、画画及篮球	长二进制数据
201205003198	季洁	女	汉	1992/2/9	注会12-1班	会计学(注册会计师	会计学院	2010年省级优秀学生干部	长二进制数据

图 7-8　Student _ info 表中记录

（3）通过直接输入数据的方法创建一个教师基本情况表，表名为“Teacher _ info”，如图 7-9 所示。

Teacher_ID	Teacher_Name	Department_ID
0017	怀悦	01
0026	何晓燕	01
0036	王海	02
0072	张力	01
0102	郭崇保	06
0131	刘亚婷	05
0321	李桂芳	05
0324	刘卫兵	05
0328	朱朝辉	06
0450	李书阳	05
0503	安琪	02
0652	高天	07
0709	李浩博	05
0710	罗朝华	07
0755	周维莉	10
0782	杨婷娜	03
0789	罗亚萍	03
0899	黄伟杰	08
4444	李晓峰	05

图 7-9　Teacher _ info 表

3. 实验操作

1）使用表设计器创建表 Student _ info 的表结构

（1）打开数据库“StudentMis. mdb”。

（2）在“数据库”窗口中，选择“表”为操作对象，再按“新建”按钮，打开“新建表”窗口。

（3）在“新建表”窗口中，选择“设计视图”，打开“表”设计窗口。参照表 7-1 所示字段属性内容依次定义每个字段的名字、类型及长度等参数。如图 7-7 所示。再单击关闭按钮，选择“文件”→“另存为”命令，保存为“Student _ info”表，再单击“确定”按钮，结束表的创建，同时表“Student _ info”被自动加入到数据库“StudentMis. mdb”中。

表 7-1 Student_info 表的字段属性

字段名	字段类型	字段	其他属性
Student_ID	文本	12	主键
Student_name	文本	6	
Student_sex	文本	2	
nationality	文本	8	
Born_Date	日期时间		
ClassName	文本	20	
Specialty	文本	20	
Department	文本	20	
Comment	备注		
Photo	OLE 对象		

2）在 Student_info 表中输入数据

（1）在"数据库"窗口中，双击"Student_info"表对象，在"数据表"视图中输入数据，如图 7-8 所示。

（2）选择"文件"→"保存"命令，保存 Student_info 表的记录。

3）通过直接输入数据的方法创建一个教师基本情况表，表名为"Teacher_info"

（1）打开数据库"StudentMis.mdb"，在"数据库"窗口中，选择"表"为操作对象，按"新建"按钮，打开"新建表"窗口。

（2）在"新建表"窗口中，选择"数据表视图"，再按"确定"按钮，进入"表"窗口。如图 7-10 所示。

图 7-10 "表"窗口

（3）在"表"窗口中，直接输入"Teacher_info"表的数据内容，如图 7-9 所示。系统将会根据用户所输入的数据内容，自动定义新表的结构。

（4）在关闭按钮，进入"另存为"窗口，输入表名"Teacher_info"，按"确定"按钮，结束表的创建。

（5）在数据库中选中该表，单击"设计视图"按钮，打开该表的设计窗口。

（6）重新定义每个字段的"字段名称"、"数据类型"及"字段大小"等相关属性，如表 7-2 所示。

表 7-2　Teacher _ info 表的字段属性

字段名	字段类型	字段	其他属性
Teacher _ ID	文本	4	主键
Teacher _ name	文本	8	
Department _ ID	文本	2	

（7）单击设计窗口的关闭按钮，保存对该表设计的修改结构，返回数据库窗口。

使用直接输入数据的方法创建表，这种方法操作方便，但字段名很难体现对应数据的内容，且字段的数据类型也不一定符合设计者的思想。因此用这种方法创建的表，还要经过再次修改字段名和字段属性后才能完成表的设计。

实验 7.4　设置数据表的字段属性

1. 实验目的

（1）为数据表设置主键。
（2）掌握修改表的字段属性的方法。
（3）掌握设置"输入掩码"属性。
（4）掌握设置字段的"有效性规则"和"有效性文本"属性。

2. 实验内容

（1）设置 Student _ info 表的"Student _ ID"字段为"主键"。
（2）设置 Teacher _ info 表的"Teacher _ ID"字段为"主键"。
（3）设置 Student _ info 表的"Student _ ID"字段输入掩码为"999999999999"。
（4）设置 Student _ info 表的"Student _ sex"字段有效性规则为 ' " 男" or " 女" '，有效性文本为 '请注意性别只能输入"男"或者"女"！'。

3. 实验操作

1）设置主键

（1）打开数据库"StudentMis. mdb"，选择表"Student _ info"为操作对象，单击"设计"按钮，进入"表"结构设计窗口。

（2）在"表"结构设计窗口中，选定可作为主键的字段"Student _ ID"，再打开"编辑"菜单，选择"主键"选项，或选择工具栏中的主键按钮，则该字段被定义为主键，在该字段的前面会自动出现一个主键符号。

（3）保存"Student _ info"表，结束主键的创建。

（4）按照上面的步骤将 Teacher _ info 表的"Teacher _ ID"字段设置成"主键"。

2）设置输入掩码属性

在数据库窗口中，单击"表"对象。在设计视图下打开"Student _ info"表，单击"Student _ ID"字段，在"输入掩码"文本框输入"999999999999"，如图 7-11 所示。

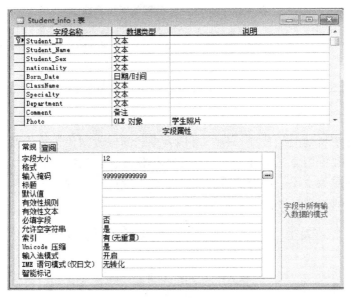

图 7-11　设置输入掩码属性

3）设置字段的"有效性规则"和"有效性文本"属性

在数据库窗口中，单击"表"对象。在设计视图下打开"Student _ info"表，单击"Student _ sex"字段，在"有效性规则"文本框输入'"男" or "女"'，在"有效性文本"文本框输入'请注意性别只能输入"男"或者"女"!'，如图 7-12 所示。

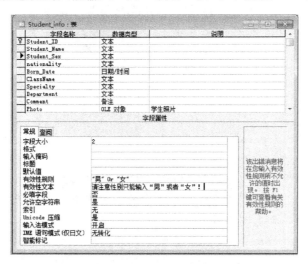

图 7-12　设置有效性规则和有效性文本属性

实验 7.5　创建数据表（二）

1. 实验目的

（1）熟悉将各种数据导入到数据表中的方法。

（2）熟悉将数据表中数据导出为各种文件的方法。

2. 实验内容

（1）将已经建好的 Excel 文件"Course_info. xls"导入到"StudentMis. mdb"数据库中，数据表的名称为"Course_info"，设置主键为"Course_ID"。

（2）将已经建好的 Excel 文件"Department. xls"导入到"StudentMis. mdb"数据库中，数据表的名称为"Department"，设置主键为"Department_ID"。

（3）将已经建好的 Excel 文件"Course_Grade. xls"导入到"StudentMis. mdb"数据库中，数据表的名称为"Course_Grade"。

（4）将已经建好的 Excel 文件"User_info. xls"导入到"StudentMis. mdb"数据库中，数据表的名称为"User_info"。

3. 实验操作

（1）将已经建好的 Excel 文件"Course_info. xls"导入到"StudentMis. mdb"数据库中，数据表的名称为"Course_info"，设置主键为"Course_ID"。

①打开"StudentMis. mdb"数据库，在数据库窗口中，选择"文件→获取外部数据→导入"菜单命令，弹出"导入"对话框，在"查找范围"中指定文件所在的文件夹，然后在"文件类型"下拉列表中选择"Microsoft Excel"选项，如图 7-13 所示。

图 7-13 指定导入文件的"文件类型"

②选取"Course_info. xls"（该文件已经存在），再单击"导入"按钮。

③在"导入数据表向导"的第 1 个对话框中勾选"第一行包含列标题"复选框，如图 7-14 所示，单击"下一步"按钮，弹出"导入数据表向导"的第 2 个对话框。

④选择"新表中"单选按钮，表示来自 Excel 工作表的数据将成为数据库的新数据表，再单击"下一步"按钮，弹出"导入数据表向导"的第 3 个对话框。

⑤如果不准备导入某个字段，在这个字段单击

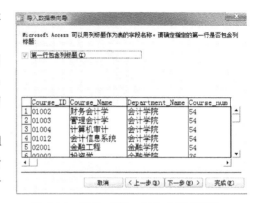

图 7-14 选取"第一行包含列标题"

鼠标左键，再勾选"不导入字段（跳过）"复选框。在此不勾选，完成后单击"下一步"按钮，弹出"导入数据表向导"的第四个对话框，如图 7-15 所示。

⑥在图 7-15 中选择"我自己选择主键"单选按钮,并选择"Course ID"字段作为主键,再单击"下一步"按钮,弹出"导入数据表向导"的第五个对话框,指定将数据导入到表"Course info",如图 7-16 所示。

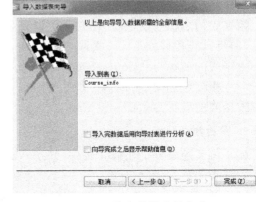

图 7-15　设置主键　　　　　　　　　图 7-16　指定数据表的名称

⑦单击"完成"按钮,弹出"导入数据表向导"结果提示框,提示数据导入已经完成。

完成之后,"StudentMis.mdb"数据库会增加一个名为"Course info"的数据表,内容是来自"Course info.xls"的数据。

(2)依照上面的方法将已经建好的 Excel 文件"Department.xls"导入到"StudentMis.mdb"数据库中,数据表的名称为"Department",设置主键为"Department ID";将已经建好的 Excel 文件"Course Grade.xls"导入到"StudentMis.mdb"数据库中,数据表的名称为"Course Grade";将已经建好的 Excel 文件"User info.xls"导入到"StudentMis.mdb"数据库中,数据表的名称为"User info"。

(3)将数据表 Student info 导出为 Excel 文件。

打开"StudentMis.mdb"数据库,在数据库窗口中,选择"Student info"表,选择"文件→导出"菜单命令,弹出"导出"对话框。在打开的对话框中将"保存类型"下拉列表中选择"Microsoft Excel 97-2003(*.xls)",然后输入文件名称,单击"导出"按钮,稍后就得到了一个标准的 Excel 工作簿文件。如图 7-17 所示。

图 7-17　导出对话框

实验 7.6　建立表间的关系

1. 实验目的

（1）学会分析表之间的关系，并创建合理的关系。

（2）掌握参照完整性的含义，并学会设置表间的参照完整性。

（3）理解"级联更新相关字段"和"级联删除相关记录"的含义。

（4）学会设置"级联更新相关字段"和"级联删除相关记录"。

2. 实验内容

分析"StudentMis. mdb"数据库中各表之间的关系，创建科学合理的关系。

3. 实验操作

（1）打开"StudentMis. mdb"数据库。

（2）使用"工具→关系"菜单命令，或单击工具栏上的关系按钮 ，打开"关系"窗口，然后单击工具栏上的"显示表"按钮 ，弹出如图 7-18 所示的"显示表"对话框。

（3）在"显示表"对话框中，单击"Student ＿ info"，然后单击"添加"按钮，接着使用同样的方法将"Teacher ＿ info"、"Course ＿ info"、"Department"、"Course ＿ Grade"添加到"关系"窗口中。

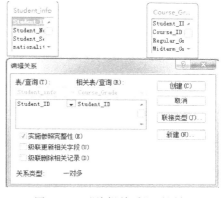

图 7-18　"显示表"对话框　　　　　图 7-19　"编辑关系"对话框

（4）选定"Student ＿ info"中的"Student ＿ ID"字段，然后单击鼠标左键并拖曳到"Course ＿ Grade"中的"Student ＿ ID"字段上，松开鼠标左键，弹出如图 7-19 所示的"编辑关系"对话框。

如果在定义关系时单击选中了"实施参照完整性"复选框，则为表关系启用参照完整性。实施后，Access 将拒绝违反表关系参照完整性的任何操作。

如果在定义关系时单击选中了"级联更新相关字段"复选框，则当更改主表中记录的主键时，Microsoft Access 就会自动将所有相关记录中的主键值更新为新值。

注意：如果主表中的主键是一个自动编号字段，则选中"级联更新相关字段"复选框将不起作用，因为不能更改自动编号字段中的值。

如果在定义关系时选中了"级联删除相关记录"复选框，则当删除主表中的记录时，Microsoft Access 就会自动删除相关表中的相关记录。当在选中"级联删除相关记录"复选框的情况下从窗体或数据表中删除记录时，Microsoft Access 会警告相关记录也可能会被删除。当使用删除查询删除记录时，Microsoft Access 将自动删除相关表中的记录而不显示警告。

（5）用同样方法，依次建立其他几个表间的关系，如图 7-20 所示。

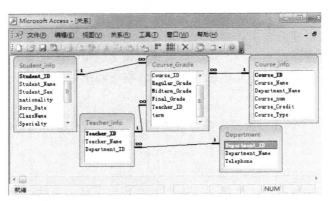

图 7-20　建立关系

（6）单击"关闭"按钮，这时 Access 询问是否保存布局的修改，单击"是"按钮，即可保存所建的关系。

表间建立关系后，在主表的数据表视图中能看到左边新增了带有"＋"的一列，说明该表与另外的表（子数据表）建立了关系。通过单击"＋"按钮可以看到子数据表中的相关记录。

第8章　SQL语句实验

实验 8.1　DQL 数据查询语言

8.1.1　SELECT 语句的应用

1. 实验目的

掌握 SELECT 子句的操作。

2. 实验内容

（1）从学生成绩管理系统"StudentMis"数据库的 Student_info 表中查询字段 Student_ID、Student_Name、Student_Sex 和 Comment，保存为"学生特长与获奖"。

（2）将"学生特长与获奖"查询中的字段 Student_ID、Student_Name、Student_Sex 和 Comment 分别更名为学号、姓名、性别和特长与获奖，另存为"学生特长与获奖信息"。

（3）将"学生特长与获奖信息"查询中的前 20％的记录，另存为"部分学生特长与获奖信息"。

3. 实验操作

（1）打开学生成绩管理系统"StudentMis"数据库中的查询对象，双击"在设计视图中创建查询"，或选择"新建"→"设计视图"。

（2）关闭"显示表"对话框，出现如图 8-1 所示的查询设计视图。

（3）单击工具栏上的"切换视图"按钮，将视图改为 SQL 视图，如图 8-2 所示。

图 8-1　查询设计视图

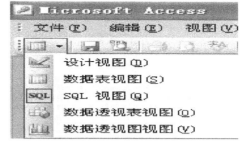
图 8-2　将视图改为 SQL 视图

（4）输入选择部分列的 SQL 语句：

```
SELECT Student_ID,Student_Name,Student_Sex,Comment
FROM Student_info;
```

如图 8-3 所示。

SELECT Student_ID, Student_Name, Student_Sex, Comment
FROM Student_info;

图 8-3　输入选择部分列的 SQL 语句

(5) 单击工具栏上的"运行"按钮 ，即可得到所需选择部分列的查询结果，如图 8-4 所示。

(6) 将该查询结果保存为"学生特长与获奖"即可。

图 8-4　选择部分列查询结果

(7) 重复以上（1）（2）（3）步操作。

(8) 输入更改列标题的 SQL 语句：

SELECT Student_ID AS 学号,Student_Name AS 姓名,Student_Sex AS 性别,CommentAS 特长与获奖

FROM 学生特长与获奖；

如图 8-5 所示。

SELECT Student_ID AS 学号,Student_Name AS 姓名,Student_Sex AS 性别,Comment AS 特长与获奖
FROM 学生特长与获奖;

图 8-5　输入更改列标题的 SQL 语句

(9) 单击工具栏上的"运行"按钮 ，即可得到所需更改列标题的查询结果，如图 8-6 所示。

(10) 将该查询结果保存为"学生特长与获奖信息"即可。

(11) 再次重复以上（1）、（2）、（3）步操作。

图 8-6　更改列标题查询结果

（12）输入查询部分记录的 SQL 语句：

```
SELECT TOP 20 PERCENT *
FROM 学生特长与获奖信息;
```

如图 8-7 所示。

图 8-7　输入查询部分记录的 SQL 语句

（13）单击工具栏上的"运行"按钮，即可得到所需查询部分记录的结果，如图 8-8
所示。

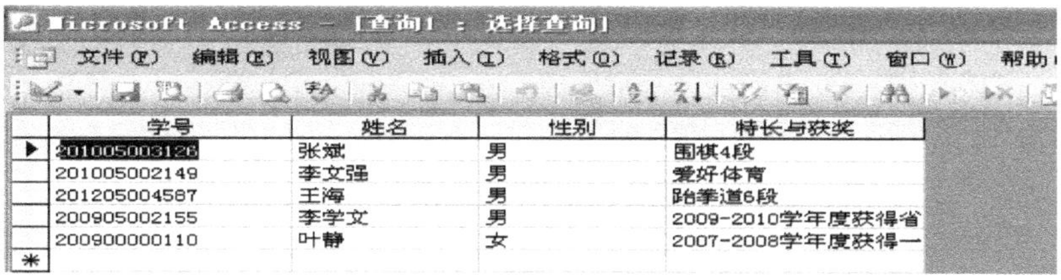

图 8-8　查询部分记录结果

（14）最后将该查询结果保存为"部分学生特长与获奖信息"。

8.1.2　FROM 语句的应用

1. 实验目的

掌握 FROM 子句的操作。

2. 实验内容

从学生成绩管理系统"StudentMis"数据库的 cxxscj 查询中查询出各门课程的"总评"
成绩在 90 分以上的学生信息，要求显示 Student ＿ ID、Student ＿ Name、ClassName、
Course ＿ Name 和总评，并保存为"奖学金评选名单"。

3. 实验操作

（1）打开学生成绩管理系统"StudentMis"数据库中的查询对象，双击"在设计视图中创建查询"，或选择"新建"→"设计视图"。

（2）关闭"显示表"对话框，参见图 8-1。

（3）单击工具栏上的"切换视图"按钮，将视图改为 SQL 视图，如图 8-2 所示。

（4）输入 FROM 子句的 SQL 语句：

```
SELECT Student_ID,Student_Name,ClassName,Course_Name,总评
FROM cxxscj
WHERE (总评> 90);如图 8-9 所示。
```

图 8-9　输入 FROM 子句的 SQL 语句

（5）单击工具栏上的"运行"按钮 ![按钮] ，即可得到所需 FROM 子句的查询结果，如图 8-10 所示。

Student_ID	Student_Name	ClassName	Course_Name	总评
201005002149	李文强	金融10-1班	C语言程序设计	90.2
201105000025	郭佳佳	金融11-2班	微积分	92.4
201005001145	钱进	会计10-1班	公关礼仪	92.4
201205001234	赵坤	审计12-1班	管理会计学	90.8
200900000110	叶静	会计09-1班	数据库应用	94
201205001246	黎明	物联12-1班	大学英语	92.8
201205001056	李丽娟	计机12-1班	计算机科学导论	93.4
201205001056	李丽娟	计机12-1班	大学语文	94.4
201205001056	李丽娟	计机12-1班	微积分	92.2
201205001248	杨德海	物联12-1班	计算机审计	90.4
201205001248	杨德海	物联12-1班	C语言程序设计	94.6
200905002155	李学文	会计09-1班	数据库应用	93.4
201205001246	黎明	物联12-1班	数据库应用	94.6
200905001108	张晓娟	会计09-1班	大学计算机基础	91.6
200905001108	张晓娟	会计09-1班	公关礼仪	94.6
200905000078	李艳梅	会计09-1班	计算机审计	94.6

图 8-10　FROM 子句查询结果

（6）将该查询结果保存为"奖学金评选名单"。

8.1.3　WHERE 语句的应用

1. 实验目的

掌握 WHERE 子句的操作。

2. 实验内容

从学生成绩管理系统"StudentMis"数据库的 Student_info 表中查询"信息学院"的学生信息，要求显示 Student_ID、Student_Name、Student_Sex 和 Department，并保存为"信息学院学生名单"。

3. 实验操作

（1）打开学生成绩管理系统"StudentMis"数据库中的查询对象，双击"在设计视图中创建

查询"，或选择"新建"→"设计视图"。

（2）关闭"显示表"对话框，参见图 8-1。

（3）单击工具栏上的"切换视图"按钮，将视图改为 SQL 视图，如图 8-2 所示。

（4）输入 WHERE 子句的 SQL 语句：

```
SELECT Student_ID,Student_Name,Student_Sex,Department
FROM Student_info
WHERE (Department= 信息学院");
```

如图 8-11 所示。

图 8-11　输入 WHERE 子句的 SQL 语句

（5）单击工具栏上的"运行"按钮，即可得到所需 WHERE 子句的查询结果，如图 8-12 所示。

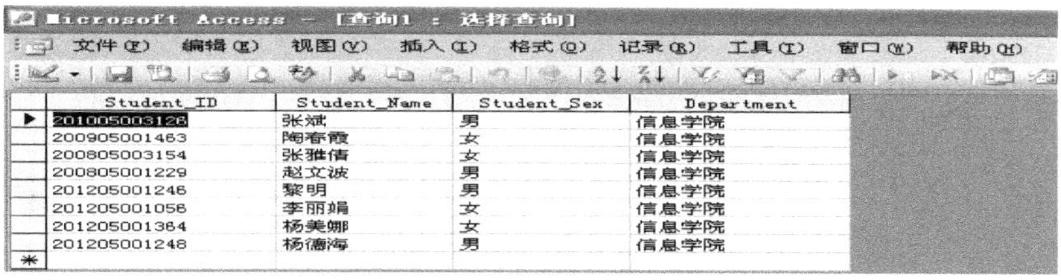

图 8-12　WHERE 子句的查询结果

（6）将该查询结果保存为"信息学院学生名单"。

8.1.4　ORDER BY 语句的应用

1. 实验目的

掌握 ORDER BY 子句的操作。

2. 实验内容

将学生成绩管理系统"StudentMis"数据库中的"奖学金评选名单"按"总评"成绩进行降序排列。并保存为"奖学金评选名单排序"。

3. 实验操作

（1）打开学生成绩管理系统"StudentMis"数据库中的查询对象，双击"在设计视图中创建查询"，或选择"新建"→"设计视图"。

（2）关闭"显示表"对话框，参见图 8-1。

（3）单击工具栏上的"切换视图"按钮，将视图改为 SQL 视图，如图 8-2 所示。

（4）输入 ORDER BY 子句的 SQL 语句：

```
SELECT Student_ID,Student_Name,ClassName,Course_Name,总评
```

```
FROM 奖学金评选名单
ORDER BY 总评 DESC;
```
如图 8-13 所示。

图 8-13　输入 ORDER BY 子句的 SQL 语句

（5）单击工具栏上的"运行"按钮 ![]　，即可得到所需 ORDER BY 子句的查询结果，如图 8-14 所示。

图 8-14　ORDER BY 子句的查询结果

（6）将该查询结果保存为"奖学金评选名单排序"。

8.1.5　GROUP BY 与 HAVINGE 语句的应用

1. 实验目的

掌握 GROUP BY 子句和 HAVING 子句的操作。

2. 实验内容

根据学生成绩管理系统"StudentMis"数据库中的 cxxscj 查询结果查询"数据库应用"课程的平均成绩高于 80 分的班级信息。并保存为"数据库应用课程查询"。

3. 实验操作

操作步骤：

（1）打开学生成绩管理系统"StudentMis"数据库中的查询对象，双击"在设计视图中创建查询"，或选择"新建"→"设计视图"。

（2）关闭"显示表"对话框，参见图 8-1。

（3）单击工具栏上的"切换视图"按钮，将视图改为 SQL 视图，如图 8-2 所示。

（4）输入 GROUP BY 子句和 HAVING 子句的 SQL 语句：

```
SELECT ClassName,Course_Name, Avg(总评) AS 总评之平均值
```

```
FROM cxxscj
GROUP BY ClassName,Course_Name
HAVING ((Course_Name= 数据库应用") AND ((Avg(总评))> 80));
```
　如图 8-15 所示。

图 8-15　输入 GROUP BY 子句和 HAVING 子句的 SQL 语句

　　(5)单击工具栏上的"运行"按钮 ，即可得到所需 GROUP BY 子句和 HAVING 子句
的查询结果，如图 8-16 所示。

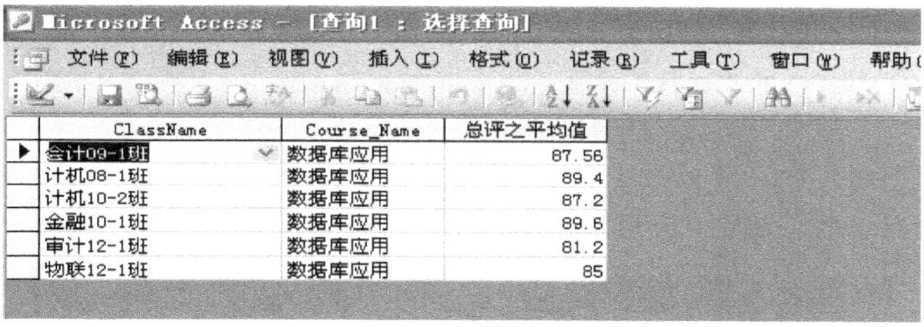

图 8-16　GROUP BY 子句和 HAVING 子句的查询结果

　　(6)将该查询结果保存为"数据库应用课程查询"。

实验 8.2　DML 数据操纵语言

8.2.1　INSERT 语句的应用

1. 实验目的
掌握插入(INSERT)查询的操作。

2. 实验内容
　　在学生成绩管理系统"StudentMis"数据库中的 User_info 表中插入如表 8-1 插入记录表
的记录，并保存为"插入记录查询"。

表 8-1　插入记录表

User_ID	User_Name	User_PWD	User_Des
6	陈冬	111	学生

3. 实验操作
　　(1)打开学生成绩管理系统"StudentMis"数据库中的查询对象，双击"在设计视图中创建
查询"，或选择"新建"→"设计视图"。

（2）关闭"显示表"对话框，参见图 8-1。

（3）单击工具栏上的"切换视图"按钮，将视图改为 SQL 视图，如图 8-2 所示。

（4）输入 INSERT（插入）语句的 SQL 语句：

```
INSERT INTO User_info
VALUES (6",陈冬","111","学生");
```

如图 8-17 所示。

图 8-17　输入 INSERT 的 SQL 语句

图 8-18　INSERT 语句执行对话框

（5）单击工具栏上的"运行"按钮 　，系统提示如图 8-18 所示 INSERT 语句执行对话框。

（6）单击"是（Y）"，并保存此查询，在表对象中打开 User＿info 即可得到所需 IN-SERT 语句执行结果，如图 8-19 所示。

User_ID	User_Name	User_PWD	User_Des
1	张斌	111	管理员
2	吴海	111	教师
3	杨帆	111	教师
4	刘洋	111	管理员
5	叶静	111	学生
6	陈冬	111	学生
*		0	

图 8-19　INSERT 语句执行结果

注意：在未列出的列中将自动填入缺省值，如果没有设置缺省值则填入 null。

8.2.2　UPDATE 语句的应用

1. 实验目的

掌握更新（UPDATE）查询的操作。

2. 实验内容

将学生成绩管理系统"StudentMis"数据库中 Course＿info 表的"Course＿num"值为"54"的课程增加 10 课时。并保存为"课时更新查询"。

3. 实验操作

（1）打开学生成绩管理系统"StudentMis"数据库中的查询对象，双击"在设计视图中创建查询"，或选择"新建"→"设计视图"。

（2）关闭"显示表"对话框，参见图 8-1。

（3）单击工具栏上的"切换视图"按钮，将视图改为 SQL 视图，如图 8-2 所示。

（4）输入 UPDATE（更新）语句的 SQL 语句：

```
UPDATE Course_info SET Course_num =  [Course_num]+ 10
WHERE (Course_num= 54);
```

如图 8-20 所示。

图 8-20　输入 UPDATE 的 SQL 语句

图 8-21　UPDATE 语句执行对话框

（5）单击工具栏上的"运行"按钮，系统提示如图 8-21 所示 UPDATE 语句执行对话框。

（6）单击"是（Y）"，并保存此查询，在表对象中打开 Course _ info 即可得到所需 UPDATE 语句执行结果，如图 8-22 所示。

Course_ID	Course_Name	Department_Name	Course_num	Course_Credit	Course_Type
01002	财务会计学	会计学院	64	3	必修
01003	管理会计学	会计学院	64	3	必修
01004	计算机审计	会计学院	64	3	任选
02001	金融工程	金融学院	64	2	限选
02002	投资学	金融学院	36	2	限选
03001	大学语文	传媒学院	64	4	必修
03089	公关礼仪	传媒学院	36	2	任选
05002	数据结构	信息学院	72	4	必修
05004	计算机科学导论	信息学院	36	2	必修
05006	C语言程序设计	信息学院	64	3	必修
05010	数据库应用	信息学院	64	3	必修
05012	大学计算机基础	信息学院	64	3	必修
06001	微积分	统数学院	56	3	必修
06089	高等代数	统数学院	64	3	必修
06093	生涯规划	信息学院	36	1	必修
07002	大学英语	外语学院	64	2	必修
			0	0	

图 8-22　UPDATE 语句执行结果

8.2.3　DELETE 语句的应用

1. 实验目的

掌握删除（DELETE）查询的操作。

2. 实验内容

删除学生成绩管理系统"StudentMis"数据库的 Student _ info 表中会计 09-1 班的信息，并保存为"班级删除查询"。

3. 实验操作

（1）打开学生成绩管理系统"StudentMis"数据库中的查询对象，双击"在设计视图中创建查询"，或选择"新建"→"设计视图"。

（2）关闭"显示表"对话框，参见图8-1。

（3）单击工具栏上的"切换视图"按钮，将视图改为SQL视图，如图8-2所示。

（4）输入DELETE（删除）语句的SQL语句：

```
DELETE ClassName
FROM Student_info
WHERE (ClassName= "会计 09- 1班");
```

如图8-23所示。

图 8-23　输入 DELETE 的 SQL 语句

图 8-24　DELETE 语句执行对话框

（5）单击工具栏上的"运行"按钮 ![运行按钮]，系统提示如图8-24所示DELETE语句执行对话框。

（6）单击"是（Y）"，并保存此查询，在表对象中打开Student_info表即可得到所需DELETE语句执行结果结果，如图8-25所示。

Student_ID	Student_Name	Student_Sex	nationality	Born_Date	ClassName	Specialty	Department	Comment	Photo
201005001145	钱进	男	汉	1990-6-7	会计10-1班	会计学	会计学院	篮球和足球	长二进制数据
201105001488	李敏	女	白	1991-3-9	会计11-1班	会计学	会计学院		长二进制数据
201205004587	王海	男	回	1990-4-8	会计12-1班	会计学	会计学院	跆拳道6段	长二进制数据
200805001229	赵文波	男	汉	1990-8-22	计机08-1班	计算机科学与技术	信息学院		长二进制数据
200805003154	张雅倩	女	藏	1990-8-5	计机08-1班	计算机科学与技术	信息学院	校级三好生	长二进制数据
200905001463	陶睿霞	女	汉	1990-7-27	计机09-2班	计算机科学与技术	信息学院	2007-2008学年度获得二	长二进制数据
201005003126	张斌	男	汉	1990-1-23	计机10-2班	计算机科学与技术	信息学院	围棋4级	长二进制数据
201205001056	李丽娟	女	汉	1992-3-8	计机12-1班	计算机软件	信息学院	2011年省级三好学生，5	长二进制数据
201205001364	杨美娜	女	汉	1992-3-7	计机12-2班	计算机软件	信息学院	体育，摄影	长二进制数据
200905001021	张前浩	男	满	1990-5-1	金融09-1班	金融学	金融学院	爱好摄影和写作	长二进制数据
201005002149	李文强	男	藏	1991-2-12	金融10-1班	金融学	金融学院	爱好体育	长二进制数据
201105000025	郭佳佳	女	回	1988-11-23	金融11-2班	金融学	金融学院	2008-2009学年度获得一	长二进制数据
201205001234	赵坤	男	汉	1992-10-1	审计12-1班	会计学	会计学院		长二进制数据
201205001246	黎明	男	汉	1990-12-2	物联12-1班	物联网工程	信息学院	摄影、画画及篮球	长二进制数据
201205001248	杨晨喻	男	汉	1992-5-6	物联12-1班	物联网	信息学院	编程、电脑游戏	长二进制数据
201205003198	李洁	女	汉	1992-2-9	注会12-1班	会计学（注册会计师	会计学院	2010年省级优秀学生干事	长二进制数据

图 8-25　DELETE 语句执行结果

8.2.4　UNION 语句的应用

1. 实验目的

掌握联合查询（UNION）的操作。

2. 实验内容

从学生成绩管理系统"StudentMis"数据库的Student_info表中查询"金融学院"的学生信息，要求显示Student_ID、Student_Name、Student_Sex和Department，保存为"金融学院学生名单"，并与"信息学院学生名单"查询进行合并。将该查询结果保存为"院系联合查询"。

3. 实验操作

(1)打开学生成绩管理系统"StudentMis"数据库中的查询对象,双击"在设计视图中创建查询",或选择"新建"→"设计视图"。

(2)关闭"显示表"对话框,参见图 8-1。

(3)单击工具栏上的"切换视图"按钮,将视图改为 SQL 视图,如图 8-2 所示。

(4)输入选择查询的 SQL 语句,

```
SELECT Student_ID,Student_Name,Student_Sex,Department
FROM Student_info
WHERE (Department= 金融学院 ");
```

如图 8-26 所示。

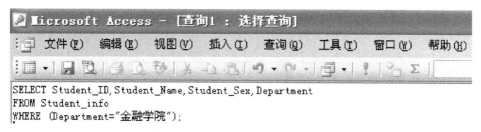

图 8-26　输入选择查询的 SQL 语句

(5) 单击工具栏上的 "运行" 按钮 ，即可得到所需选择查询的结果，如图 8-27 所示。

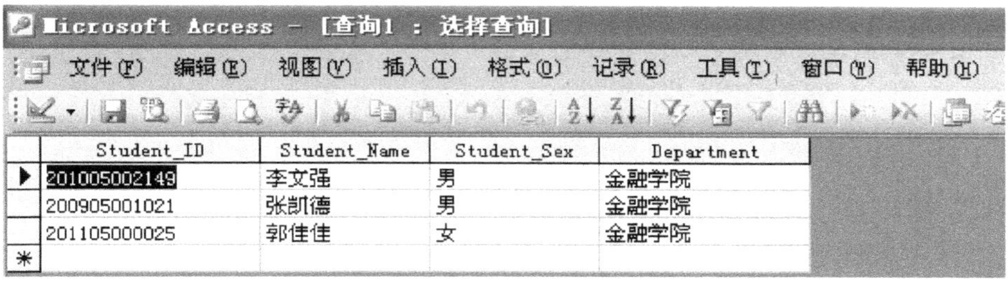

图 8-27　选择查询结果

(6) 将该查询结果保存为 "金融学院学生名单"。

(7) 再打开学生成绩管理系统 "StudentMis" 数据库中的查询对象，双击 "在设计视图中创建查询"，或选择 "新建" → "设计视图"。

(8) 关闭 "显示表" 对话框，参见图 8-1。

(9) 单击工具栏上的 "切换视图" 按钮，将视图改为 SQL 视图，如图 8-2 所示。

(10) 输入联合查询的 SQL 语句。

```
SELECT* from 信息学院学生名单
UNION SELECT* from 金融学院学生名单;
```

如图 8-28 所示。

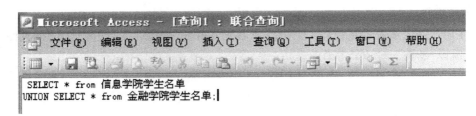

图 8-28　输入联合查询的 SQL 语句

（11）单击工具栏上的"运行"按钮 ，即可得到所需联合查询的结果，如图 8-29 所示。

Student_ID	Student_Name	Student_Sex	Department
200805001229	赵文波	男	信息学院
200805003154	张雅倩	女	信息学院
200905001021	张凯德	男	金融学院
200905001463	陶春霞	女	信息学院
201005002149	李文强	男	金融学院
201005003126	张斌	男	信息学院
201105000025	郭佳佳	女	金融学院
201205001056	李丽娟	女	信息学院
201205001246	黎明	男	信息学院
201205001248	杨德海	男	信息学院
201205001364	杨美娜	女	信息学院

图 8-29　联合查询结果

（12）将该查询结果保存为"院系联合查询"。

8.2.5　INTO 语句的应用

1. 实验目的

掌握生成表查询的操作。

2. 实验内容

将学生成绩管理系统"StudentMis"数据库中 Student _ info 表的 Student _ ID、Student _ Name、Student _ Sex 和 nationality 等信息插入到新表 Stud-mz，并将此操作保存为"生成表 Stud-mz"。

3. 实验操作

（1）打开学生成绩管理系统"StudentMis"数据库中的查询对象，双击"在设计视图中创建查询"，或选择"新建"→"设计视图"。

（2）关闭"显示表"对话框，参见图 8-1。

（3）单击工具栏上的"切换视图"按钮，将视图改为 SQL 视图，如图 8-2 所示。

（4）输入生成表查询的 SQL 语句：

```
SELECT Student_ID,Student_Name,Student_Sex,nationality INTO [Stud-mz]
FROM Student_info;
```

如图 8-30 所示。

（5）单击工具栏上的"运行"按钮 ![] ，系统提示如图 8-31 所示生成表查询执行对话框。

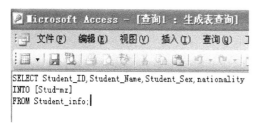

图 8-30　输入生成表查询的 SQL 语句　　　　　图 8-31　生成表查询执行对话框

（6）单击"是（Y）"，并保存此查询，在表对象中打开 Stud-mz 即可得到所需生成表查询结果，如图 8-32 所示。

![]
图 8-32　生成表查询结果

8.2.6　INNER JION 语句的应用

1. 实验目的

掌握连接查询的操作。

2. 实验内容

将学生成绩管理系统"StudentMis"数据库中的 Department 表和 Teacher _ info 表进行连接查询。将该查询结果保存为"院系教师信息查询"。

3. 实验操作

（1）打开学生成绩管理系统"StudentMis"数据库中的查询对象，双击"在设计视图中创建查询"，或选择"新建"→"设计视图"。

（2）关闭"显示表"对话框，参见图 8-1。

（3）单击工具栏上的"切换视图"按钮，将视图改为 SQL 视图，如图 8-2 所示。

（4）输入连接查询的 SQL 语句：

```
SELECT Department. Department_ID, Department. Department_Name,
       Department. Telephone, Teacher_info. Teacher_ID, Teacher_info. Teacher_Name
```

FROM Department INNER JOIN Teacher_info ON Department.Department_ID = Teacher_info.Department_ID;

如图 8-33 所示。

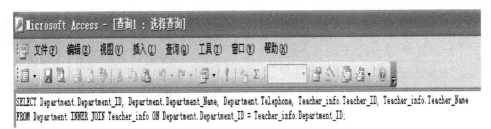

图 8-33　输入连接查询的 SQL 语句

（5）单击工具栏上的"运行"按钮　，即可得到所需连接查询的结果，如图 8-34 所示。

Department_ID	Department_Name	Telephone	Teacher_ID	Teacher_Name
01	会计学院	62280011	0026	何晓燕
01	会计学院	62280011	0017	怀悦
01	会计学院	62280011	0072	张力
02	传媒学院	62280012	0036	王海
02	传媒学院	62280012	0503	安琪
03	外语学院	62289000	0789	罗亚萍
03	外语学院	62289000	0782	杨婷娜
05	信息学院	62280015	0321	李桂芳
05	信息学院	62280015	0450	李书阳
05	信息学院	62280015	0131	刘亚婷
06	金融学院	62280016	0328	朱朝辉
06	金融学院	62280016	0102	郭崇保
07	统数学院	62282367	0609	贾鹏红
07	统数学院	62282367	0652	高天
08	工商学院	87789234	0899	黄伟杰
10	管理学院	62280020	0755	周维莉

图 8-34　连接查询结果

（6）将该查询结果保存为"院系教师信息查询"。

实验 8.3　DDL 数据定义语言

8.3.1　CREATE 语句的应用

1. 实验目的

掌握 CREATE 语句的操作。

2. 实验内容

在学生成绩管理系统"StudentMis"数据库中创建 student _ info1 表，表的详细设计如表 8-2 所示，并将此操作保存为"数据定义查询（CREATE）"。

表 8-2　student _ info1 表

列名称	数据类型	长度	是否可为空值
Student _ ID	字符型	12	否
Student _ name	字符型	6	否
Student _ sex	字符型	2	否
Nationality	字符型	8	否
Born _ date	日期型		否
ClassName	字符型	20	否
Specialty	字符型	20	否
Department	字符型	20	否
Comment	字符型	50	是

3. 实验操作

操作步骤：

（1）打开学生成绩管理系统 "StudentMis" 数据库中的查询对象，双击 "在设计视图中创建查询"，或选择 "新建" → "设计视图"。

（2）关闭 "显示表" 对话框，参见图 8-1。

（3）单击工具栏上的 "切换视图" 按钮，将视图改为 SQL 视图，如图 8-2 所示。

（4）输入 CREATE 语句的 SQL 语句，如图 8-35 所示。

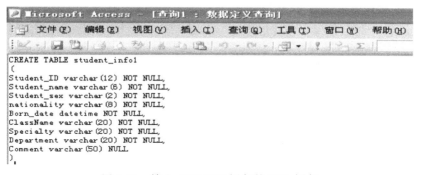

图 8-35　输入 CREATE 语句的 SQL 语句

（5）单击工具栏上的 "运行" 按钮 ，然后关闭并保存该 CREATE 语句查询对象，如图 8-36 所示。

图 8-36　保存 CREATE 语句查询对象

（6）打开学生成绩管理系统"StudentMis"数据库中的表对象"student_info1"的设计视图，即可得到所需 CREATE 语句查询结果，如图 8-37 所示。

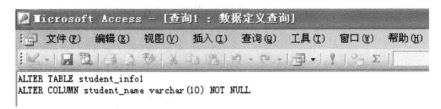

图 8-37　CREATE 语句查询结果

8.3.2　ALTER 语句的应用

1. 实验目的

掌握 ALTER 语句的操作。

2. 实验内容

修改学生成绩管理系统"StudentMis"数据库中的 student_info1 表的 Student_name 列，将列定义的长度修改为 10，并将此操作保存为"数据定义查询（ALTER）"。

3. 实验操作

操作步骤：

（1）打开学生成绩管理系统"StudentMis"数据库中的查询对象，双击"在设计视图中创建查询"，或选择"新建"→"设计视图"。

（2）关闭"显示表"对话框，参见图 8-1。

（3）单击工具栏上的"切换视图"按钮，将视图改为 SQL 视图，如图 8-2 所示。

（4）输入 ALTER 语句的 SQL 语句，如图 8-38 所示。

```
ALTER TABLE student_info1
ALTER COLUMN student_name varchar(10) NOT NULL
```

图 8-38　输入 ALTER 语句的 SQL 语句

（5）单击工具栏上的"运行"按钮，然后关闭并保存该 ALTER 语句查询对象，如图 8-39 所示。

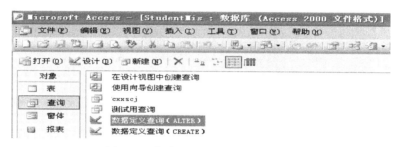

图 8-39　保存 ALTER 语句查询对象

　　（6）打开学生成绩管理系统 "StudentMis" 数据库中的表对象 "student _ info1" 的设计视图，即可得到所需 ALTER 语句查询结果，如图 8-40 所示。

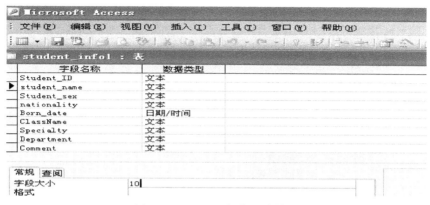

图 8-40　ALTER 语句查询结果

8.3.3　DROP 语句的应用

1. 实验目的

掌握 DROP 语句的操作。

2. 实验内容

删除学生成绩管理系统 "StudentMis" 数据库中 student _ info1 表的 Comment 列，并将此操作保存为 "数据定义查询（DROP）"。

3. 实验操作

操作步骤：

（1）打开学生成绩管理系统 "StudentMis" 数据库中的查询对象，双击 "在设计视图中创建查询"，或选择 "新建" → "设计视图"。

（2）关闭 "显示表" 对话框，参见图 8-1。

（3）单击工具栏上的 "切换视图" 按钮，将视图改为 SQL 视图，如图 8-2 所示。

（4）输入 DROP 语句的 SQL 语句，如图 8-41 所示。

```
ALTER TABLE student_info1
DROP COLUMN Comment
```

图 8-41　输入 DROP 语句的 SQL 语句

（5）单击工具栏上的"运行"按钮 ![运行按钮]，然后关闭并保存该该 DROP 语句查询对象，如图 8-42 所示。

图 8-42　保存 DROP 语句查询对象

（6）打开学生成绩管理系统"StudentMis"数据库中的表对象"student _ info1"的设计视图，即可得到所需 DROP 语句查询结果，如图 8-43 所示。

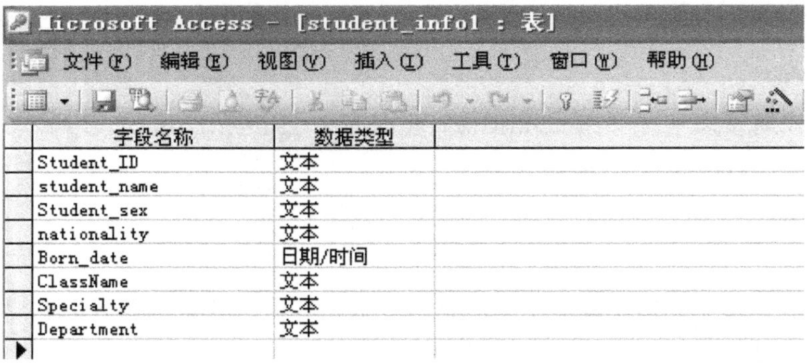

字段名称	数据类型	
Student_ID	文本	
student_name	文本	
Student_sex	文本	
nationality	文本	
Born_date	日期/时间	
ClassName	文本	
Specialty	文本	
Department	文本	

图 8-43　DROP 语句查询结果

第 9 章　数据库的安全实验

实验 9.1　数据库编码/解码

1. 实验目的

掌握 Access 数据库中数据库编码/解码的方法。

2. 实验内容

以 StudentMis. mdb 作为操作数据库，对其进行数据库编码/解码。

3. 实验操作

（1）打开 StudentMis. mdb 数据库。

（2）编码操作，执行"工具"→"安全"→"编码/解码数据库"命令，打开"数据库编码后另存为"对话框，如图 9-1 所示。在对话框中设置数据库编码后另存为"StudentMis-BM. mdb"数据库，单击"保存"按钮，完成数据库编码。

（3）解码操作，打开 StudentMis-BM. mdb 数据库，执行"工具"→"安全"→"编码/解码数据库"命令，打开"数据库解码后另存为"对话框，如图 9-2 所示。在对话框中设置数据库解码后另存为"StudentMis-JM. mdb"数据库，单击"保存"按钮，完成数据库解码。

图 9-1　"数据库编码后另存为"对话框　　　　图 9-2　"数据库解码后另存为"对话框

实验 9.2　生成 MDE 文件

1. 实验目的

掌握在 Access 数据库中生成 MDE 文件的方法。

2. 实验内容

以 StudentMis. mdb 作为操作数据库，对其生成 MDE 文件。

3. 实验操作

（1）打开 StudentMis. mdb 数据库。

（2）执行"工具"→"数据库实用工具"→"生成 MDE 文件"命令，弹出如图 9-3 所示对话框。

图 9-3　提示对话框

（3）执行"工具"→"数据库实用工具"→"转换数据库"→"转换 Access2002-2003 文件格式"命令，弹出如图 9-4 所示对话框，在对话框中设置转换后的数据库为"StudentMis2003.mdb"数据库。

（4）打开 StudentMis2003.mdb 数据库，执行"工具"→"数据库实用工具"→"生成 MDE 文件"命令，弹出如图 9-5 所示对话框，单击"保存"按钮，生成 MDE 文件。

图 9-4　"将数据库转换为"对话框　　　　　图 9-5　"将 MDE 保存为"对话框

第 10 章　Visual Basic 数据库编程实验

实验 10.1　使用 Data 控件访问数据库

1. 实验目的

（1）掌握 Data 控件的调用方法。

（2）掌握 Data 控件的主要属性。

（3）掌握 Data 控件的主要事件。

2. 实验内容

设置 Data 控件的调用方法、主要属性、主要事件。

3. 实验过程

利用 Data 控件及文本框显示一个 ACCESS 的 Student 表中的记录信息。在窗体上放置一名为 Data1 的 Data 控件，并设置 DatabaseName 为指定的 Access 数据库和 RecordSource 属性设置为"Student"，接着放置几个用于显示字段值的文本框，把它们的 DataSource 属性设置为"Data1"，DataField 属性设置为有关的字段。

实验 10.2　使用 ADO 控件访问数据库

1. 实验目的

（1）掌握 ADO 控件的加载与调用方法。

（2）掌握 ADO 控件的主要属性。

（3）掌握 ADO 控件的主要事件。

2. 实验内容

设置 ADO 控件加载与的调用方法、主要属性、主要事件。

3. 实验操作

（1）使用 ADO 作为数据访问接口，右键单击工具箱空白处，选择"部件（O）…"命令。系统弹出"部件"窗口，从"控件"选项卡中找到"Microsoft ADO Data Control 6.0（OLEDB）"，从而练习 ADO 控件的加载方法。

（2）掌握 ADO 数据控件的基本属性。

① 以及 ADO 控件使用 ConnectionString 属性与数据库建立连接。该属性包含了用于与数据源建立连接的相关信息，ConnectionString 属性带有 4 个参数。

②RecordSource 确定具体可访问的数据，这些数据构成记录集对象 RecordSet 记录集的应用。

③ConnectionTimeout 属性：用于数据连接的超时设置，若在指定时间内连接不成功显示超时信息。

（3）ADO 数据控件连接数据库的一般过程。

①窗体上放置一个 ADO 数据控件。

②在 ADO 属性窗口中单击 ConnectionString 属性右边的"…"按钮，从对话框中选择连接数据源的方式，通过如下步骤实现 ADO 数据控件连接数据库：可以使用连接字符串；单击"Build（生成）"按钮，通过选项设置系统自动产生连接字符串；然后使用 Data Link 文件实现通过一个连接文件来完成，应用使用 ODBC 数据资源；在下拉列表中选择某个创建好的数据源名称作为数据来源（DSN）对远程数据库进行控制。

③在 ADO 属性窗口中单击 RecordSource 属性右边的"…"按钮，在"命令类型"中选择"2-adCmdTable"，在"表或存储过程名称"中选择所需要的表。

实验 10.3　API 编程

1. 实验目的

掌握 API 函数的加载方法与使用方法。

2. 实验内容

API 函数的加载方法与使用方法。

3. 实验操作

在应用 API 函数前，先要对 API 函数进行加载，练习其加载过程。

（1）打开 Visual Basic，在 Visual Basic 顶部的菜单上点击："外接程序"→"外接程序管理器…"，打开"外接程序管理器"对话框。

（2）在"可用外接程序"里选中"vb 6 API Viewer"。

（3）再在"加载行为"中把"在启动中加载"和"加载/卸载"两个选项前打上钩，点击"确定"关闭对话框。

（4）再次打开"外接程序"里边就出现了"API 浏览器"。

（5）打开"API 浏览器"后，单击菜单上的"文件"→"加载文本文件…"，打开"选择一个 API 文本文件"对话框。

（6）选择"WIN32API. TXT"，点击"打开"。

实验 10.4　基于 VB 的网络编程

1. 实验目的

Winsock 控件在程序设计时是看不到这个控件显现在执行的窗体之中，但它可以提供有关网络通信方面的程序设计依据。此外，此控件可以非常容易地要求控件为调用 TCP 或是 UDP 网络服务的功能，实现与远程的设备进行连接并且相互交换信息。本次实验主要掌握 Winsock 控件的使用方法。

2. 实验内容

Winsock 的属性、方法、事件。

3. 实验操作

1）Winsock 的属性、方法、事件

（1）Winsock 控件的属性主要包括：

BytesReceived 属性；LocalHostName 属性；LocalIP 属性；LocalPort 属性；Remote-Host 属性（ActiveX 控件）；SocketHandle 属性；State 属性（Winsock 控件）；Protocol 属性（Winsock 控件）；Name 属性；Parent 属性；RemoteHost 属性（ActiveX 控件）；Re-motePort 属性（ActiveX 控件）；Index 属性（ActiveX 控件）；Tag 属性（ActiveX 控件）；Object 属性（ActiveX 控件）。

（2）Winsock 控件的方法。Accept 方法；Bind 方法；Close 方法（Winsock 控件）；Listen 方法；PeerData 方法；SendData 方法；GetData 方法（WinSock 控件）；GetData 方法（ActiveX 控件）。

（3）Winsock 控件的事件。Close 事件；ConnectionRequest 事件；DataArrival 事件；SendComplete 事件；SendProgress 事件；Error 事件；Connect 事件（Winsock 控件）；Connect 事件。

2）实验过程

WinSock 控件能够通过 UDP 协议（用户数据报协议）或 TCP 协议（数据传输协议）连接到远程的机器并进行数据交换，实现创建客户端和服务端应用程序。

（1）协议的配置。首先单击工具窗口里的协议，选择 sckTCPProtocol 或 sckUDPProto-col，也可在代码中配置协议如下：

Winsock1. Protocol＝sckTCPProtocol

（2）确定计算机名。要连接到远程的计算机，你必须知道它的 IP 地址或别名。一旦确定了计算机名，就可以作为远程主机的属性使用。

（3）TCP 连接。必须首先明确程序是服务端或是客户端。创建服务端程序则能够在指定的端口进行"监听"，而客户创建端则能够提出请求，在服务端则能够接受请求并实现连接。一旦连接建立起来，就能实现自由地通信。（案例见第十章实验素材练习 4 中例 2：创建服务端程序/TCP 客户端程序）

实验 10.5　基于 VB 的图形图像处理与动画设计方法

1. 实验目的

用 VB 开发多媒体的方法有很多，主要有以下四种：自行编写程序代码实现，使用对象连接和嵌入 OLE2.0，调用 API 有关多媒体的函数，使用第三方 VB 控件开发商制作的多媒体控件 VBX。

2. 实验内容

（1）启动 VB6。
（2）加载相关第三方 VB 控件开发商制作的多媒体控件 VBX。

3. 实验操作

1）SavePicture 语句的应用

SavePicture 语句将窗体、图像控件或图片框中的图形图像保存到磁盘上的一个文件中，这些图像可以是使用画图方法（Line，Circle，Pset）设计出来的，也可以存储那些通过设置窗体或图片框的图片属性或者通过 PaintPicture 方法或 LoadPicture 函数载入的图像。这些载入的图像可以是 BMP、ICO 或 WMF 图形文件。

SavePicture 语句的语法格式如下：

SavePicture picture，stringexpression，参数 picture 为窗体或图片框的 picture 或 image 属性；参数 strngexpression 为保存的文件名。

2）VB 动画设计控制的三种方法

（1）控制的移动。采用控制的移动技术可实现屏幕级动画，而控制移动方式又可分两种：一是在程序运行过程中，随时更改控制的位置坐标 Left、Top 属性，使控制出现动态；二是对控制调用 MOVE 方法，产生移动的效果。这里的控制可以是命令按钮、文本框、图形框、图像框、标签等。

（2）利用动画按钮控制。VB 的工具箱中专门提供了一个动画按钮控制（Animated Button Control）进行动画设计，该工具在 Windows \ system 子目录下以 Anibuton. vbx 文件存放，用时可加入项目文件中，它将多幅图像装入内存，并赋予序号，通过定时或鼠标操作进行图像的切换，通过这种方法可实现相对符号的动画。此控制的有关属性介绍如下。

①Picture 和 Frame 属性：Picture 属性可装入多幅图像，由 Frame 属性作为控制中多幅图像数组的索引，通过选择 Frame 值来指定访问或装入哪一幅图像，这里 Picture 属性可装入 . bmp、. ico 和 . wmf 文件。

②Cycle 属性：该属性可设置动画控制中多幅图像的显示方式。

③PictDrawMode 属性：该属性设置控制的大小与装入图像大小之间的调整关系。

④Speed 属性：表示动态切换多幅图的速度，以毫秒（ms）为单位，一般设置小于 100 范围内。

⑤Specialop 属性：该属性在程序运行时设置，与定时器连用，来模拟鼠的 Click 操作，不需用户操作触发，而由系统自动触发进行动态图的切换。

（3）利用图片剪切换控制。该控制也提供了在一个控制上存储多个图像或图标信息的技术，它保存 Windows 资源并可快速访问多幅图像，该控制的访问方式不是依次切换多幅图，而是先将多幅图放置在一个控制中，然后在程序设计时利用选择控制中的区域，将图动态剪切下来放置于图片框中进行显示，程序控制每间隔一定时间剪切并显示一幅图，这样便可产生动画效果。该工具以 Picelip. VBX 文件存于 Windows \ system 子目录中，需要时可装入项目文件中。此控制有关属性介绍如下：

①Rows Cols 属性：规定该控制总的行列数。

②Picture 属性：装入图像信息，仅能装入位图 . bmp 文件。

③Clip X、Clip Y 属性：指定要剪切图位于控制中的位置，左上角坐标。

④ClipWidth、ClipHeight 属性：表示剪切图的大小，即指定剪切区域。

⑤Clip 属性：设计时无效，执行时只读，用于返回③、④两项指定的图像信息。

⑥Grahiceell 属性：该属性为一个数组，用于访问 Picture 属性装入图像中的第一个图像元素。

⑦Stretch X、Stretch Y 属性：设计时无效，执行时只读，在将被选中图像装入拷贝时定义大小显示区域，单位为像素（Pixels）。

3）VB 其他多媒体控件的应用

MCI. VBX 的应用、Windows Media play 应用。

实验 10.6　基于 VB 的文件系统控件与编程

1. 实验目的

文件系统控件主要实现用于显示关于磁盘驱动器、目录和文件的信息，自动从操作系统获取一切信息以及可访问此信息，或是判断每个控件通过其属性显示的信息。本次实验的主要目的是：

（1）掌握文件系统控件的使用。

（2）了解 fso 对象模型。

2. 实验内容

文件系统控件的使用、fso 对象模型。

3. 实验操作

1）文件系统控件的使用

（1）显示出 ∗.frm：只需在窗体上绘制一个文件列表，设置其 Pattern 属性为 ∗.frm。运行时，可用下列代码指定 Pattern 属性：

```
File1.Pattern = "*.FRM"
```

（2）驱动器列表框：应用程序也可通过下述简单赋值语句指定出现在列表框顶端的驱动器：

```
Drive1.Drive = "c:\"
```

然而可用 Drive 属性在操作系统级变更驱动器，这只需将它作为 ChDrive 语句的参数：

```
ChDrive Drive1.Drive
```

（3）文件列表框。

文件列表框在运行时显示由 Path 属性指定的包含在目录中的文件。可用下列语句在当前驱动器上显示当前目录中的所有文件：

```
File1.Path = Dir1.Path
```

（4）使用文件属性。

文件列表框的属性也提供当前选定文件的属性（Archive、Normal、System、Hidden 和 ReadOnly）。可在文件列表框中用这些属性指定要显示的文件类型。例如，为了在列表框中只显示只读文件，直接将 ReadOnly 属性设置为 True 并把其他属性设置为 False：

```
File1.ReadOnly = True
File1.Archive = False
File1.Normal = False
File1.System = False
File1.Hidden = False
```

当 Normal ＝ True 时将显示无 System 或 Hidden 属性的文件。当 Normal ＝False 时也仍然可显示具有 ReadOnly 和/或 Archive 属性的文件，只需将这些属性设置为 True。注意：不使用 attribute 属性设置文件属性。应使用 SetAttr 语句设置文件属性。缺省时，在文件列表框中只突出显示单个选定文件项。要选定多个文件，应使用 MultiSelect 属性。

（5）使用文件系统控件的组合。

如果使用文件系统控件的组合，则可同步显示信息。例如，若有缺省名为 Drive1、Dir1 和 File1 的驱动器列表框、目录列表框和文件列表框，则事件可能按如下顺序发生：

①用户选定 Drive1 列表框中的驱动器。

②生成 Drive1 _ Change 事件，更新 Drive1 的显示以反映新驱动器。

③Drive1 _ Change 事件过程的代码使用下述语句，将新选定项目（Drive1. Drive 属性）赋予 Dir1 列表框的 Path 属性：

```
Private Sub Drive1_Change ()
    Dir1. Path =  Drive1. Drive
End Sub
```

④Path 属性赋值语句生成 Dir1 _ Change 事件并更新 Dir1 的显示以反映新驱动器的当前目录。

⑤Dir1 _ Change 事件过程的代码将新路径（Dir1. Path 属性）赋予 File1 列表框的 File1. Path 属性：

```
Private Sub Dir1_Change ()
    File1. Path =  Dir1. Path
End Sub
```

⑥File1. Path 属性赋值语句更新 File1 列表框中的显示以反映 Dir1 路径指定。

在具体设计中，用到的事件过程及修改过的属性与应用程序使用文件系统控件组合的方式有关。

2）文件系统对象（FileSystemObject）编程的应用

fso 对象模型包含在一个称为 scripting 的类型库中，此类型库位于 scrrun. dll 文件中。如果还没有引用此文件，从"工程"菜单的"引用"对话框选择"microsoft scripting runtime"项。然后就可以使用"对象浏览器"来查看其对象、集合、属性、方法、事件以及它的常数。

实验 10.7　VB 工程打包方法与实现

1. 实验目的

使用 VB 开发软件的最后一项工作就是打包应用程序生成安装包，本次实验主要掌握使用 VB 开发软件的打包应用程序生成安装包的方法，练习利用 VB 本身提供的打包程序可以实现打包以及 setup factory7 软件的使用方法。

2. 实验内容

（1）启动 VB 程序，并建立完毕相应工程文件。

（2）将工程文件保存在指定的文件夹中。

（3）安装好 winRAR、setup factory7 软件。

3. 实验操作

1）练习应用 VB"打包和展开向导"实现打包

（1）首先利用 VB 的"打包和展开向导"进行打包：

在 VB 的"外接程序"菜单里选择"外接程序管理器"命令，在"外接程序管理器"对话框中选择"打包和展开向导"；选中"加载行为"中的"加载/卸载"选项，点击"确定"关闭"外接程序管理器"对话框。再在 VB 的"外接程序"菜单里选择"打包和展开向导"，在"向导"对话框中选择"打包"功能；在接下来的对话框中选择"编译"功能，生成

. exe 文件；"选择包类型"为"标准安装包"；指定包的存储位置，打包结束，并闭 VB。

（2）利 WinRar 制作安装包：

将生成的包文件夹和软件中所需的所有文件放在一个文件夹中，并用 Winrar 对该文件夹进行压缩：选择建立"自解压文件"；在高级选项里，设定解压的目标文件夹（如 C:）和解压完成后自动执行包文件中的 setup. exe 文件；完成压缩。

经过以上两步生成的压缩包，在解压后会自动进行安装，实现软件的安装。

2）练习利用 setup factory 7 安装程序制作软件

（1）安装 setup factory 7 软件。

（2）先利用 VB 的"打包和展开向导"进行打包。

（3）启动 setup factory 7，选择"创建"新工程，用户即可在软件画面进行相关操作。

（4）包文件中"Support"文件夹的文件全部添加进行，并添加软件中所要包含的所有文件，按照向导的要求可以非常方便地完成安装包的制作。

第 11 章 数据文件访问及菜单界面设计实验

实验 11.1 创建一个单窗体界面的简易记事本

1. 实验目的

（1）掌握顺序文件、二进制文件的读写操作方法。

（2）掌握打开/另存为/颜色/字体通用对话框的使用方法。

（3）掌握使用菜单编辑器创建菜单系统的方法。

（4）掌握使用 Toolbar、ImageList 控件创建工具栏的方法。

（5）熟悉单窗体应用程序界面的创建方法和过程。

2. 实验内容

设计制作如图 11-1、图 11-2 所示的简易记事本应用程序。

图 11-1 简易记事本应用程序界面

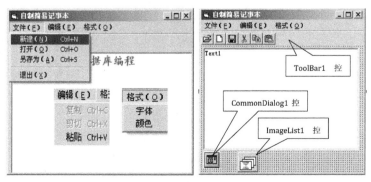

图 11-2 记事本下拉菜单效果图（左）和设计视图（右）

3. 实验步骤

按图 11-2 设计窗体控件及菜单，编写如下事件代码实现。注意设置窗体控件和菜单项名称属性，要与代码中的一致。

```
Option Explicit
Dim s As String '通用区声明一个字符型变量 s
Private Sub editcopy_Click()    '复制文本框中字符的两种方法
    Clipboard.Clear
    Clipboard.SetText Text1.SelText '剪贴板法
    's = Text1.SelText    '变量法
    editpaste.Enabled = True
End Sub
Private Sub editcut_Click() '剪切文本框中字符的两种方法
    Clipboard.Clear
    Clipboard.SetText Text1.SelText
    's = Text1.SelText
    Text1.SelText = ""
    editpaste.Enabled = True
End Sub
Private Sub editmenu_Click() '编辑菜单中剪切、复制菜单项的有效性设置
    If Text1.SelLength > 0 Then
        editcut.Enabled = True
        editcopy.Enabled = True
    Else
        editcut.Enabled = False
        editcopy.Enabled = False
    End If
End Sub
Private Sub editpaste_Click() '粘贴文本框中字符的两种方法
    Text1.SelText = Clipboard.GetText
'Text1.SelText = s
End Sub
Private Sub fileexit_Click() '退出菜单项单击事件代码
    End
End Sub
Private Sub FileNew_Click()    '新建菜单项单击事件代码
    Text1.Text = ""
End Sub
Private Sub FileOpen_Click()    '打开菜单项单击事件代码
    Dim linedate As String
    With CommonDialog1
        .CancelError = True
        On Error GoTo errorhandler
        .DialogTitle = "打开文件"
```

```
            .Filter = "All File(*.*)|*.*|文本文档(*.txt)|*.txt|Word文档(*.doc)|*
.doc"
            .ShowOpen
            If Len(.FileName) = 0 Then Exit Sub
        Open .FileName For Input As #1
        End With
        Text1.Text = ""
        Do While Not EOF(1)
            Line Input #1, linedate
            Text1.Text = Text1.Text + linedate + vbCrLf
        Loop
        Close #1
        errorhandler:
           Exit Sub
    End Sub
    Private Sub FileSaveAs_Click()    '另存为菜单项单击事件代码
        CommonDialog1.CancelError = True
        On Error GoTo errorhandler
        CommonDialog1.Filter = "All File(*.*)|*.*|文本文档(*.txt)|*.txt|Word文档
(*.doc)|*.doc"
        CommonDialog1.FilterIndex = 2
        CommonDialog1.DialogTitle = "保存文件"
        CommonDialog1.Action = 2
        If Len(CommonDialog1.FileName) = 0 Then Exit Sub
        Open CommonDialog1.FileName For Output As #1
        Print #1, Text1.Text
        Close #1
        errorhandler:
           Exit Sub
    End Sub
    Private Sub Form_MouseUp(Button As Integer, Shift As Integer, X As Single, Y As Sin-
gle)    '单击右键弹出编辑菜单项事件代码
        If Button = 2 Then
          Form1.PopupMenu editmenu
        End If
    End Sub
    Private Sub formafont_Click()    '字体菜单项单击事件代码
      With CommonDialog1
          .CancelError = True
          On Error GoTo errorhandler
          .Flags = cdlCFBoth Or cdlCFEffects
          .ShowFont
          Text1.ForeColor = .Color
          Text1.FontBold = .FontBold
```

```
        Text1. FontItalic = . FontItalic
        Text1. FontName = . FontName
        Text1. FontSize = . FontSize
        Text1. FontStrikethru = . FontStrikethru
        Text1. FontUnderline = . FontUnderline
    End With
    errorhandler:
        Exit Sub
End Sub
Private Sub formatcolor_Click()    '颜色菜单项单击事件代码
    CommonDialog1. Action =  3
    Text1. ForeColor =  CommonDialog1. Color
End Sub
Private Sub Toolbar1_ButtonClick(ByVal Button As MSComctlLib. Button)
    Select Case Button. Index    '工具栏图标按钮单击事件代码
        Case 1
            Call FileOpen_Click
        Case 2
            Call FileNew_Click
        Case 3
            Call FileSaveAs_Click
        Case 4
            Call editcut_Click
        Case 5
            Call editcopy_Click
        Case 6
            Call editpaste_Click
    End Select
End Sub
```

实验 11.2　创建多文档界面的应用程序

1. 实验目的

（1）掌握创建 MDI 窗体及 MDI 子窗体的操作方法。

（2）学会应用 RichTextBox 控件。

（3）学会创建 MDI 应用程序。

2. 实验内容

结合实验 11.1，按图 11-3、图 11-4 设计制作，运行效果如图 11-5 所示的多文档界面简易记事本应用程序。

图 11-3　MDIForm1 窗体设计视图

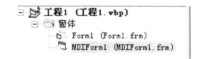

图 11-4　多文档界面记事本工程图

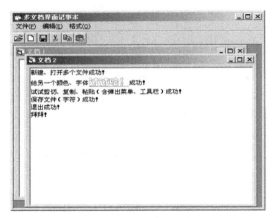

图 11-5　多文档界面记事本

3. 实验步骤

按图 11-4 添加一个多文档窗体 MDIForm1；如图 11-3 所示设计 MDIForm1 窗体上的控件、菜单、工具栏。如图 11-4，再添加一普通窗体 Form1，设置该窗体的 MDIChild 属性为 True，就将 Form1 窗体变成 MDI 子窗体；设置 Form1 窗体属性 WindowsState＝2。Form1 窗体上再添加 RichTextBox 控件（包含在 Microsoft RichText Control 6.0 部件中，通过"工程/部件"命令添加到工具箱即可使用），设置该控件名称属性为 Text1，Autovermenu ＝True。编写如下事件代码实现。注意设置窗体、控件和菜单项等名称属性，要与代码中的一致。

```
Option Explicit
Public txtcount As Integer
Private Sub showtxt(strcap As String) '在通用区创建一个文本窗口 Form1 的实例 Frmd
    Dim frmd As New Form1
    frmd.Caption = strcap
    frmd.Show
End Sub
Private Sub shownewtxt() '在通用区创建并打开一个新的文档窗口
    Dim ftrcap As String
    txtcount = txtcount + 1
    ftrcap = "文档" & Str(txtcount)
    showtxt ftrcap
End Sub
Private Sub FileNew_Click() '新建菜单项单击事件代码
    shownewtxt
End Sub

Private Sub editcopy_Click() '复制活动窗口中 RichTextBox 文本框中选中的字符
    Clipboard.Clear
    Clipboard.SetText ActiveForm.ActiveControl.SelText
    editpaste.Enabled = True
End Sub

Private Sub editcut_Click() '剪切文本框中选中的字符
```

```
        Clipboard.Clear
        Clipboard.SetText ActiveForm.ActiveControl.SelText
        ActiveForm.ActiveControl.SelText = ""
        editpaste.Enabled = True
    End Sub
    Private Sub editmenu_Click() '编辑菜单中剪切、复制菜单项的有效性设置
        If ActiveForm.ActiveControl.SelText <> "" Then
            editcut.Enabled = True
            editcopy.Enabled = True
        Else
            editcut.Enabled = False
            editcopy.Enabled = False
        End If
    End Sub


    Private Sub editpaste_Click() '粘贴文本框中的字符
        ActiveForm.ActiveControl.SelText = Clipboard.GetText
    End Sub
    Private Sub FileOpen_Click() '打开菜单项单击事件代码
        Dim linedate As String
        With CommonDialog1
            .CancelError = True
            On Error GoTo errorhandler
            .DialogTitle = "打开文件"
            .Filter = "All File(*.*)|*.*|文本文档(*.txt)|*.txt|Word 文档(*.doc)|*
.doc"
            .ShowOpen
            If Len(.FileName) = 0 Then Exit Sub
            Shownewtxt
            ActiveForm.Text1.LoadFile (.FileName)'用 RichTextBox 控件的 LoadFile 方法
            ActiveForm.Caption = .FileTitle
        End With
        errorhandler:
            Exit Sub
    End Sub


    Private Sub FileSaveAs_Click() '另存为菜单项单击事件代码
        CommonDialog1.CancelError = True
        On Error GoTo errorhandler
        CommonDialog1.Filter = "All File(*.*)|*.*|文本文档(*.txt)|*.txt|Word 文档
(*.doc)|*.doc"
        CommonDialog1.FilterIndex = 2
        CommonDialog1.DialogTitle = "保存文件"
        CommonDialog1.Action = 2
        If Len(CommonDialog1.FileName) = 0 Then Exit Sub
        ActiveForm.Text1.SaveFile (CommonDialog1.FileName) '用 RichTextBox 控件的 Save-
File 方法
```

```
errorhandler:
    Exit Sub
End Sub

Private Sub Form_MouseUp(Button As Integer, Shift As Integer, X As Single, Y As Single)
    If Button = 2 Then
        MDIForm1. PopupMenu editmenu '若在 MDIForm1 窗体上单击右键显示"编辑"弹出式菜单
    End If
End Sub

Private Sub formafont_Click() '字体菜单项单击事件代码
    CommonDialog1. CancelError = True
    On Error GoTo errorhandler
    CommonDialog1. Flags = cdlCFBoth Or cdlCFEffects
    CommonDialog1. ShowFont
    With MDIForm1. ActiveForm '对于 MDIForm1 窗体的活动子窗体
        .Text1. SelColor = CommonDialog1. Color
        .Text1. SelBold = CommonDialog1. FontBold
        .Text1. SelItalic = CommonDialog1. FontItalic
        .Text1. SelFontName = CommonDialog1. FontName
        .Text1. SelFontSize = CommonDialog1. FontSize
        .Text1. SelStrikeThru = CommonDialog1. FontStrikethru
       .Text1. SelUnderline = CommonDialog1. FontUnderline
    End With
    errorhandler:
        Exit Sub
End Sub

Private Sub formatcolor_Click() '颜色菜单项单击事件代码
    CommonDialog1. Action = 3
    ActiveForm. Text1. SelColor = CommonDialog1. Color
End Sub
Private Sub mnuexit_Click() '退出菜单项单击事件代码
    Unload Me
    End
End Sub
```

工具栏图标按钮单击事件代码同实验 11.1。

使用 RichTextBox 控件可打开 .txt 和 .rtf 文件，保存的文件可将字符的颜色、字体字号等格式保存下来。

综合案例一　小区物业收费系统开发

　　综合应用前面所学知识技能，再拓展应用标准模块、类模块知识，我们来设计开发一个数据库应用系统软件——小区物业收费管理系统。本实例的编程思想是：调研某小区物业管理业务的基本流程及管理需求，作出需求分析，在此基础上组织数据，设计出数据库，设计出软件应完成的功能模块，设计模块、类模块、窗体界面及其事件代码，运用工程的思想方法一步步实现。

一、需求分析

　　某小区有 800 多住户、100 多间商铺、200 多个地下车位和近 300 个地面停车位，收费的物业类型有单元房、电梯房、商铺、地下停车位、地面停车位五种。物管公司有经理、收费员、保安三类管理人员，收费员需要用计算机软件进行物业收费管理；由于车位不足，一些业主的车辆停放，经常会堵住单元门或其他业主的车，保安需要根据业主的车牌号从系统中查出其联系电话，及时通知业主来移动。经理或 admin 要对使用系统的人员进行管理。

二、数据库设计

　　根据上述管理需求，我们组织数据的思路是：将业主、物业、收费项目的数据，组织为基本数据表，再从此基本数据表中组织应缴费表的数据，作为应缴和催缴费用的数据记录，当业主已经交完年度各种费用后，则将此业主的记录追加到收费记录表中，打印交费收据，并从应缴费表中删除。所组织的数据 E-R 图如图 1 所示。

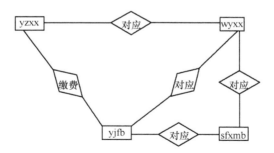

图 1　物业管理收费系统 E-R 图

　　用 Access 2003 建立下列六个数据表及参照完整性关系或关联（参见图 2）。

　　1）物业信息表（WYXX）

　　Wyxx(wybh,wylx,jzmj),其中，物业编号（wybh）为主键，每一物业有一个唯一的编号，它能唯一地标识该物业的物业类型（wylx）与建筑面积（jzmj）。

　　2）业主信息表（YZXX）

　　Yzxx(wybh,yzxm,lxdh,qrrq,cpzh,mjkh),其中，物业编号（wybh）为主键，它能唯一标识：业主姓名（yzxm）、联系电话（lxdh）、迁入日期（qrrq）、车牌照号（cpzh）和门

禁卡号 (mjkh)。

3) 收费项目表 (SFXMB)

Sfxmb(sfxm，wylx，sfdw，sfdj，djrdnd)，其中，收费项目 (sfxm) 和单价认定年度 (djrdnd) 二者的组合为主键，能唯一标识：物业类型 (wylx)、收费单位 (sfdw) 和收费单价 (sfdj)。设单价认定年度字段，是适应物管费价格变化的需求。

4) 应缴费表 (YJFB)

Yjfb(wybh，yzxm，qrrq，wylx，jzmj，sfxm，sfdw，sfdj，djrdnd，cpzh，mjkh，jfnd，dmtcf，scqxf，zj)，其中，物业编号 (wybh) 和缴费年度 (jfnd) 二者的组合为主键，能唯一标识：业主姓名 (yzxm)、迁入日期 (qrrq)、物业类型 (wylx)、建筑面积 (jzmj)、收费项目 (sfxm)、收费单位 (sfdw)、单价认定年度 (djrdnd)、车牌照号 (cpzh)、门禁卡号 (mjkh)、地面停车费 (dmtcf)、水池清洗费 (scqxf) 和总计 (zj)。

5) 收费记录表 (SFJL)

Sfjl(wybh，yzxm，sfxm，sfdw，jzmj，sfdj，jfnd，dmtcf，scqxf，zj，sfrq，sfy，dy)，此表用来记录已交费业主数据，由应缴费表的数据追加，再添加收费日期 (sfrq)、收费员 (sfy)、打印与否 (dy) 的数据形成已交费的数据记录集合。

6) 用户表 (YH)

Yh(yhlx，yhm，mm)，此表用来记录用户数据，由用户类型 (yhlx)、用户名 (yhm)、密码 (mm) 三个字段组成。

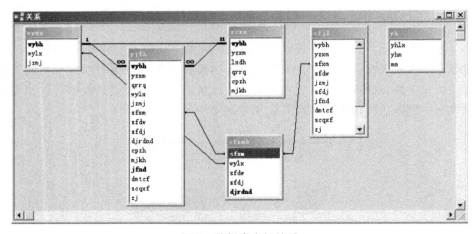

图 2　数据库表间关系

三、功能模块设计

系统的功能模块如图 3 所示。其中，

业主信息管理——主要完成对业主信息表 (yzxx) 中记录的添加、修改、删除的操作。并可选择物业编号查询该编号的记录信息。

业主信息查询——输入车牌照号，查询出业主联系电话等信息，要求可模糊查询。

收费项目管理——主要完成对收费项目表 (sfxmb) 中记录的添加、修改、删除的操作。并可选择单价认定年度，查询该单价认定年度的记录信息。

物业信息管理——主要完成对物业信息表 (wyxx) 中记录的添加、修改、删除的操作。

并可选择物业编号查询该编号的记录信息。

　　业主应缴费管理——这是本软件系统的主要功能，它要完成每个年度各物业业主应缴费表（yjfb）数据的组建和计算，能按缴费年度、业主姓名查询业主某年度应缴费记录信息及物管费合计，如果业主已经缴费了，应能将其记录信息追加到收费记录表（sfjl）中，同时在应缴费表中删除之。

　　收费记账及打印——主要完成对已经交费的业主信息记录的查询并打印交费清单。

　　用户管理——仅管理者（admin）用户，能进行对用户表（Yh）中记录的添加、修改、删除（不能删除 admin 用户）的操作，能够对自己的用户密码进行设置。其他用户只能对自己的用户密码进行修改。

　　密码修改——用户可修改自己的密码。还要设置用户权限：admin、经理、收费员可以使用"业主基本信息管理"和"收费管理"中的所有功能。保安只有使用"业主信息查询"的权限。

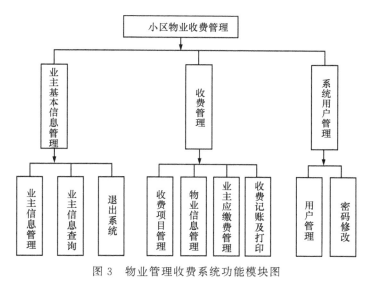

图 3　物业管理收费系统功能模块图

四、工程框架设计及代码编写

如图 4 所示，本系统的 VB 工程资源有窗体、模块、类模块三部分。

1. 模块

模块可用来定义全局常量、全局变量和用户自定义的全局函数，供类模块中的成员函数、窗体中的过程调用，一个工程中可以有多个模块同时存在。本工程定义的模块（参见图 4）有：

1）Const 模块——用来管理本工程中的全局常量

代码如下：

```
Public Const VerNum As String = "版本 1.0"    '版本号
Public Const GenDate As String = "日期 2012-12-26"    '生成日期
```

定义数据库连接字符串，设置连接字符串 ConnectionString 的属性，这里是将数据库文件 xqwygl.mdb 与 VB 应用程序文件设置在同一文件夹进行连接。

```
Public Const Conn As String =  " Provider = Microsoft. Jet. OLEDB. 4. 0; Data Source = xqw-
ygl. mdb;"
Public Const CONNECT_LOOP_MAX =  10   '一次执行 connect 操作可以访问数据库的次数
```

　　2）DbFunc 模块

　　用来管理与数据库操作相关的函数，如窗体过程和类模块中，需要频繁进行的连接数据库、断开与数据库的连接、执行 SQL 语句等。此处定义的变量、过程、函数，既有模块级也有全局作用域，全局作用域的过程、函数，是与外界（类模块、窗体）的接口，使用时直接可调用，再通过它去调用内部模块级的过程、函数。这样设计的目的是增强模块的内聚力和软件的可复用性。

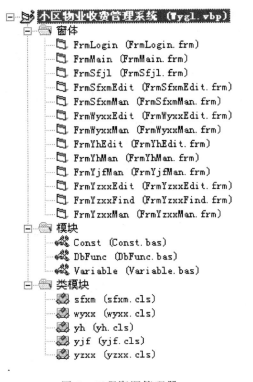

图 4　工程资源管理器

　　本模块中定义的过程、函数代码如下：

```
Private IsConnect As Boolean ' 标记数据库是否连接
Private Connect_Num As Integer '标记执行 Connect
()函数后,访问数据库的次数
Private cnn As ADODB. Connection    '连接数据库的
Connection 对象
Private rs As ADODB. Recordset        '保存结果集的
Recordset 对象
Private Sub Connect()'底层连接数据库
     If IsConnect =  True Then'如果连接标记为真,
则退出该连接,否则会出错
       Exit Sub
     End If
     Set cnn =  New ADODB. Connection '关键字 New 用于创建新对象 cnn
     cnn. ConnectionString =  Conn   '设置连接字符串 ConnectionString 属性
     cnn. Open   '打开到数据库的连接
     If cnn. State < >  adStateOpen Then'判断连接的状态
      MsgBox "数据库连接失败"   '如果连接不成功,则显示提示信息,退出程序
      End
     End If
     IsConnect =  True '设置连接标记,表示已经连接到数据库
End Sub
Private Sub Disconnect()'底层断开数据库连接
     Dim Rc As Long
     If IsConnect =  False Then'如果连接标记为假,标明已经断开连接,则直接返回
       Exit Sub
     End If
     cnn. Close   '关闭连接
     Set cnn =  Nothing   '释放 cnn
     IsConnect =  False   '设置连接标记,表示已经断开与数据库的连接
End Sub
```

```
Public Sub DB_Connect() '使用计数器 Connect_Num 控制数据库连接
    Connect_Num = Connect_Num + 1
    Connect '调用底层连接数据库过程
End Sub
Public Sub DB_Disconnect() '计数器超过可访问数据库的次数,则计数器复位,断开连接
    If Connect_Num >= CONNECT_LOOP_MAX Then
        Connect_Num = 0
        Disconnect '调用底层断开数据库连接过程
    End If
End Sub
Public Sub DBapi_Disconnect() '强制断开数据库连接,计数器复位
    Connect_Num = 0
    Disconnect
End Sub
Public Sub SQLExt(ByVal TmpSQLstmt As String) '执行数据库操作语句
    Dim cmd As New ADODB.Command '创建 Command 对象 cmd
    DB_Connect '连接到数据库
    Set cmd.ActiveConnection = cnn'设置 cmd 的 ActiveConnection 属性,指定与其关联的数据
库连接
    cmd.CommandText = TmpSQLstmt'设置要执行的命令文本
    cmd.Execute '执行命令
    Set cmd = Nothing '清空 cmd 对象
    DB_Disconnect '断开与数据库的连接
End Sub
Public Function QueryExt(ByVal TmpSQLstmt As String) As ADODB.Recordset '执行数据库查询
语句
    Dim rst As New ADODB.Recordset '创建 Recordset 对象 rst
    DB_Connect '连接到数据库
    Set rst.ActiveConnection = cnn '设置 rst 的 ActiveConnection 属性,指定与其关联的数据
库连接
    rst.CursorType = adOpenKeyset '设置游标类型
    rst.LockType = adLockOptimistic '设置锁定类型
    rst.Open TmpSQLstmt '打开记录集
    Set QueryExt = rst '返回记录集
End Function
```

注：QueryExt 函数中不能断开与数据库的连接，因为结果集返回后还要继续使用。

上面代码中的公共过程、函数可以在工程中的任何位置调用，私有函数和过程只能在本模块中调用。本工程中连接到数据库和断开数据库连接，都是调用公共过程 DB_Connect 和 DB_Disconnect 或 DBapi_Disconnect，再通过它们去调用私有过程函数，这样的设计，连接效率高，内聚性、安全性强。

3）Variable 模块——用来管理工程中的全局变量和全局对象

代码如下：

```
Public SqlStmt As String '保存执行 SQL 语句的字符串变量
```

```
'类模块对象
Public Myyh As New yh '用户对象
Public myCurUser As New yh   '当前用户对象
Public Myyzxx As New yzxx   '业主对象
Public Mysfxm As New sfxm   '收费项目对象
Public Myyjfb As New yjf   '应缴费对象
Public As New wyxx   '物业信息对象
```

此处将类模块中的 5 个类（yh，yzxx，sfxm，yjf，wyxx）声明为 6 个全局对象（Myyh，myCurUser，Myyzxx，Mysfxm，Myyjfb，Mywyxx）。在本工程的任何位置，都可用：

　　　　对象名 . 类成员函数或过程名

的形式调用相应的类成员函数或过程。

2. 类模块

本系统中使用类来管理数据库（xqwygl. mdb）中的五个基本表（sfxmb，wyxx，yh，yjfb，yzxx），对应地创建了五个类模块（参见图 4）。类的成员变量对应着表中的每个字段名，类的成员函数或过程实现对表的各种操作，如添加、修改、删除、插入、读取数据等。下面简要给出每个类的成员变量属性、成员函数和过程（完整的详细代码参看光盘中的"模块、类模块窗体 .doc"文件）：

1）sfxm 类

sfxm 类（表 1）：声明 sfxm、wylx、sfdw、sfdj、djrdnd 五个成员变量为字符串型的全局变量。

表 1　Sfxm 类的成员函数和过程——方法

函数或过程	说明
Public Function In _ DB（ByVal Tmpsfxm As String，ByVal Tmpdjrdnd As String）As Boolean … End Function	判断某收费项目名称及其单价认定年度是否存在于 sfxmb 中
Public Sub Insert（） … End Sub	向 sfxmb 中插入记录
Public Sub Update（ByVal Tmpsfxm As String） … End Sub	更新 sfxmb 中的记录

2）wyxx 类

wyxx 类（表 2）：声明 wybh、wylx 为字符串型的全局变量，jzmj 为单精度型全局变量。

表 2 wyxx 类的成员函数和过程——方法

函数或过程名	说明
Public Sub Delete（ByVal TmpNo As String） … End Sub	删除 wyxx 表中指定物业编号的记录
Public Function In _ DB（ByVal TmpNo As String）As Boolean … End Function	判定指定的物业编号信息是否已在 wyxx 表中
Public Sub Insert（） … End Sub	向 wyxx 表中插入新的物业记录
Public Sub Update（ByVal TmpNo As String） … End Sub	更新 wyxx 表中指定物业编号的数据

3）Yh 类

yh 类（表 3）：声明 yhlx、yhm、mm 三个成员变量为字符串型的全局变量。

表 3 Yh 类的成员函数和过程——方法

函数或过程名	说明
Public Sub Init（） … End Sub	初始化成员变量
Public Sub Delete（ByVal TmpUser As String） … End Sub	删除 yh 表中指定用户名的记录，不能删除系统管理员用户
Public Function In _ DB（ByVal TmpUser As String）As Boolean … End Function	判断指定的用户名是否在 yh 表中
Public Function GetInfo（ByVal TmpUser As String）As Boolean … End Function	判定指定的用户名信息是否已在 yh 表中，若在则获取其用户类型和密码
Public Sub Insert（） … End Sub	插入新用户记录
Public Sub Update（ByVal TmpUser As String） … End Sub	更新指定用户名的记录

4）Yjf 类

yjf 类（表 4）：声明 wybh、yzxm、qrrq、wylx、sfxm、sfdw、djrdnd、cpzh、mjkh、jfnd 十个变量为字符串型的全局变量，jzmj、sfdj、dmtcf、scqxf、zj 为单精度型的全局变量。

表 4　Yjf 类的成员函数和过程——方法

函数或过程名	说明
Public Function In _ DB（ByVal Tmpjfnd As String）As Boolean ... End Function	判定指定的缴费年度值是否在 yjfb（应缴费表）中已经存在
Public Sub Zhuijia（ByVal Tmpdjrdnd As String，ByVal Tmpjfnd As String，ByVal Tmpdmtcf As String，ByVal Tmpscqxf As String） ... End Sub	将指定单价认定年度、缴费年度、地面停车费、高层楼房水池清洗费的参数值带入，构造一临时表 tmpyjfb，计算出 zj（物管费总计），然后再将 tmpyjfb 的信息追加到 yjfb 中，作为业主未缴费数据记录

5）Yzxx 类

yzxx 类（表 5）：声明 wybh、yzxm、lxdh、qrrq、cpzh、mjkh 六个成员变量为字符串型的全局变量。

表 5　Yzxx 类的成员函数和过程——方法

函数或过程名	说明
Public Sub Delete（Tmpwybh As String） ... End Sub	删除 yzxx 表中指定物业编号的业主记录
Public Function Havewybh（ByVal Tmpwybh As String）As Boolean ... End Function	判断某物业编号的业主信息是否存在于 yzxx 表中
Public Function Havemjkh（ByVal Tmpmjkh As String）As Boolean ... End Function	判断某门禁卡号的信息是否存在于 yzxx 表中
Public Sub Insert（） ... End Sub	插入新业主记录
Public Sub Update（ByVal Tmpwybh As String） ... End Sub	更新指定物业编号的业主记录

3. 窗体

如图 4 所示，本系统窗体有登陆窗体 FrmLogin、主窗体 FrmMain、…、业主信息编辑 FrmYzxxEdit、业主信息查询 FrmYzxxFind、业主信息管理 FrmYzxxMan 共十三个窗体。用户登陆成功，即打开主窗体，通过主窗体上的菜单打开相应的窗体完成各模块功能。可见，窗体是 VB 程序中不可缺少的资源，它可以显示程序的外观，添加窗体控件的事件程序代码，实现所设计的功能。而且，可直接使用模块中的全局常量和全局变量，直接调用模块中定义的全局过程和全局函数，直接使用模块中所定义的全局对象（Myyh，myCurUser，Myyzxx，Mysfxm，Myyjfb，Mywyxx），这些对象所对应的类的成员函数或过程，就像使用对象的方法、属性那样可直接使用。下面给出登陆窗体 FrmLogin 的界面设计（图 5）和代码设计，在涉及模块、类模块的应用之处，给出相应的注释。

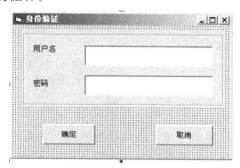

图 5　登陆窗体 FrmLogin 界面

```
Public PasswordKey As String
Public NameKey As String
Public Try_times As Integer
Private Sub Cmd_Cancel_Click()
  End
End Sub
Private Sub Cmd_OK_Click()
  Dim j As Single
If txtUser = "" Then    '数据有效性检查
    MsgBox "请输入用户名"
    txtUser.SetFocus
    Exit Sub
  End If
If txtPwd = "" Then
    MsgBox "请输入密码"
    txtPwd.SetFocus
    Exit Sub
End If
  NameKey = Trim(txtUser)
  PasswordKey = Trim(txtPwd)
```

　If Myyh. In_DB(NameKey) = False Then '用 Variable 模块中声明的 Myyh 对象调用 Yh 类模块中的成员函数:In_DB,判断输入的用户是否存在

```
    MsgBox "用户名不存在"
    Try_times = Try_times + 1
  If Try_times > = 3 Then
    MsgBox "您已经三次尝试进入本系统,均不成功,系统将关闭"
```

　　DBapi_Disconnect '直接调用 DbFunc 模块中的 DBapi_Disconnect 过程,来强制断开数据库连接,计数器复位

```
  Else
      Exit Sub
  End If
    End If
```

Myyh. GetInfo (NameKey)'用 Variable 模块中声明的 Myyh 对象调用 Yh 类模块中的成员函数:Get-

Info，判定指定的用户名信息是否已在数据库中，若在则获取其用户类型和密码的值，分别赋值给 yhlx 和 mm 全局变量。

```
    If Myyh.mm < > PasswordKey Then    'mm 在 yh 类中声明为全局变量，这里是作为 myyh 对象的
```
属性。
```
    MsgBox "密码错误"
    Try_times = Try_times + 1
    If Try_times > = 3 Then
      MsgBox "您已经三次尝试进入本系统，均不成功，系统将关闭"
      DBapi_Disconnect
      End
    Else
      Exit Sub
      End If
    End If
    myCurUser.GetInfo (Myyh.yhm) '用 Variable 模块中声明的 myCurUser 对象调用 Yh 类模块中的
```
成员函数：GetInfo，登陆成功，将当前用户的信息（yhlx、yhm、mm）保存在 myCurUser 对象中。
```
    Unload Me '关闭自己
End Sub
```

　　使用窗体＋模块＋类模块的工程资源结构进行数据库应用程序开发，可大幅度减少代码编写量，能较好地体现面向对象进行数据库应用程序设计的编程思想，通过学习模块、类模块的设计和实例应用，能够很好的理解对象和类这两个抽象概念，理解面向对象编程思想，这种编程思想，对培养综合设计、统筹编程的能力大有裨益。

　　由于篇幅限制，窗体界面设计及其事件代码就不一一介绍了。读者可通过运行光盘中的 wygl.exe 程序文件，观看光盘中的演示视频，研读代码文件（模块、类模块窗体 .doc），完成本实例的制作。

综合案例二　学生成绩管理系统开发

一、需求分析

随着招生规模的不断扩大，学生人数急剧增长，需要管理的各种信息也在成倍增加，传统纸质管理的学生成绩难于实现查询、汇总和数据共享，其统计数据的正确性也难也保证。通过建立学生成绩管理系统，使学生成绩及相关信息的管理在计算机上实现，使管理工作系统化、规范化、自动化，极大提高学校管理学生信息的效率。

本系统是使用 Visual Basic 来建立的一个基于 Microsoft Access 2003 数据库的学生成绩管理系统，需要实现以下一些功能。

（1）学生信息的查询功能：用户可通过不同的查询分类条件，查询学生信息、课程信息、成绩信息、教师信息。

（2）添加功能：管理员和教师可通过窗体输入学生学籍信息、课程信息、成绩信息、教师信息及用户信息并可以自动避免重复信息的输入。

（3）修改功能：管理员可以对数据库中的信息进行修改。系统能够通过管理员给出的条件查找到所要修改的信息，对修改后的信息进行保存，并自动查找是否重复信息。

（4）删除功能：管理员可以对数据进行删除操作，系统能够通过管理员给出的条件查找到所要删除的信息，并给出提示是否确定删除，如果确定，则把相关信息从数据库删除。

（5）统计汇总计算功能：可通过此功能对课程成绩信息按不同条件进行统计汇总计算。

（6）打印功能：通过此功能实现对相关信息的打印输出。

二、系统设计

1. 系统功能设计

学生成绩管理系统主要实现学生相关信息的增加、删除、修改、查询和统计汇总计算等功能。系统分 6 个主要功能模块。如图 1 所示。

1）用户管理模块

实现系统用户的添加、修改和删除功能，用户分为三类：管理员、教师和学生，不同用户有不同的权限。

2）学籍管理模块

实现对学生基本信息的录入、修改、删除和查询等操作，以学号作为唯一关键字，使用查询功能查询需要修改、删除的记录，然后进行修改/删除操作，修改时保证学号的唯一性；可以查询学生的学籍信息和成绩信息，并自动生成学生成绩的 Excel 电子表。

3）课程管理

实现课程信息的添加、修改、删除和查询操作。

4）成绩管理

实现学生成绩的添加、修改、删除和查询，同时可按班级、学院、任课教师等不同分类条件进行课程成绩的统计汇总计算，并自动生成课程成绩的 Excel 电子表，在成绩添加时可

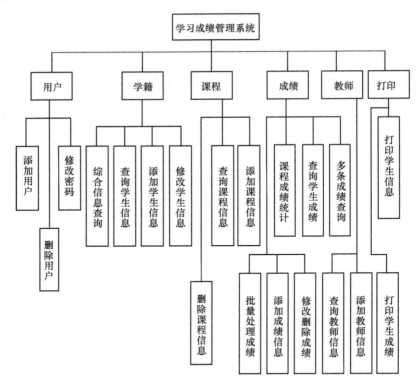

图 1　系统功能模块划分

以自动避免重复信息的输入。

　　5）教师管理

　　实现教师信息的添加、修改、删除和查询操作。

　　6）打印模块

　　实现学生学籍信息、学生成绩、教师信息、课程平均分的打印输出。

2. 数据库设计

　　系统采用 Microsoft Access 2003 数据库，学生成绩管理系统数据库中各个表的设计如下所示，包括学生基本信息表（表1）、教师表（表2）、课程表（表3）、成绩表（表4）、院系表（表5）和系统用户表（表6），表间关系如图2所示。

表 1　Student _ info 学生信息表

字段名	数据类型	数据大小	数据说明
Student _ ID	文本	12	学生学号（主键）
Student _ Name	文本	6	学生姓名
Student _ Sex	文本	2	学生性别
Nationality	文本	8	学生民族
Born _ Date	日期		出生日期
ClassName	文本	20	班级
Specialty	文本	20	专业
Comment	备注		备注
Photo	OLE 对象		学生照片

表 2 Teacher _ info 教师信息表

字段名	数据类型	数据大小	数据说明
Teacher _ ID	文本	4	教师编号（主键）
Teacher _ Name	文本	8	教师姓名
Department _ ID	文本	2	学院编号

表 3 Course _ info 课程信息表

字段名	数据类型	数据大小	数据说明
Course _ ID	文本	5	课程编号（主键）
Course _ Name	文本	16	课程名称
Department _ Name	文本	4	学院名称
Course _ num	数字	整型	课程学时
Course _ Credit	数字	整型	课程学分
Course _ Type	文本	8	课程类型（必、限、选）

表 4 Course _ Grade 成绩表

字段名	数据类型	数据大小	数据说明
Student _ ID	文本	12	学生学号
Course _ ID	文本	5	课程编号
Regular _ Grade	数字	整型	平时成绩
Midterm _ Grade	数字	整型	期中成绩
Final _ Grade	数字	整型	期末成绩
Teacher _ ID	文本	4	教师编号
Term	文本	50	学期

表 5 Department 学院信息表

字段名	数据类型	数据大小	数据说明
Department _ ID	文本	2	学院编号（主键）
Department _ Name	文本	16	学院名称
Telephone	数字	长整型	学院电话

表 6 User _ info 系统用户表

字段名	数据类型	数据大小	数据说明
User _ ID	文本	10	用户编号（主键）
User _ Name	文本	6	用户姓名
User _ PWD	数字	长整型	用户登陆密码
User _ Des	文本	12	用户等级（身份）

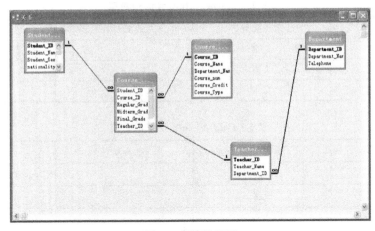

图 2　表间关系图

说明：表与表之间均实施参照完整性、级联更新相关字段及级联删除相关字段。

三、系统实现

实现学生成绩管理系统的 Visual Basic 工程，由一个标准模块、若干窗体及报表设计器组成。

1. 系统主窗体的创建

1）创建工程项目文件 Student _ MIS. vbp

启动 Visual Basic 后，选择"文件"→"新建工程"命令，在工程模板中选择"标准EXE"，Visual Basic 将自动产生一个 Form 窗体。选择"文件"→"保存工程"命令，保存工程，将其命名为"Student _ MIS"。

2）创建学生成绩管理系统主窗体

单击工具栏中的"添加 MDI 窗体"按钮，添加一个多文档界面，然后单击工具栏中的"菜单编辑器"按钮创建主窗体的菜单，生成一个如图 3 所示的主窗体，主窗体的 Caption 属性设置为"学生成绩管理系统"，Name 属性为 frmmain。主窗体保存文件名为 frmmain. frm，在窗体设计中用到了 StatusBar 状态栏控件，一个 StatusBar 控件由 Panel 对象组成，每个 Panel 对象都可以包含文本或图片。控制每个 Panel 对象外观的属性有 Width，Alignment 和 Bevel。并且可以使用 Style 属性的 7 个值之一自动显示普通的数据，如日期、时间和键盘状态。在设计时，可以创建和自定义 Panel 对象的外观，在 StatusBar 控件的 Properties Page 中，选择 Panel 卡片就可以设置各种参数。在运行时，可以根据应用程序的状态对 Panel 对象重新

图 3　系统主窗体

配置以反映不同的功能。菜单结构如图 3 所示。

3）创建公用模块

在 Visual Basic 中可以用公用模块来存放整个工程项目公用的函数、全局变量等。整个工程项目中的任何地方都可以调用公用模块中的函数、变量，这可以提高代码的效率，使程序的书写变得简洁，并增强程序的可读性。

在项目资源管理器中为本工程添加一个 Module，保存为 Module1. bas，此工程项目的公用模块程序如下：

```
Public con As New ADODB. Connection
Public rs As New ADODB. Recordset
Public Sub conbase()
    con. ConnectionString=
    "provider= Microsoft. Jet. OLEDB. 4. 0;data source= " & App. Path & "\StudentMis. mdb"
    con. Open
End Sub
Public Function rsopen(ByVal txtsql As String) As ADODB. Recordset
    Set rsopen = New ADODB. Recordset
    rsopen. CursorLocation = adUseClient
    rsopen. Open txtsql, con, adOpenStatic, adLockOptimistic, adCmdText
End Function
```

2. 系统管理模块的创建

系统管理模块主要实现用户登陆、添加用户、修改用户密码、用户权限授权等功能。

系统启动后，首先出现如图 4 所示的用户登陆窗体，需要在工程属性对话框中设置本窗体为启动窗体。用户在此窗体输入正确的用户名和密码才能登陆系统。

用户登陆窗体放置 1 个 ComboBox 控件，1 个文本框（TextBox）控件，分别用来输入用户名和密码；2 个命令按钮（CommandButton）控件用来登陆和退出；4 个标签（Label）控件用来显示窗体信息。

图 4　系统登陆窗体

用户输入完用户名和密码后，单击"登陆"按钮将对用户输入的信息进行判断，如果连续 3 次密码输入出错，将自动退出系统。系统允许用户以不同的角色或身份进入系统，分别是：管理员，教师和学生。对不同身份的用户，系统分别赋予不同的权限，管理员拥有全部权限，教师和学生则只拥有部分权限。

"登陆"按钮的 Click 事件程序代码如下：

```
Option Explicit'强制变量声明
Dim con As New ADODB. Connection
Dim rs As New ADODB. Recordset
Public userdes As String
Public book As String
Public vbpath As String
```

```
Private Sub cmdOK_Click()
    Static num As Integer
    Dim flg As Boolean
    Dim sql As String
    vbpath = App.Path
    userdes = "管理员"
    con.ConnectionString = " provider = Microsoft.Jet.OLEDB.4.0; data source = " &
App.Path & "\StudentMis.mdb"
    con.Open
    If Userpassword.Text = "" Then
        MsgBox "请输入密码!", vbExclamation, "提示"
        Userpassword.SetFocus
        con.Close
    Else
        sql = "select user_pwd,user_des, user_ID from user_info where user_name= '" &
Combo1.Text & "'"
        rs.CursorLocation = adUseClient
        rs.Open sql, con, adOpenStatic, adLockOptimistic, adCmdText
        flg = False
        rs.MoveFirst
        Do While rs.EOF = False
            If Userpassword.Text = rs("user_pwd") Then
            book = rs("user_ID")
            flg = True
    '以下代码是对学生和教师身份的用户,分别赋予不同的权限
            If rs("user_des") = "学生" Then
                frmmain.scyh.Enabled = False
                frmmain.tjyh.Enabled = False
                frmmain.tjxj.Enabled = False
                frmmain.xgxj.Enabled = False
                frmmain.tjkcxx.Enabled = False
                frmmain.xgsckc.Enabled = False
                frmmain.tjcj.Enabled = False
                frmmain.plclcj.Enabled = False
                frmmain.xgsccj.Enabled = False
                frmmain.tjjsxx.Enabled = False
            ElseIf rs("user_des") = "教师" Then
                frmmain.scyh.Enabled = False
                frmmain.tjyh.Enabled = False
                frmmain.tjxj.Enabled = True
                frmmain.xgxj.Enabled = False
                frmmain.tjkcxx.Enabled = True
                frmmain.xgsckc.Enabled = False
                frmmain.tjcj.Enabled = True
```

```
            frmmain.plclcj.Enabled = False
            frmmain.xgsccj.Enabled = False
            frmmain.tjjsxx.Enabled = False
        End If
            frmmain.StatusBar1.Panels(4).Text = rs("user_des")
        End If
          Exit Do
          rs.MoveNext
    Loop
    Set rs = Nothing
      If flg = True Then
        Register.Hide
        con.Close
        frmmain.Show
      Else
        num = num + 1
      MsgBox "请输入密码!" & num & "次,错 3 次就退出", vbCritical, "密码错误"
        If num = 3 Then End
          con.Close
      End If
    End If
    End Sub
    Private Sub cmdquit_Click()
     End
    End Sub
    Private Sub Form_Load()
     Dim sql As String
     con.ConnectionString = " provider = Microsoft.Jet.OLEDB.4.0; data source = " &
App.Path & "\StudentMis.mdb"
      con.Open
      sql = "select distinct user_name from user_info"
      rs.CursorLocation = adUseClient
      rs.Open sql, con, adOpenStatic, adLockOptimistic, adCmdText
      rs.MoveFirst
      Do While rs.EOF = False
       Combo1.AddItem rs("user_name")
       rs.MoveNext
      Loop
     con.Close
    End Sub
```

3. 学生学籍管理模块的创建

学生学籍管理模块主要实现如下功能：综合信息浏览、查询学生信息、添加学生信息及修改学生信息。

1）综合信息浏览窗体的创建

单击"学籍管理"｜"综合信息浏览"命令，将出现如图 5 所示的窗体。

在该窗体中放置了多个 TextBox 控件，多个 Label 控件，2 个 OptionButton 控件，1 个 TreeView 控件，1 个 Image 控件，1 个 Frame 控件，1 个 CommandButton 控件，2 个 SSTab 控件和 1 个 DataGrid 控件。TreeView 控件用来显示信息的分级视图，如同 Windows 里的资源管理器的目录。TreeView 控件中的各项信息都有一个与之相关的 Node 对象。TreeView 显示 Node 对象的分层目录结构，每个 Node 对象均由一个 Label 对象和其相关的位图组成。在建立 TreeView 控件后，可以展开和折叠、显示或隐藏其中的节点。TreeView 控件一般用来显示文件和目录结构、文档中的类层次、索引中的层次和其他具有分层目录结构的信息。SSTab 控件提供了一组选项卡，每个都充当一个容器，包含了其他的控件。控件中每次只有一个选项卡是活动的，给用户提供了其所包含的控件，而其他选项卡都是隐藏的。单击学生成绩选项卡将显示如图 6 所示的窗体。

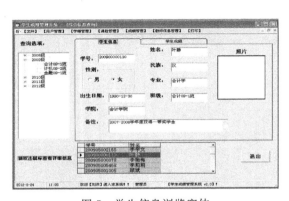

图 5　学生信息浏览窗体

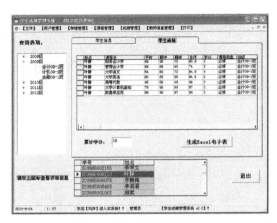

图 6　学生成绩浏览窗体

单击"生成 Excel 电子表"按钮，将自动生成学生成绩的 Excel 电子表，如图 7 所示。

	A	B	C	D	E	F	G	H
1	姓名	课程名称	平时	期中	期末	总评	学分	课程类别
2	叶静	财务会计学	89	90	75	80.8	3	必修
3	叶静	管理会计学	89	86	65	74	3	必修
4	叶静	大学语文	54	60	70	64.8	4	必修
5	叶静	大学英语	80	85	86	84.6	2	必修
6	叶静	高等代数	45	56	48	49	3	必修
7	叶静	大学计算机基础	78	90	89	87	3	必修
8	叶静	数据库应用	89	90	97	94	3	必修
9								
10						打印日期:	2012-8-24	
11								

图 7　学生成绩的 Excel 电子表

2）修改学生信息窗体的创建

单击"学籍管理"｜"修改学生信息"命令，将出现如图 8 所示的窗体。

在该窗体中放置了多个 TextBox 控件，多个 CommandButton 控件，多个 Label 控件，2 个 OptionButton 控件，1 个 Image 控件，1 个 Frame 控件和 1 个 ComboBox 控件。图片加载于 Image 控件的方法和加载于 PictureBox 中的方法一样。设计时，将 Picture 属性设置为文件名和路径，运行时，利用 Loadpicture 函数。Image 控件调整大小的行为与 PictureBox 不同。它具有 Stretch 属性，而 PictureBox 具有 AutoSize 属性。将 AutoSize 属性设为 True 可使 PictureBox 根据图片调整大小，设为 False 则图片将被剪切（只有一部分图片可见）。Stretch 属性设为 False（缺省值）时，Image 控件可根据图片调整大小。将 Stretch 属性设为 True 将根据 Image 控件的大小来调整图片的大小，这可能使图片变形。

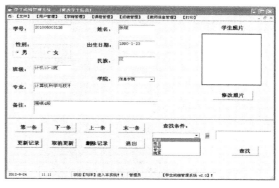

图 8　修改学生信息窗体

4. 学生成绩管理模块的创建

学生信息管理模块主要实现如下功能：课程成绩统计、查询学生成绩、多条成绩查询、添加成绩信息、批量处理成绩及修改删除成绩。

课程成绩统计窗体的创建，单击"成绩管理"│"课程成绩统计"命令，将出现如图 9 所示的窗体。

图 9　课程统计窗体

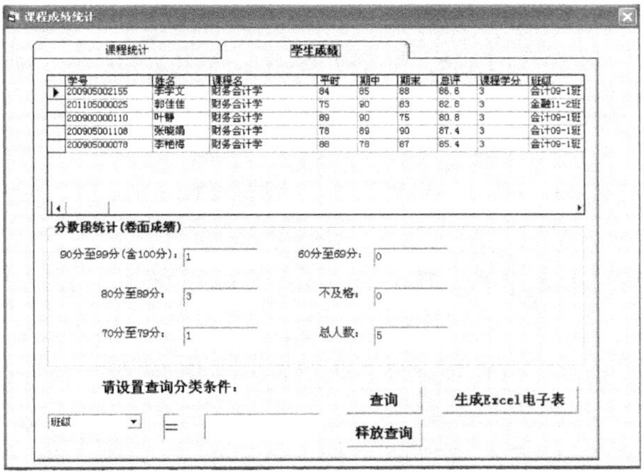

在该窗体中放置了多个 TextBox 控件，多个 CommandButton 控件，多个 Label 控件，2 个 SSTab 控件，1 个 ListBox 控件和 1 个 ComboBox 控件。

单击学生成绩选项卡将显示如图 10 所示的窗体。在该窗体中放置了多个 TextBox 控件，多个 CommandButton 控件，多个 Label 控件和 1 个 DataGrid 控件。通过不同分类条件的设置，可以获得不同的查询结果。

5. 打印模块的创建

打印模块主要实现如下功能：打印学

图 10　学生成绩查询窗体

生学籍信息、打印学生成绩、打印教师信息、打印课程平均分。

在打印模块的设计中采用了数据环境设计器，它为数据访问提供了一个交互设计环境。在设计时，首先建立 Connection Command 对象，然后设置其属性值并编写代码，获取对数据库、数据表和查询的连接操作，最后把它们绑定到数据表设计器。

建立数据环境 DataEnvironment1 的操作方法如下：

（1）打开 Visual Basic 的开发环境，选择"工程"→"添加 DataEnvironment"命令，进入 DataEnvironment 窗口，如图 11 所示。

图 11　DataEnvironment 窗口

（2）按鼠标右键单击图 11 中的 Connection1 对象，在弹出的快捷菜单中，选择"属性"命令，在打开的"数据链接属性"对话框中选择 Microsoft Jet 4.0 OLE DB Provider 作为获取数据源的数据库引擎。

（3）单击"下一步"按钮，打开连接数据库对话框，在省略号左侧的文本框中输入连接的数据库名 StudentMis. mdb。

（4）建立了 Connection 对象后，接着添加 Command 对象。Command 对象既可以基于一个数据库对象（如一个表、视图或存储过程），也可以基于以后的 SQL 查询。单击数据环境设计器工具栏中的"添加命令"按钮，添加一个 Command1 对象到数据环境设计器中，如图 11 所示。

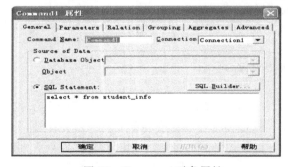

图 12　Command 对象属性

（5）右键单击图 11 中 Command1 对象，打开该对象的属性对话框，如图 12 所示，在数据源中采用 SQL 命令方式输入语句：

select * from student _ info

（6）单击"确定"按钮退出对话框，展开 Command1 命令，可以看到 Command1 中所连接数据库 student _ info 的各字段。

建立了数据环境后，接下来要通过数据报表设计器（Data Report）进行报表的设计。建立数据报表的操作方法如下：

（1）添加报表设计器，选择"工程"→"添加 Data Report"命令，打开如图 13 所示的报表设计器窗口。

（2）建立报表的数据来源，在属性窗口中修改报表窗口的属性，DataSource 属性设为 DataEnvironment1，DataMember 属性设为 Command1。

（3）制作报表字段，利用数据报表工具箱，在 Data Report1 窗体的报表标头栏中添加"学生信息表"的 Label 控件，右键单击报表设计器的空白处，选择"插入控件"，选择"当前日期"命令，在打印报表时将自动显示出计算机系统提供的日期。在页标头栏中添加学号、姓名、性别、出生日期等字段的 Label 控件。

（4）用鼠标拖动 Command1 下面的学号、姓名、性别、出生日期等字段到 Data Report1 窗体的细节栏。然后将这几个控件中的 Label 控件删除，只留下其 Text 控件，调整各控件到合适的位置。

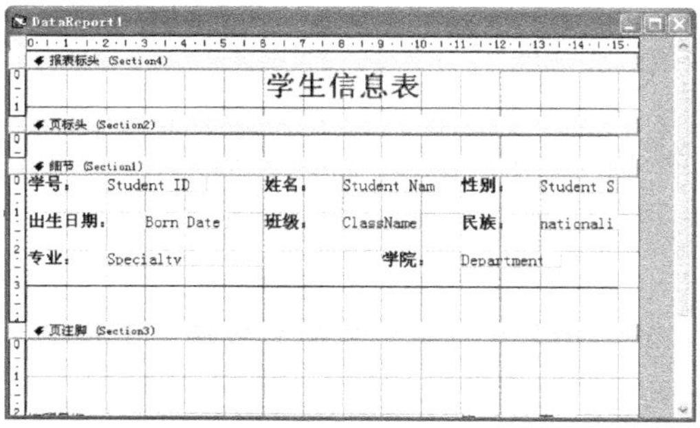

图 13　报表设计器窗口

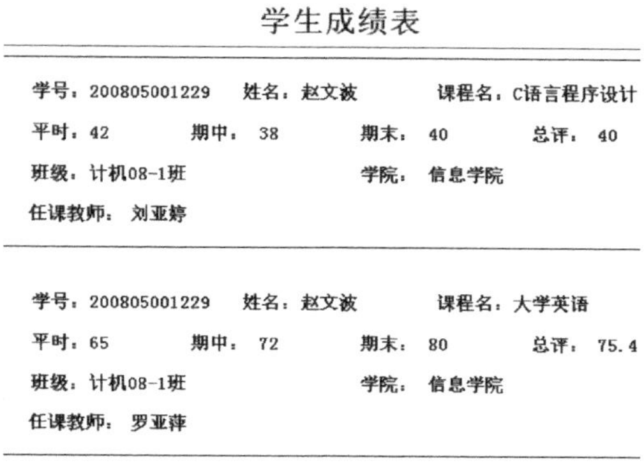

图 14　报表预览效果

（5）显示报表，可使用 Data Report1 对象的 Show 方法显示报表，也可以通过如下代码显示报表，报表预览效果如图 14 所示。

```
Private Sub cmdconfirm_Click()
    If Option1.Value = True Then
        DataReport1.Show
    Else
      If Option2.Value = True Then
          DataReport2.Show
      Else
        If Option3.Value = True Then
            DataReport3.Show
        Else
            If Option4.Value = True Then
              DataReport4.Show
             End If
        End If
      End If
    End If
End Sub
```

限于篇幅，本系统中的其他功能模块就不一一介绍了，感兴趣的读者可自行浏览配套光盘上的相关文件。

综合案例三　网上书店管理系统开发

一、需求分析

所有人来到本网站的人都能按类别浏览图书，根据书名、作者和书号搜索图书。如果要购买图书，首先要成为本站会员。成为会员后，可享受不同折扣的优惠。

二、系统设计

根据需求分析，得图 1 所示的系统功能模块图。

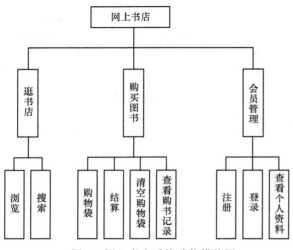

图 1　网上书店系统功能模块图

1. 数据库设计

本系统是网上书店，"客户购买图书"这个功能是必须具备的。因此，"客户"表和"图书"表一定要有。"客户"表可以支持图 1 中的会员管理模块，"图书"表可以支持"搜索"模块和"购买图书"模块，也就实现了"根据书名、作者和书号搜索图书"这一需求。为了记录"购买"这一过程，我们设计了"订单"表和"订单明细"表，"订单"表记录某客户某次购买的所有图书的情况，"订单明细"表记录这一次购买的每一本图书的详细情况。这样的设计能更灵活地支持"购买图书"模块。

对"按类别浏览图书"这一需求，我们按数据库设计的语言描述为：图书属于某个类别。这样还要设计一个"类别"表。它可以支持"浏览"模块。

出版社发行图书，这是一个常识，为了设计一个"出版社"表，来记录出版社的情况。

根据以上分析，得"网上书店"的 E-R 图，如图 2 所示。

由 E-R 图设计数据表如下。

Bookorder 表（订单明细表）存储订单明细信息，如图 3 所示。

Customer 表（客户表）存储客户信息，如图 4 所示。

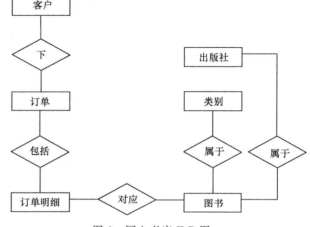

图 2　网上书店 E-R 图

bookorder：表

字段名称	数据类型	
ID	文本	编号（主键）
listid	文本	订单编号
ISBN	文本	图书书号
number	数字	订购数量
price	数字	订购单价

图 3　Bookorder 表结构

customer：表

字段名称	数据类型	
ID	文本	用户名（主键）
pass	文本	密码
regtime	文本	注册时间
rank	文本	用户等级
affirmcode	文本	认证码
name	文本	真实姓名
zipcode	文本	邮编
address	文本	通信地址
tel	文本	联系电话
email	文本	邮箱
note	备注	备注

图 4　Customer 表结构

Orderlist 表（订单表）存储订单信息，如图 5 所示。

orderlist：表

字段名称	数据类型	
ID	文本	编号（主键）
customerid	文本	用户名
paytime	日期/时间	结算时间
paytype	文本	付款方式
name	文本	签收人姓名
address	文本	配送地址
zipcode	文本	邮编
tel	文本	联系电话
email	文本	邮箱
finished	是/否	交易是否完成
money	文本	金额

图 5　Orderlist 表结构

Book 表（图书表）存储图书信息，如图 6 所示。

book：表

字段名称	数据类型	
ISBN	文本	书号（主键）
title	文本	书名
author	文本	作者
ptime	日期/时间	出版时间
porder	文本	版次
price	数字	定价
format	文本	封装
psize	文本	开本
pages	数字	页数
words	数字	字数
cdrom	数字	所附光盘数
content	备注	主要内容
typeid	文本	图书分类编号
pid	文本	出版社编号

图 6　Book 表结构

Booktype 表（类型表）存储图书所属类别，如图 7 所示。

booktype：表

字段名称	数据类型	
ID	文本	编号(主键)
title	文本	名称
parentid	文本	主页

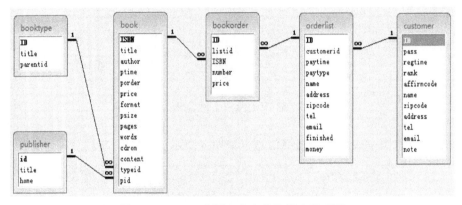

图 7　Booktype 表结构

Publisher 表（出版社表）存储出版社信息，如图 8 所示。

publisher：表

字段名称	数据类型	
id	文本	编号（主键）
title	文本	名称
home	文本	出版社主页

图 8　Publisher 表结构

在 ACCESS 中进一步完善数据库设计，为各表建立关系，如图 9 所示。

图 9　ACCESS 中网上书店的数据表关系图

2. 功能模块设计

1）浏览模块

在 sale2. asp 中，执行如下 SQL 语句。

SELECT id，title FROM booktype WHERE parentid = '000'

从 booktype 表中得到 parentid 为 000 的信息，即一级分类，再将结果送给客户端，显示如下。

用户单击某一分类后，以如下超链接的形式

<a href=sale3. asp? fid=" & objRS (" id") & " target=sale3>……</a>

将类别 ID 传给 sale3. asp。在 sale3. asp 中，构成如下 SQL 语句

SELECT id，title FROM booktype WHERE parentid = '" & Request (" fid") & " '"

提交给数据库进行查询，得到二级分类。再把结果送给客户端，显示如下。

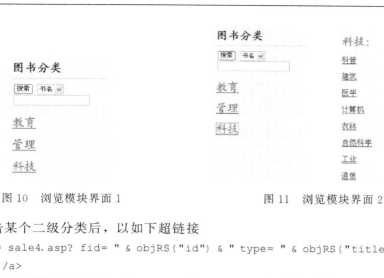

图 10 浏览模块界面 1   图 11 浏览模块界面 2

用户单击某个二级分类后，以如下超链接

```
< a href= sale4. asp? fid= " & objRS("id") & " type= " & objRS("title") & " target=
sale4> ……< /a>
```

将类别 ID 和类别名称传给 sale4. asp。在 sale4. asp 中，给字符串 where 赋值。

```
    If Request("fid") < >  "" Then
        where =  "book. typeid= '" & Request("fid") & "'"
    ElseIF Request("title") < >  "" Then
        where =  "book. title LIKE '%" & Request("title") & "%'"
    ElseIF Request("author") < >  "" Then
        where =  "book. author LIKE '%" & Request("author") & "%'"
    ElseIF Request("ISBN") < >  "" Then
        where =  "book. ISBN =  '" & Request("ISBN") & "'"
    Else
        where =  ""
    End If
```

再构成如下 SQL 语句。

```
mysql =  "SELECT book. ISBN, book. title AS btitle, book. author, book. price, publish-
er. title AS ptitle FROM publisher INNER JOIN book ON publisher. id =  book. pid"
    If where < >  "" Then mysql =  mysql & " WHERE " & where
```

将查询到的结果显示如下。

单击书名，以如下超链接

```
< a href= detail. asp? ISBN= " & objRS("ISBN") & " target= _
blank title= 查看该图书的详细信息> ……< /a>
```

将图书的 ISBN 传给 detail. asp。在 detail. asp 中构成如下 SQL 语句。

```
" SELECT  book. ISBN,  book. title  AS  btitle,  book. author,
book. ptime, book. porder, " & _
"book. format, book. psize, book. pages, book. words, book. cdrom,
book. price, book. content, " & _
"publisher. title AS ptitle " & _
"FROM publisher INNER JOIN book ON publisher. id =  book. pid "
& _
"WHERE book. ISBN =  '" & Request("ISBN") & "'"
```

图书列表：

高等数学(上册)

书 号:9787040205497

出版社:高等教育出版社

作 者:同济大学数学系 编

定 价:¥34.4元

放入购物袋

图 12 浏览模块界面 3

提交给数据库进行查询，并将结果显示如下。

2）搜索模块

可根据书名、作者和书号搜索。

在 sale2. asp 中，选择了搜索类别并输入搜索内容后，单击"搜索"按钮后，由函数 search _ OnClick 进行验证，然后以 GET 方式将数据提交给 sale4. asp 进行如下处理。

图 13　浏览模块界面 4

图 14　搜索模块界面 1

```
If fset. sitem. value =  "" Then
        Alert("请先输入具体的查询内容！然后重试...")
    Else
      Select Case fset. stype. value
        Case 1 infstr =  "title= "
        Case 2 infstr =  "author= "
        Case 3 infstr =  "ISBN= "
      End Select
      parent. sale4. location =  "sale4. asp?" & infstr & fset. sitem. value
  End If
```

在 sale4. asp 中根据提交的数据构成一个 SELECT 语句,提交给数据库进行查询,再把结果通过 Response. Write 送给客户端。

```
If Request("fid") < >  "" Then
    where =  "book. typeid= '" & Request("fid") & "'"
ElseIF Request("title") < >  "" Then
    where =  "book. title LIKE '%" & Request("title") & "%'"
ElseIF Request("author") < >  "" Then
    where =  "book. author LIKE '%" & Request("author") & "%'"
ElseIF Request("ISBN") < >  "" Then
    where =  "book. ISBN =  '" & Request("ISBN") & "'"
Else
    where =  ""
End If
If where < >  "" Then
    mysql =  "SELECT book. ISBN, book. title AS btitle, book. author, book. price,
```

```
publisher.title AS ptitle " & _
                "FROM publisher INNER JOIN book ON publisher.id = book.pid"
        If where < > "" Then mysql = mysql & " WHERE " & where
```

再把查询结果显示如下。

图书列表：

高等数学(上册)

书　号:9787040205497

出版社:高等教育出版社

作　者:同济大学数学系 编

定　价:￥34.4元

放入购物袋

图 15　搜索模块界面 2

3）购物袋模块

在 sale4.asp 中，单击"放入购物袋"，触发 DoOrder 函数，在该函数中，弹出一个对话框获取图书订购数量。

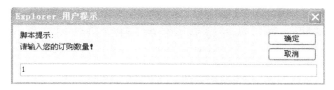

图 16　购物袋模块界面 1

单击"确定"按钮后，将数据传给 sale5.asp，并把相应的信息显示出来。

购物袋：

已订购: 高等数学(上册)1本 删除
已订购: 金融的逻辑　　1本 删除
已订购: 细节营销　　　1本 删除

图 17　购物袋模块界面 2

单击"删除"按钮后，由超链接标记中的 onclick 属性触发 delbook 函数，该函数如下。

```
            aISBN = Split(fbag.ISBNs.value, ";")
            atitle = Split(fbag.titles.value, ";")
            anum = Split(fbag.nums.value, ";")
            '注释:利用循环语句将删除的信息去掉
            sISBN = "" : stitle = "" : snum = ""
            For i = 0 To UBound(aISBN)
                If ISBN < > aISBN(i) Then
                    If sISBN = "" Then
                        sISBN = aISBN(i)
```

```
                    stitle = atitle(i)
                    snum = anum(i)
                Else
                    sISBN = sISBN & ";" & aISBN(i)
                    stitle = stitle & ";" & atitle(i)
                    snum = snum & ";" & anum(i)
                End If
            End If
        Next
        '注释:更新保存的选购图书信息
        fbag.ISBNs.value = sISBN
        fbag.titles.value = stitle
        fbag.nums.value = snum
        '注释:更新购物袋的显示
        fbag.submit
```

4) 结算

图 18　结算模块界面 1

单击"结算"按钮后，提交 sale5.asp 中的表单 fpay 到 pay1.asp。

```
< form name= "fpay" action= "pay1.asp" method= "post" target= "_blank">
    < input name= "ISBNs" type= "hidden">
    < input name= "nums" type= "hidden">
< /form>
```

在 pay1.asp,显示如下。

购书结算

【您的购书清单】

书 名	书 号	作 者	出版社	定 价	数 量
高等数学(上册)	9787040205497	同济大学数学系 编	高等教育出版社	¥34.4元	1本
朗文多功能英汉双解词典	9787513509374	英国培生教育出版亚洲有限公司	外语教学与研究出版社	¥81元	1本
金融的逻辑	9787801739117	陈志武	国际文化出版公司	¥39.8元	1本

总计:155.2元 您是普通顾客! 享受9折优惠一需支付139.68元, 可节省15.52元

会员信息 (请检查是否正确!)
会员名: guest
认证码: ••••• *
付款方式: 现金支付 ▾
配送信息 (必须认真填写!)
签收人: _____ *
配送地址: _____ *
邮编: _____
联系电话: _____
E-Mail: _____

提交　充填

图 19　结算模块界面 2

通过如下 SELECT 语句取得用户信息。

```
"SELECT affirmcode, name, zipcode, address, tel, email FROM customer WHERE id = '" &
Session("userid") & "'"
```

根据用户身份确定打折系数

```
        If rank >  1 Then
            rebate =  0.7
        ElseIf rank =  1 Then
            rebate =  0.8
        Else
            rebate =  0.9
        End If
```

再通过如下 SELECT 语句取得图书信息，和用户信息一起送给客户端。

```
"SELECT book. ISBN, book. title AS btitle, book. author, book. price, publisher. title AS
ptitle " & _
    "FROM publisher INNER JOIN book ON publisher. id =  book. pid " & _
    "WHERE book. ISBN IN (" & isbnstr & ")"
```

单击"提交"按钮后，由 fpay _ OnSubmit 函数验证数据，将数据送给 pay2. asp，生成如下 SQL 语句，执行插入操作。

```
"INSERT INTO bookorder VALUES (" & "'" & neworderid +  i & "'," & "'" & newlistid & "',"
& _
    "'" & aISBN(i) & "'," & anum(i) & "," & aprice(i) & ")"
```

5）清空购物袋

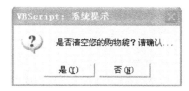

图 20　清空购物袋模块界面 1

单击"清空购物袋"按钮后，先给出提示，单击按钮"是"后，给 sale5. asp 中表单 fbag 的 ISBNs、titles 和 nums 赋空值，重新提交。

图 21　清空购物袋模块界面 2

6）查看购书记录

在 sale1. asp 中，单击"购书记录"按钮后，触发如下事件，进入 orderlist. asp

图 22　查看购书记录模块界面

```
Sub history_OnClick
    window. open "orderlist.asp", "_blank"
```

```
End Sub
```

在 orderlist.asp 中,生成如下查询语句。

```
"SELECT* FROM orderlist WHERE customerid= '" & userid & "'"
```

把查询结果放入 outstr 中,通过 Response.Write 送给用户。

7) 注册

会员名 [　　　　] 密码 [　　　　]　[登录][注册][购书记录][结算][清空购物袋]

图 23　注册模块界面 1

在 sale1.asp 中,单击"注册"按钮后,触发如下事件,进入 member.asp。

```
Sub register_OnClick
    window.open "member.asp", "_blank"
End Sub
```

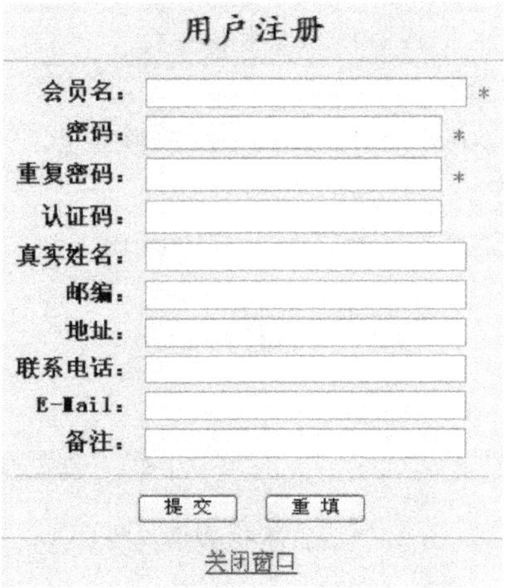

用 户 注 册

会员名: [　　　　　　　] *
密码: [　　　　　　] *
重复密码: [　　　　　　] *
认证码: [　　　　]
真实姓名: [　　　　　　]
邮编: [　　　]
地址: [　　　　　　]
联系电话: [　　　　]
E-Mail: [　　　　　]
备注: [　　　　　　]

[提 交]　[重 填]

关闭窗口

图 24　注册模块界面 2

在 member.asp 中,用户填写资料。单击"提交"按钮后,先验证表单数据(freg _ OnSubmit)、验证会员名(check _ id)、验证密码(check _ pass)。然后把表单数据被送到 register.asp。

```
< form name= "freg" action= "register.asp" method= "post">
```

在 register.asp 中,如果 Session("userid")不为空则生成如下更新语句

```
mysql = "UPDATE customer SET name= '" & Request("name") & "', zipcode= '" & Request("zip") & "', address= '" & Request("address") & "', tel= '" & Request("tel") & "', email= '" & Request("email") & "', note= '" & Request("note") & "' ,pass= '" & Request("pass") & "', affirmcode= '" & Request("affrim") & "' WHERE id = '" & Session("userid") & "'"
```

否则,生成如下插入语句

```
"INSERT                                                              INTO
customer(id, pass, affirmcode, name, zipcode, address, tel, email, [note]) VALUES ('" &
Request("userid") & "'," & "'" & Request("pass") & "'," & "'" & Request("affrim") & "'," & "'" & Request("name") & "'," & "'" & Request("zip") & "'," & "'" & Request("address") & "'," & "'" & Request("tel") & "'," & "'" & Request("email") & "'," & "'" & Request("note") & "')"
```

8）登陆

会员名 [_____]　密码 [_____]　　 登录 　注册　购书记录　结算　清空购物袋

图 25　登陆界面 1

在 sale1.asp 中，输入会员名和密码后，单击"登陆"按钮，先通过如下代码验证数据。

```
Sub login_OnClick
    '注释：验证用户的登陆信息
    If flog.userid.value = "" Then
        ermsg = "会员名信息不能为空！请先输入..."
        flog.userid.focus
    ElseIf flog.pass.value = "" Then
        ermsg = "密码信息不能为空！请先输入..."
        flog.pass.focus
    End If
    '注释：根据验证结果判断是否提交数据
    If ermsg = "" Then
        flog.submit
    Else
        Alert(ermsg)
    End If
End Sub
```

通过验证后，由 flog.submit 提交数据，根据表单的定义，数据仍然提交给 sale1.asp。

`< form name= "flog" action= "sale1.asp" method= "post">`

在 sale1.asp 中，由下列语句处理 flog 表单数据。

```
If Request("userid") <> "" And Request("pass") <> "" Then
mysql = "SELECT id, rank FROM customer WHERE id = '" & Request("userid") & "'" & _
            "AND pass = '" & Request("pass") & "'"
```

登陆成功，将会员 ID 和等级赋给 Session 变量，并显示如下界面。

```
If objRS.RecordCount > 0 Then
    Session("userid") = objRS("id")
    Session("rank") = objRS("rank")
    ermsg = ""
Else
    ......
End If
```

VIP会员[ty] 　登出　个人资料　购书记录　结算　清空购物袋

图 26　登陆界面 2

如果登陆失败，则显示如图 27 所示。

会员名 [_____]　密码 [_____]　　 登录 　注册　购书记录　结算　清空购物袋　[会员名]或者[密码]不正确！登录失败...

图 27　登陆界面 3

```
  If objRS. RecordCount >  0 Then
      ……
  Else
      Session("userid") =  ""
      Session("rank") =  ""
      ermsg = "< font color= red> [会员名]或者[密码]不正确！登陆失败…< /font> "
End If
```

单击"登出"按钮后，由下列代码处理。

```
If Request("userid") < >  "" And Request("pass") < >  "" Then
    ……
Else
      Session("userid") =  ""
      Session("rank") =  ""
End If
```

9）查看个人资料

会员登陆后，界面如下。

VIP会员[ty] 登出 个人资料 购书记录 结算 清空购物袋

图 28 查看个人资料进入界面

单击"个人资料"按钮后，触发 sale1.asp 的 reginfo _ OnClick 事件，进入 member.asp。

```
Sub reginfo_OnClick
    window. open "member. asp", "_blank"
End Sub
```

在 member.asp 中，如果 Session("userid")不为空，生成如下查询语句。

```
"SELECT* FROM customer WHERE id =  '" & Session("userid") & "'"
```

执行该查询后，进行如下赋值。

```
userid =  objRS("id")
name =  objRS("name")
zip =  objRS("zipcode")
address =  objRS("address")
tel =  objRS("tel")
email =  objRS("email")
note =  objRS("note")
```

并将这些变量赋给相应的表单元素。

```
< th align= right> 会员名:< /th>
< td> < input name= userid type= text size= 30 maxlength= 15 value= < % = userid %>
< th align= right> 真实姓名:< /th>
< td> < input name= name type= text size= 30 maxlength= 20 value= < % = name %> >
< /td>
< th align= right> 邮编:< /th>
< td> < input name= zip type= text size= 30 maxlength= 6 value= < % = zip %> > < /
```

```
td>
    < th align= right> 地址:< /th>
    < td> < input name= address type= text size= 30 maxlength= 50 value= < %= address%
>  > < /td>
    < th align= right> 联系电话:< /th>
    < td> < input name= tel type= text size= 30 maxlength= 50 value= < % = tel %>  > < /
td>
    < th align= right> E-Mail:< /th>
    < td> < input name= email type= text size= 30 maxlength= 50 value= < % = email %> >
< /td>
    < th align= right> 备注:< /th>
    < td> < input name= note type= text size= 30 maxlength= 50 value= < % = note %> >
< /td>
```

会员资料

会员名：	ty	*
密码：		*
重复密码：		*
认证码：		
真实姓名：	ty	
邮编：	650031	
地址：	aaaaaa	
联系电话：	123456	
E-Mail：	ty@126.com	
备注：		

提 交　　重 填

关闭窗口

图 29　查看个人资料界面

参 考 文 献

龚沛曾，杨志强，陆慰民．2013．Visual Basic 程序设计教程．4 版．北京：高等教育出版社

龚沛曾，杨志强，陆慰民．2013．Visual Basic 程序设计实验指导与测试．4 版．北京：高等教育出版社

刘海波．2011．Access 2003 中文版基础教程．北京：人民邮电出版社

柳超，何立群．2012．数据库技术与应用实训教程（Access 2003 版）．北京：人民邮电出版社

孙俏，刘士营．2013．Visual Basic 程序设计实验指导．北京：中国铁道出版社

王建忠，何明瑞，张萍．2013．Visual Basic 程序设计．北京：科学出版社

张迎新．2011．数据库及其应用系统开发．北京：清华大学出版社

周晓宏，赵艳红，乔晓琳．2012．Visual Basic 程序设计实用教程．2 版．北京：高等教育出版社

普通高等教育"十二五"规划教材

程序设计及数据库编程教程

主　编　陈丽花　李其芳　徐　娟　沙　莉

科学出版社

北　京

内 容 简 介

　　本书把"Visual Basic 程序设计"和"Access 数据库应用"两门课程进行整合。以 Visual Basic 开发数据库应用程序作为主线,结合具体的综合实例重点讲解程序设计的基本思想和基本方法,并结合相关的语言知识点进行介绍,详细介绍了数据库应用系统开发的基本过程、设计方法与规范。

　　全书主要内容包括 Visual Basic 窗体、常用控件和界面设计、程序设计编程基础、程序控件结构、数组、过程和函数、数据库原理、Access 数据库基础、SQL 语句、Visual Basic 数据库编程、Visual Basic 数据访问技术和网络数据库等概念与应用。

　　本书可作为非计算机专业计算机基础课程的教材,也可作为数据库信息管理系统开发设计人员的参考用书。

图书在版编目(CIP)数据

　　程序设计及数据库编程教程:含实践教程/陈丽花等主编.—北京:科学出版社,2014

　　普通高等教育"十二五"规划教材

　　ISBN 978-7-03-039660-0

　　Ⅰ.①程…　Ⅱ.①陈…　Ⅲ.①BASIC 语言-程序设计-高等学校-教材 ②数据库管理系统-程序设计-高等学校-教材　Ⅳ.① TP312 ②TP311.13

　　中国版本图书馆 CIP 数据核字(2014)第 017777 号

责任编辑:李淑丽 / 责任校对:郭瑞芝
责任印制:徐晓晨 / 封面设计:华路天然工作室

科 学 出 版 社 出版
北京东黄城根北街 16 号
邮政编码:100717
http://www.sciencep.com

北京东华虎彩印刷有限公司 印刷
科学出版社发行　各地新华书店经销

*

2014 年 2 月第 一 版　　开本:787×1092　1/16
2018 年 1 月第五次印刷　　印张:17 1/2
　　　　　　　　　　　字数:414 000

定价:56.00 元(全套)
(如有印装质量问题,我社负责调换)

前　　言

根据教育部高等教育司组织制定的《中国高等院校计算机基础教育课程体系》（简称 CFC）最新教学改革的要求，结合当前非计算机专业计算机基础教学"面向应用，加强基础，普及技术，注重融合，因材施教"的教育理念，将"VB 程序设计"和"数据库应用"两门课程进行整合。Visual Basic 具有强大的数据库管理功能、丰富的表格和图形输出功能、实效的精美报表打印功能、易读与灵活的语言、快速友好的开发界面等特点。采用 Visual Basic 进行数据库项目的开发，可以快速而又高效地制作出数据库管理项目。

本书围绕着以 Visual Basic 开发数据库应用程序这一主线，着重介绍 Visual Basic 基本编程知识，控件、数据库基本概念、Access 基本知识与应用等。本书难度适中，便于学习掌握。通过本书的学习，掌握数据库的基本理论和 SQL 语言的使用；学习如何将数据库理论应用于实践，掌握数据库应用系统开发的基本过程、设计方法与规范；通过 VB 开发工具的使用，掌握可视化编程方法和最新的 ADO 数据库访问技术，也可对数据库应用系统的开发过程有一个全面的了解，为以后利用计算机处理数据及不断地掌握和运用更新的计算机应用技术开发数据库应用系统打下良好的基础。本书可作为非计算机专业计算机基础教学的教材，也可作为数据库信息管理系统开发设计人员的参考用书。

本书共 14 章，第 1～6 章主要介绍 Visual Basic 编程基本知识，包括 Visual Basic 简介、Visual Basic 窗体与常用控件、Visual Basic 编程基础，以及 Visual Basic 程序设计中的控制结构、数组、过程和函数；第 7 章介绍了数据库原理基本知识；第 8～10 章介绍 Access 基本知识，包括 Access 创建数据库与数据表、Access 查询应用、SQL 语句、数据库安全；第 11 章介绍 Visual Basic 数据库编程；第 12 章介绍数据文件访问及菜单界面设计；第 13 章介绍网络数据库，第 14 章是一个综合实例介绍。本书结构合理，前后联系紧密，适合学生学习。

为了便于实验教学和学生的学习，同时还编写了与本书配套的实验教材。本书所有实例全部都在 Visual Basic 上调试通过。

本书由陈丽花、李其芳、徐娟、沙莉担任主编，第 1 章由沙莉编写，第 2 章由陈丽花编写，第 3 章由李莉平编写，第 4 章由何锋编写，第 5 章由胡丹编写，第 6 章由沈湘芸编写，第 7 章由李其芳编写，第 8 章由徐娟编写，第 9 章由沈俊媛编写，第 10 章由李春宏编写，第 11 章由玄文启编写，第 12 章由张新明编写，第 13 章由陶冶编写，第 14 章由马冯编写，全书由陈丽花统稿。在本书编写的过程中得到了许多领导、同事的关心和支持，在此我们表示由衷的感谢。

由于时间仓促，加之水平所限，书中难免有错误和疏漏之处，敬请读者批评指正。

编　者

2013 年 10 月

目　　录

第1章　Visual Basic 基础知识

本章内容概要

本章将简要介绍 Visual Basic 6.0 语言的发展和特点、Visual Basic 6.0 集成开发环境，以及可视化编程的基本概念和方法。通过一个简单的 Visual Basic 应用程序的建立与调试，介绍了 Visual Basic 应用程序设计的步骤。

1.1　Visual Basic 概述

什么是 Visual Basic？"Visual"指的是开发图形用户界面（GUI）的方法，"Visual"的意思是"可视化的"，也就是直观的编程方法。在图形用户界面下，不需要编写大量代码去描述界面元素的外观和位置，而只要把预先建立的控件加到屏幕上的适当位置，再进行简单的设置即可。"Basic"指的是 BASIC（Beginners All-Purpose Symbol Instruction Code，初学者通用的符号指令代码）语言，是一种应用十分广泛的计算机语言，Visual Basic 又简称 VB。

Visual Basic 使用 BASIC 语言作为代码，在原有 BASIC 语言的基础上进一步发展，至今包含了数百条语句、函数及关键词，其中很多与 Windows GUI 有直接关系。专业人员可以用 Visual Basic 实现其他任何 Windows 编程语言的功能，而初学者只要掌握几个关键词就可以编写简单的应用程序。

1.1.1　Visual Basic 的发展

1991 年 Microsoft 公司首次推出了 Visual Basic 1.0 版后，虽然存在一些缺陷，但仍受到了广大程序员的青睐。1992 年秋 Microsoft 公司推出 Visual Basic 2.0，对 Visual Basic 1.0 版本作了许多改进；1993 年 Microsoft 公司推出 Visual Basic 3.0，增加了数据库访问功能和三维图形外观设计功能；1995 年推出了 Visual Basic 4.0，适应了 32 位操作系统的要求，能开发 32 位应用程序；1997 年推出了基于 Windows 95 的 Visual Basic 5.0，增加了对 Internet 的支持和开发能力，分三个版本（学习版、专业版、企业版）；1998 年推出了 Visual Basic 6.0，进一步加强对数据库和 Internet 的访问。

Visual Basic 6.0 有三种版本：学习版、专业版、企业版。本书介绍的是 Visual Basic 6.0 企业版。

学习版：使编程人员轻松开发 Windows 和 Windows NT（r）的应用程序。该版本包括所有的内部控件以及网格、选项卡和数据绑定控件。学习版提供的文档有 Learn VB Now CD 和包含全部联机文档的 Microsoft Developer Network CD。

专业版：为专业编程人员提供了一整套功能完备的开发工具。该版本包括学习版的全部功能以及 ActiveX 控件、Internet Information Server Application Designer、集成的 Visual Database Tools 和 DataEnvironment、Active Data Objects 和 Dynamic HTML Page Designer。专业版提供的文档有 Visual Studio Professional Features 手册和包含全部联机文

档的 Microsoft Developer Network CD。

企业版：使得专业编程人员能够开发功能强大的组内分布式应用程序。该版本包括专业版的全部功能以及 Back Office 工具，例如 SQL Server。

1.1.2　Visual Basic 的主要特点

Visual Basic 是一种可视化的、面向对象和采用事件驱动方式的结构化高级程序设计语言，它简单易学、容易掌握、效率高，可用于开发 Windows 环境下功能强大、图形界面丰富的应用软件系统，利用它使得创建具有专业外观的用户界面的编程工作简单易行。总的看来，Visual Basic 有以下几个主要的功能特点。

1. 提供了面向对象的可视化编程工具

用传统程序设计语言编程时，需要通过编程计算来设计程序的界面，在设计过程中看不到程序的实际显示效果，必须在运行程序的时候才能观察。如果对程序的界面不满意，还要回到编程环境中去修改，这一过程常常需要反复多次，大大影响了编程的效率。Visual Basic 提供的可视化设计平台，把 Windows 界面设计的复杂性"封装"起来。

Visual Basic 采用的是面向对象的程序设计方法（OOP），它把程序和数据封装在一起作为一个对象，并为每个对象赋予相应的属性。在设计应用程序界面时，只需从现有的工具箱中"拖"出所需的对象，如按钮、滚动条等，并为每个对象设置属性，这样就可以在屏幕上"画"出所需的用户界面来，不需要大量的代码再编译生成，因而程序开发的效率可以大大地提高。

2. 事件驱动的编程方式

传统的程序设计是一种面向过程的方式，程序总是按事先设计好的流程运行，而不能将后面的程序放在前面运行，即用户不能随意改变、控制程序的流向，这不符合人类的思维习惯。在使用 VB 设计应用程序时，用户的动作——事件控制着程序的流向，每个事件都能驱动一段程序的运行，必须首先确定应用程序是通过哪个事件（如鼠标单击、键盘输入等）同用户进行交互的，这就是事件驱动编程。程序员只需编写响应用户动作的代码，而各个动作之间不一定有联系，这样的应用程序代码一般比较短，所以程序易于编写与维护。

3. 结构化的程序设计语言

Visual Basic 是在结构化的 BASIC 语言基础上发展起来的，加上了面向对象的设计方法，因此是更具有结构化的程序设计语言。它具有丰富的数据类型和结构化程序结构，其特点如下：

(1) 增强了数值和字符串处理功能，比传统的 BASIC 语言有许多的改进。

(2) 提供了丰富的图形及动画指令，可方便地绘制各种图形。

(3) 提供了定长和动态（变长）数组，有利于简化内存管理。

(4) 增加了递归过程调用，使程序更为简练。

(5) 提供了一个可供应用程序调用的包含多种类型的图标库。

(6) 有完善的调试、运行出错处理。

4. 提供了易学易用的应用程序集成开发环境

在 Visual Basic 的集成开发环境中，用户可设计界面、编写代码、调试程序，直至将应用程序编译成可执行文件在 Windows 上运行，使用户在友好的开发环境中工作。

5．开放的数据库功能与网络支持

Visual Basic 具有很强的数据库管理功能，利用数据控件可访问 Microsoft Acess、dBase、Microsoft FoxPro、Paradox 等，也可以访问 Microsoft Excel、Lotus1-2-3 等多种电子表格。另外，Visual Basic 还提供了开放式数据库连接（ODBC）功能，可以通过直接访问或建立连接的方式使用并操作后台大型网络数据库，如 SQL Server、Oracle 等。在应用程序中，可以使用结构化查询语言（SQL）直接访问 Server 上的数据库，并提供简单的面向对象的库操作命令、多用户数据的加锁机制和网络数据库的编程技术，为单机上运行的数据库提供 SQL 网络接口，以便在分布式环境中快速而有效地实现客户/服务器（client/server）方案。

6．支持动态数据交换（DDE）、动态链接库（DLL）和对象的链接与嵌入（OLE）

动态数据交换是 Microsoft Windows 除了剪贴板和动态链接函数库以外，在 Windows 内部交换数据的第三种方式。利用这项技术可使 Visual Basic 开发的应用程序与其他 Windows 应用程序之间建立数据通信。

动态链接库中存放了所有 Windows 应用程序可以共享的代码和资源，这些代码或函数可以用多种语言写成。Visual Basic 利用这项技术可以调用任何语言产生的 DLL，也可以调用 Windows 应用程序接口（API）函数，以实现 SDK 所能实现的功能。

对象的链接与嵌入是 Visual Basic 访问所有对象的一种方法。利用 OLE 技术，Visual Basic 将其他应用软件作为一个对象嵌入到应用程序中进行各种操作，也可以将各种基于 Windows 的应用程序嵌入到 Visual Basic 应用程序中，实现声音、图像、动画等多媒体的功能。

7．完备的联机帮助功能

与 Windows 环境下的其他软件一样，在 Visual Basic 中，利用帮助菜单和 F1 功能键，用户可随时方便地得到所需的帮助信息。Visual Basic 帮助窗口中显示了有关的示例代码，通过复制、粘贴操作可获得大量的示例代码，为用户的学习和使用提供了极大的方便。

1.2　Visual Basic 6.0 的集成开发环境

Visual Basic 6.0 的集成开发环境是开发 Visual Basic 应用程序的平台。熟练掌握 Visual Basic 的集成开发环境是设计开发 Visual Basic 应用程序的基础。

1.2.1　启动 Visual Basic 6.0

可以通过以下两种方法启动 Visual Basic 6.0：

（1）选择"开始"→"程序"→"Microsoft Visual Basic 6.0 中文版"→"Microsoft Visual Basic 6.0 中文版"命令，即可启动 Visual Basic 6.0 中文版应用程序。

（2）利用 Windows 建立快捷方式的功能。在桌面上建立 Visual Basic 6.0 程序的快捷方式图标，然后双击桌面上该图标即可启动 Visual Basic 6.0 应用程序。

启动 Visual Basic 6.0 后，出现"新建工程"对话框，如图 1-1 所示，使用 Visual Basic 6.0 开发的应用程序或其他程序都被称为"工程"。窗口中列出了可建立的工程类型，其中会提示选择要建立的工程类型。使用 Visual Basic 6.0 可以生成下列 13 种类型的应用程序（图中只看到 12 种，通过拖动滚动条可看到另外 1 种）。

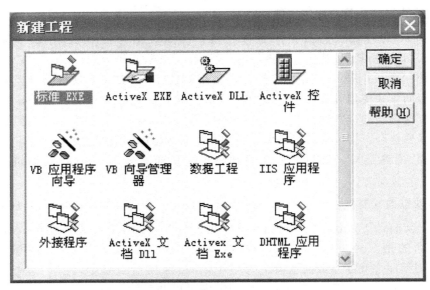

图 1-1　"新建工程"对话框

在"新建"选项卡中选中"标准 EXE"选项，然后单击"确定"按钮，出现集成开发环境的主界面，如图 1-2 所示。

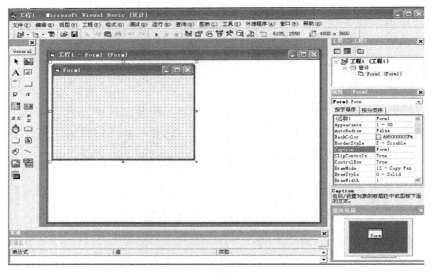

图 1-2　Visual Basic 6.0 集成开发环境的主界面

1.2.2　主窗口

Visual Basic 6.0 集成开发环境与其他 Windows 窗口类似，Visual Basic 6.0 的主窗口也由标题栏、菜单栏和工具栏等组成，如图 1-2 所示。

1. 标题栏

标题栏位于主窗口最上面的一行，如图 1-3 所示。标题栏显示窗口标题及工作模式，启动时显示为"工程 1-Microsoft Visual Basic [设计]"，表示 Visual Basic 处于程序设计模式。Visual Basic 有 3 种工作模式：设计（Design）模式、运行（Run）模式和中断（Break）模式。

（1）设计模式：可进行用户界面的设计和代码的编制，以完成应用程序的开发，如图 1-2 所示。

图 1-3　Visual Basic 6.0 集成开发环境的标题栏、菜单栏和工具栏

（2）运行模式：运行应用程序，这时不可编辑代码，也不可编辑界面，处于这种模式时，标题栏中的标题为"工程 1-Microsoft Visual Basic［运行］"。

（3）中断模式：应用程序运行暂时中断，这时可以编辑代码，但不可编辑界面。此时，标题栏中的标题为"工程 1-Microsoft Visual Basic［中断］"。按 F5 键或单击工具栏的继续按钮，程序继续运行，单击结束按钮，程序停止运行。在此模式下会弹出"立即"窗口，在立即窗口内输入简短的命令，并立即执行。

2. 菜单栏

Visual Basic 6.0 集成开发环境的菜单栏中包含使用 Visual Basic 所需要的命令。它除了提供标准"文件"、"编辑"、"视图"、"窗口"和"帮助"菜单之外，还提供了编程专业的功能菜单，例如："工程"、"格式"、"调试"、"外接程序"等 13 个菜单，如图 1-3 所示。

Visual Basic 6.0 集成开发环境中的基本菜单如下。

（1）文件：包含打开和保存工程以及生成可执行文件的命令。

（2）编辑：包含编辑命令和其他一些格式化、编辑代码的命令，以及其他编辑功能命令。

（3）视图：包含显示和隐藏 IDE 元素的命令。

（4）工程：包含在工程中添加构建、引用 Windows 对象和工具箱新工具的命令。

（5）格式：包含对齐窗体控件的命令。

（6）调试：包含一些通用的调试命令。

（7）运行：包含启动、设置断点和终止当前应用程序运行的命令。

（8）查询：包含操作数据库表时的查询命令以及其他数据访问命令。

（9）图表：包含操作 Visual Basic 工程时的图表处理命令。

（10）工具：包含建立 ActiveX 控件时需要的工具命令，并可以启动菜单编辑器以及配置环境选项。

（11）外接程序：包含可以随意增删的外接程序。缺省时这个菜单中只有"可视化数据管理器"选项。通过"外接程序管理器"命令可以增删外接程序。

（12）窗口：包含屏幕窗口布局命令。

（13）帮助：提供相关帮助信息。

3. 工具栏

工具栏在编程环境下提供对于常用命令的快速访问。单击工具栏上的按钮，即可执行该按钮所代表的操作。按照缺省规定，启动 Visual Basic 6.0 之后将显示"标准"工具栏。其他工具栏，如"编辑"、"窗体设计"和"调试"工具栏可以通过"视图"菜单中的"工具栏"命令移进或移出。工具栏能紧贴在"菜单栏"下方，或以垂直条状紧贴在左边框上。如果用鼠标将它从某栏下面移开，则它能"悬"在窗口中。一般工具栏在菜单栏的正下方，如图 1-3 所示。

1.2.3　窗体设计窗口

"窗体设计窗口"也称"对象窗口"。Windows 的应用程序运行后都会打开一个窗口，

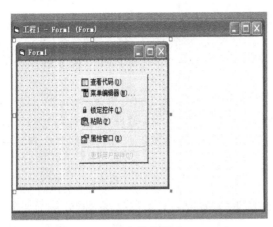

图 1-4　窗体设计窗口

窗体设计窗口是应用程序最终面向用户的窗口，是屏幕中央的主窗口。通过在窗体中添加控件并设置相应的属性来完成应用程序界面的设计。每个窗口必须有一个窗体名称，系统启动后就会自动创建一个窗体（缺省名为 Form1）。用户可通过"工程→添加窗体"来创建新窗体或将已有的窗体添加到工程中。程序每个窗体保存后都有一个窗体文件名（扩展名为 .frm）。应注意窗体名即窗体的"name"属性和窗体文件名的区别。

在窗体的空白区域右击，将弹出快捷菜单，可切换到"代码窗口"、"菜单编辑器"、"属性窗口"，还可以选择"锁定控件"和"粘贴"命令，如图 1-4 所示。

1.2.4　工具箱窗口

工具箱窗口位于窗体的左侧由工具图标组成，如图 1-5 所示。刚安装 Visual Basic 6.0 时，工具箱窗口上有 21 个绘制成按钮形式的工具图标。除了这些系统提供的标准工具外，Visual Basic 6.0 还提供了其他一些控件，若需要使用这些控件，用户可以手动将它们添加到工具箱中。具体方法见 1.3.3 控件对象。

1.2.5　工程资源管理器

应用程序是建立在工程的基础上完成的，而一个工程则是各种类型文件的集合。这些文件包括工程文件（.vbp）、窗体文件（.frm）、二进制数据文件（.frx）、类模块文件（.cls）、标准模块文件（.bas）、资源文件（.res）、包含 ActiveX 控件的文件（.ocx）。

图 1-5　VB 工具箱窗口

工程文件就是与该工程有关的所有文件和对象清单，这些文件和对象自动链接到工程文件上，每次保存工程时，其相关文件信息随之更新。当然，某个工程下的对象和文件也可供其他工程共享使用。在工程的所有对象和文件被汇集在一起并完成编码以后，就可以编译工程，生成可执行文件。

"工程资源管理器"类似于 Windows 下的资源管理器，在这个窗口中列出了当前工程中

的窗体和模块，其结构用树状的层次管理方法显示，如图 1-6 所示。

　　在工程资源管理器窗口中有 3 个按钮，分别表示"查看代码"、"查看对象"和"切换文件夹"。

　　单击"查看代码"按钮，可打开"代码编辑器"查看代码；

　　单击"查看对象"按钮，可打开"窗体设计器"查看正在设计的窗体；

　　单击"切换文件夹"按钮，则可以隐藏或显示包含在对象文件夹中个别项目列表。

图 1-6　工程资源管理器

1.2.6　属性窗口

　　属性是指对象的特征，如大小、标题或颜色等。在 Visual Basic 集成环境的默认视图中，属性窗口位于主窗口的右下方。按 F4 键，或单击工具栏中的"属性窗口"按钮，或选择"视图"→"属性窗口"命令，均可打开属性窗口，如图 1-7 所示。

图 1-7　属性窗口

　　属性窗口包含选定对象（窗体或控件）的属性列表，在设计程序时可通过修改对象的属性，设计其外观和相关数据，这些属性值将是程序运行时各对象属性的初始值。属性窗口的内容如下。

　　（1）对象下拉列表框：标识当前选定对象的名称以及所属的类。单击右端的下拉箭头，可列出当前窗体以及所包含的全部对象的名称，可从中选择要更改其属性的对象。

　　（2）选项卡：可按字母序和分类序两种方式显示所选对象的属性。

　　（3）属性列表：左列显示所选对象的所有属性名，右列可以查看和修改属性值，有的属性取值有预定值，如右侧显示"三点"式按钮或"下拉箭头"式按钮，都有预定值可供选择。在属性列表中双击属性值可以遍历所有选项。选择任一属性并按 F1 键可以得到该属性的帮助信息。

　　（4）属性说明：显示所选属性的简短说明。可通过右键快捷菜单中的"描述"命令来显示或隐藏"属性说明"。

1.2.7　代码窗口

1. 代码窗口简介

　　"代码窗口"又称"代码编辑器"，各种通用过程和事件过程代码均在此窗口中编写和修改。双击窗体的任何地方，选择右键快捷菜单中的"查看代码"命令，单击工程窗口中的"查看代码"按钮，或者选择"视图"→"代码窗口"均可打开该窗口。

　　在代码窗口中有对象下拉列表框、过程下拉列表框和代码区，如图 1-8 所示。

　　（1）对象下拉列表框：其中列出了当前窗体及所包含的全部对象名。其中，无论窗体的名称改为什么，作为窗体的对象名总是 Form。

　　（2）过程下拉列表框：其中列出了所选对象的所有事件名。

　　（3）代码区：是程序代码编辑区，能够非常方便地进行代码的编辑和修改。另外，它还有自动列出成员特性，能够自动列举适当的选项、属性值、方法或函数原型等特性，这一性能使代码编写更加方便，如图 1-9 所示。

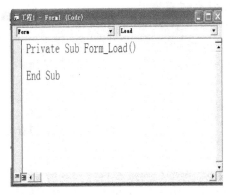 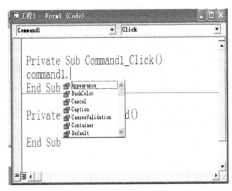

图 1-8　代码窗口 1　　　　　　　　图 1-9　代码窗口 2

2. 自动功能

（1）自动列出成员特性：当要输入控件的属性和方法时，在控件名后输入小数点，Visual Basic 就会自动显示一个下拉列表框，其中包含了该控件的所有成员（属性和方法），如图 1-9 所示。依次输入属性名的前几个字母，系统会自动检索并显示出需要的属性。

从列表中选中该属性名，按 Tab 键或空格键完成这次输入。当不熟悉控件有哪些属性时，这项功能是非常有用的。

如果系统设置禁止"自动列出成员"特性，可使用快捷键 Ctrl＋J 获得这种特性。

（2）自动显示快速信息：该功能可显示语句和函数的语法格式。在输入合法的 Visual Basic 语句或函数名后，代码窗口中在当前行的下面自动显示该语句或函数的语法，如图 1-10所示。

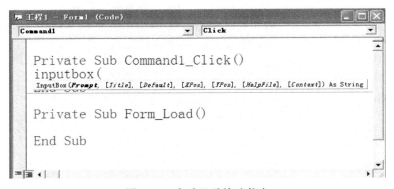

图 1-10　自动显示快速信息

语法格式中，第一个参数为黑体字，输入第一个参数后，第二个参数又出现，也是黑体字。

如果系统设置禁止"自动显示快速信息"功能，可以使用快捷键 Ctrl＋I 获得。

（3）自动语法检查：在 Visual Basic 中可自动检查语句的语法。当输入某行代码后按 Enter 键，如果代码有语法错误，Visual Basic 会显示警告提示框，同时该语句变成红色，如图 1-11 所示。

（4）在代码窗口的左下角有两个按钮："过程查看"和"全模块查看"按钮。单击"过

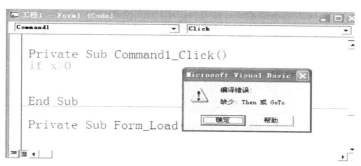

图 1-11　自动语法检查

程查看"按钮，一次只查看一个过程；单击"全模块查看"按钮可查看程序中的所有过程。这两个按钮可切换代码窗口的两种查看视图。

1.2.8　立即窗口

在 Visual Basic 集成环境 IDE 中，运行"视图"→"立即窗口"命令或使用快捷键"Ctrl＋G"，即可打开"立即"窗口。使用立即窗口可以在中断状态下查询对象的值，也可以在设计时查询表达式的值或命令的结果，在设计状态可以在立即窗口中进行一些简单的命令操作，如变量赋值，用"?"或 Print（两者等价）输出一些表达式的值。如图 1-12 所示。图中前三行是输入的命令，第四行是输出的结果。

立即窗口是 Visual Basic 所提供的一个系统对象，也称为 Debug 对象，作为调试程序使用。它只有方法，不具备任何事件和属性。通常使用的是 Print 方法。例如程序中有如下代码：

Debug.Print "现在是" & Format（Time，"hh：mm：ss AM/PM"）

代码的运行结果如图 1-13 所示。

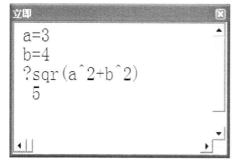

图 1-12　立即窗口中的运算 1

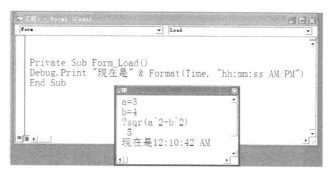

图 1-13　立即窗口中的运算 2

1.2.9　窗体布局窗口

窗体布局窗口显示在屏幕右下角，窗口中有一个表示屏幕的小图像，用来布置应用程序中各窗体的位置，使用鼠标拖动窗体布局窗口中的小窗体图标，可方便地调整程序运行时窗体的显示位置，如图 1-14 所示。

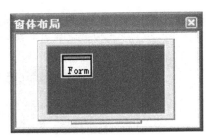

图 1-14　窗体布局窗口

1.2.10　Visual Basic 帮助系统的使用

Visual Basic 6.0 为用户提供了很好的在线帮助和自学功能,为广大读者学习和使用 Visual Basic 6.0 带来极大的方便。Visual Basic 6.0 上的帮助功能是集程序设计指南、用户手册、使用手册和库函数于一体的电子词典。只有学会使用帮助信息,才能真正全面掌握 Visual Basic 6.0。

1. 使用 MSDN Library

Visual Basic 6.0 与 Visual Foxpro、Visual C++、Visual InterDev、Visual J++、Visual SourceSafe 的 Microsoft 公司的其他编程语言的帮助信息都集成在 MSDN Library 中,使用帮助之前必须先安装 MSDN Library,其中主要包括程序示例、参考文档和技术文章等。

单击 Visual Basic 6.0 集成开发环境的“帮助”菜单,弹出其下拉菜单,选择下拉菜单中的“内容”、“索引”或“搜索”命令,可以打开“MSDN Library Visual Studio 6.0”窗口界面,如图 1-15 所示。其中,“目录”选项卡列出了一个完整的主题分级列表,通过目录树可查找信息;“索引”选项卡可用来以索引方式通过索引表查找信息;“搜索”选项卡可用来通过全文搜索查找信息。

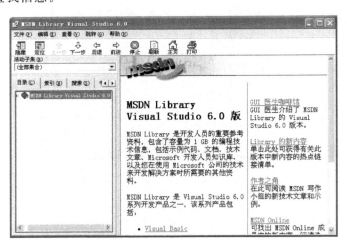

图 1-15　MSDN　Library Visual Studio 6.0 窗口

2. 使用上下文相关的帮助

Visual Basic 6.0 提供了 F1 功能键上下文相关帮助。上下文相关帮助是指用户在窗口中进行工作的任何时候，选择要帮助的"难题"，然后按 F1 键，就可以出现 MSDN 窗口及显示所需"难题"的帮助信息。

同样，在代码窗口中，只要将插入点光标置于某个关键词（包括语句、过程名、函数、事件等）之上，然后按 F1 键，系统就会列出此关键词的帮助信息。可以使用上下文相关帮助的有：Visual Basic 中的每个窗口（"属性"窗口、"代码"窗口等）、工具箱中的控件、窗体或文档对象内的对象、"属性"窗口中的属性、Visual Basic 关键词（语句、声明、函数、属性、方法、事件和特殊对象）、错误信息。

1.3　Visual Basic 可视化编程的基本概念

传统的编程方法使用的是面向过程、按顺序进行的机制，其缺点是程序员始终要关心什么时候发生什么事情，处理 Windows 环境下的事件驱动方式工作量太大。Visual Basic 采用的是面向对象、事件驱动编程机制，程序员只需写响应用户动作的程序，如移动鼠标、单击事件等，而不必考虑按精确次序执行的每个步骤，编写代码相对较少。另外，Visual Basic 提供的多种"控件"可以快速创建强大的应用程序而无须涉及不必要的细节。

Visual Basic 使用的"可视化编程"方法，是"面向对象编程"技术的简化版。在 Visual Basic 环境中所涉及的窗体、控件、部件和菜单项等均为对象，程序员不仅可以利用控件来创建对象，而且还可以建立自己的"控件"，这是 Windows 环境下的编程新概念。

1.3.1　对象与类

对象的基本思想是用系统的观点把要研究的事物看成一个整体，整个世界是由各种不同的对象构成的。在面向对象程序设计中，对象是数据和操作的统一体，是面向对象程序设计的核心。Visual Basic 6.0 是一种面向对象的程序设计语言，它就是将代码和数据集成在一个独立的对象中。

在 Visual Basic 6.0 中，对象可以由系统设置好，直接供用户使用，也可以由程序员自己设计。Visual Basic 6.0 的对象主要分为控件和窗体对象两类。控件是指"空对象"，是应用程序的图形用户界面的一个组件，对其属性可以进行不同的设置，从而构成不同的对象。窗体是用户的工作区，所有控件都在窗体中得到集成，从而构成应用程序的界面。

类是同种对象的集合与抽象，是一个整体概念，也是创建对象实例的模板，而对象则是类的实例化。类与对象是面向对象程序设计语言的基础。

下面以"气球"为例，说明类与对象的关系。

气球是一个笼统的名称，是整体概念，我们把气球看成是一个"类"，一个个具体的气球（比如一个红色的气球、一个黄色的气球）就是这个类的实例，也就是属于这个类的对象。

严格地说，工具箱的各种控件并不是对象，而是代表了各个不同的类。通过类的实例化，可以得到真正的对象。当在窗体上放置一个控件时，就将类转换为对象，即创建了一个控件对象，简称为控件。

1.3.2　对象的属性、事件和方法

在 Visual Basic 中，常用的对象有工具箱中的控件、窗体、菜单、应用程序的部件以及数据库等。从可视化编程的角度来看，这些对象都具有属性（数据）和行为方式（方法）。

简单地说，属性用于描述对象的一组特征，方法为对象实施一些动作，对象的动作则常要触发事件，而触发事件又可以修改属性。一个对象建立后，其操作就通过与该对象有关的属性、事件和方法来描述。

1. 对象的属性

属性是每个对象都有的一组特征或性质，不同的对象有不同的属性。如小孩玩的气球所具有的属性包括可以看到的一些性质，如它的直径、颜色以及描述气球状态的属性（充气的或未充气的）。还有一些不可见的性质，如它的寿命等。通过定义，所有气球都具有这些属性，当然这些属性也会因气球的不同而不同。

在可视化编程中，每一种对象都有一组特定的属性。有许多属性可能为大多数所共有，如 BackColor 属性定义对象的背景色；还有一些属性只局限于个别对象，如只有命令按钮才有 Cancel 属性，该属性用来确定命令按钮是否为窗体默认的取消按钮。

每个对象属性都有一个默认值，如果不明确地改变该值，程序就将使用它。通过修改对象的属性能够控制对象的外观和操作。对象属性的设置一般有两种方法。

（1）在设计阶段，选定某对象，然后在属性窗口中找到相应的属性直接设置。这种方法的特点是简单明了，每当选择一个属性时，在属性窗口的下部就显示该属性的一个简短提示，缺点是不能设置所有所需的属性。

（2）在程序代码中通过赋值设置，格式为

对象名．属性名＝属性值

如下述代码可以设置标签控件 Label1 的标题为"轻轻松松学用 Visual Basic 6.0"。

Label1. caption＝"轻轻松松学用 Visual Basic 6.0"

2. 对象的事件

事件（Event）就是对象上所发生的事情。比如一个吹大的气球，用针扎它一下，结果是圆圆的气球变成了一个瘪壳。把气球看成一个对象，那么气球对刺破它的事件响应是放气，对气球松开手事件的响应是升空。

在 Visual Basic 中，事件是预先定义好的、能够被对象识别的动作，如单击（Click）事件、双击（DblClick）事件、装载（Load）事件、鼠标移动（MouseMove）事件等，不同的对象能够识别不同的事件。当事件发生时，Visual Basic 将检测两条信息，即发生的是哪种事件和哪个对象接受了事件。

每组对象能识别一组预先定义好的事件，但并非每一种事件都会产生结果，因为 Visual Basic 只是识别事件的发生。为了使对象能够对某一事件做出响应（Response），就必须编写事件过程。

事件过程是一段独立的程序代码，它在对象检测到某个特定事件时执行（响应该事件）。一个对象可以响应一个或多个事件过程对用户或系统的事件作出响应。程序员只需编写必须响应的事件过程，而其他无用的事件过程则不必编写，如命令按钮的"单击"（Click）事件比较常见，其事件过程需要编写，而其 MouseDown 或 MouseUp 事件则可有可无，程序员可根据需要选择。

3. 对象的方法

方法是面向对象程序设计语言为编程者提供完成特定操作的过程和函数。在 Visual Basic 中已将一些通用的过程和函数编写好并封装起来，作为方法供用户直接调用，这给用户的编程带来了极大的方便。一般来说，方法就是要执行的动作，因为方法是面向对象的，所以在调用时一定要指明对象。对象方法的调用格式为【对象名】. 方法名【参数名表】，其中，若省略了对象，表示是当前对象，一般指窗体。

例如，在窗体 Form1 上打印输出 "VB 程序设计" 可使用窗体的 Print 方法：

　　　　Form1. Print "VB 程序设计"

若当前窗体是 Form1，则可写为：Print "VB 程序设计"

在 Visual Basic 6.0 中，窗体和控件是具有自己的属性、方法和事件的对象。可以把属性看作一个对象的实质，把方法看作对象的动作，而把事件看作对象的响应。

1.3.3　控件对象

控件是 Visual Basic 6.0 中预先定义好的、程序中能够直接使用的对象，每个控件都有大量的属性、事件和方法，可在设计时或在代码中修改和使用。

Visual Basic 6.0 中的控件通常分为三种类型。

（1）内部控件（标准控件）：在默认状态下，工具箱中显示的控件都是内部控件，这些控件被 "封装" 在 Visual Basic 6.0 的 EXE 文件中，不可从工具箱中删除。如命令按钮、单选按钮、复选框等控件。

（2）ActiveX 控件：这类控件不在工具箱中，而是单独保存在 .ocx 类型的文件中，其中包括各种版本的 Visual Basic 提供的控件，如数据绑定网格、数据绑定组合框等和仅在专业版和企业版中提供的控件，如标准公共对话框控件、动画控件和 MCI 控件等，另外也有许多软件厂商提供的 ActiveX 控件。用户可以将不在工具箱中的其他 ActiveX 控件放到工具箱中。在工具箱的空白处右击，在弹出的快捷菜单中选择 "部件" 命令，或者选择 "工程" → "部件" 命令，弹出 "部件" 对话框，选择 "控件" 选项卡，就会显示系统安装的所有 ActiveX 控件清单。要将某控件加入到当前选项卡中，单击要选定控件前面的方框，如图 1-16所示，然后单击 "确定" 按钮，选定的 ActiveX 控件就会添加到工具箱中，如图1-17所示。要删除工具箱中的 ActiveX 控件，按照上述操作取消选择相应控件选项即可。

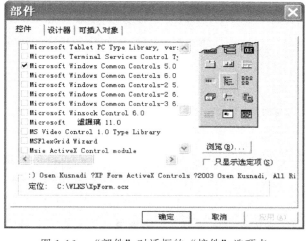

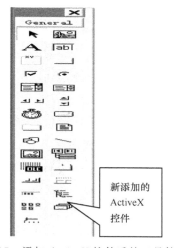

图 1-16　"部件" 对话框的 "控件" 选项卡　　　　图 1-17　添加 ActiveX 控件后的工具箱窗口

（3）可插入对象：用户可将 Excel 工作表或 PowerPoint 幻灯片等作为一个对象添加到

工具箱中，编程时可根据需要随时创建。在工具箱的空白处右击，在弹出的快捷菜单中选择"部件"命令，或者选择"工程"→"部件"命令，弹出"部件"对话框，选择"可插入对象"选项卡，就会显示系统安装的所有的可插入对象清单。要将某对象加入到当前选项卡中，单击要选定对象前面的方框，如图 1-18 所示。然后单击"确定"按钮，选定的 ActiveX 控件就会添加到工具箱中，如图 1-19 所示。

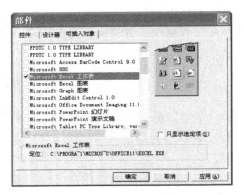

图 1-18　"部件"对话框的"可插入对象"选项卡

图 1-19　添加 ActiveX 控件后的工具箱窗口

1.4　Visual Basic 程序设计简单实例

在 Visual Basic 中创建应用程序有六个基本步骤。

1. 创建用户界面

创建用户界面即设计窗体以及在窗体中放置控件和对象。设计时，可以参照其他应用程序的界面风格。

2. 设置对象的属性

对窗体和控件等对象进行属性的设置，可以在设计时进行，也可以通过代码在应用程序运行时修改它们的属性。

3. 编写事件代码

设置完毕窗体和控件的属性后，就可以编写它们响应事件的代码。在窗体和控件上发生不同动作时，会执行这些代码。

4. 保存工程

对已经完成的工作进行保存，给它取一个有代表性的名字，窗体和代码也同时被保存。

5. 运行与调试应用

运行应用，看它是否满足用户的要求，代码编写是否正确。Visual Basic 6.0 提供了调试的工具供用户检查、修改错误。

6. 生成可执行文件

调试成功后，应该建立它的可执行文件，像其他高级语言一样，编译所有文件，生成一个可以脱离 Visual Basic 环境的、可单独运行的文件。

下面以建立一个简单 Visual Basic 程序"登陆对话框"为例，来说明 Visual Basic 编程的步骤，界面如图 1-20 所示。

1.4.1　创建用户界面

创建用户界面的步骤如下：

（1）新建一个"标准 EXE"工程，在集成开发环境中会出现一个默认窗体，名为 Form1，它属于"工程 1"。

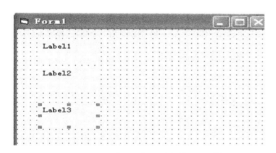

图 1-20　"登陆对话框"界面

（2）向窗体中添加标签控件。单击工具箱中的标签控件，然后将鼠标移动到窗体 Form1 的上面，此时鼠标为十字状。

（3）按住鼠标左键，向右下拖动，画一个矩形，大小适当时松开按住的左键。这样就在窗体中画出一个标签控件，其名为 Label1。

（4）重复步骤（2）和（3），再向窗体中添加两个标签控件，名字分别是 Label2、Label3，窗体如图 1-21 所示。

（5）向窗体中添加文本框。单击工具箱中的文本框控件，然后将鼠标移动到窗体中 Label2 右边，与其上部持平，画一文本框，名为 Text1。

（6）与（5）同样方法，在 Label3 右边画一文本框 Text2，窗体如图 1-22 所示。

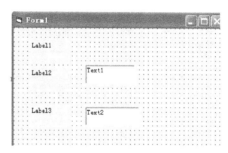

图 1-21　添加了标签控件的窗体　　　　　　　图 1-22　添加了文本框控件的窗体

（7）添加命令按钮。单击工具箱中的命令按钮控件，然后将鼠标移到窗体中 Text1 右边，与其上部持平，画一命令按钮，名为 Command1。

（8）与步骤（7）同样方法，在 Text2 右边画命令按钮 Command2，窗体如图 1-23 所示。

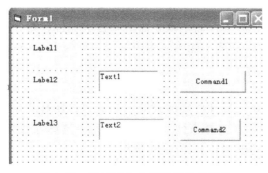

图 1-23　添加了命令按钮控件的窗体

至此，所有控件添加完毕。如果觉得控件的位置及大小安排不当，可以进行调整。

1.4.2　设置对象的属性

设置对象的属性的步骤：

（1）在窗体空白处单击，选中 Form1，查看属性窗口，属性窗口显示它的所有属性，将 Caption（标题）属性值改为"登陆"（图 1-24），将 StartUpPosition（开始位置）属性值改为"2-屏幕中心"。

（2）单击 Label1 标签，将其 Caption 属性值改为"输入用户名和密码"，将其 Font 属性值改为"宋体 12 号"。

（3）方法同上，将 Label2 和 Label3 的 Caption 属性值分别改为"用户"和"密码"，它们的 Font 属性值都改为"宋体 12 号"。

（4）单击文本框 Text1，将其 Text 属性值改为空。单击文本框 Text2，将其 Text 属性值改为空，PasswordChar 属性值改为" * "。

（5）单击命令按钮 Command1，将其 Caption 属性值改为"确定"，Font 属性值改为"宋体 12 号"。单击命令按钮 Command2，将其 Caption 属性值改为"取消"，Font 属性值改为"宋体 12 号"。

（6）一般登陆窗口的标题栏都没有最大化和最小化按钮，为此，可将窗体的 BorderStyle 属性值设置为"1-Fixed Single"。

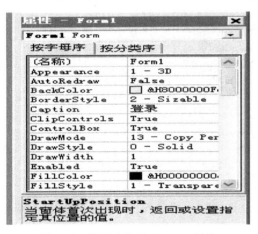

图 1-24　设置窗体的 Caption 属性

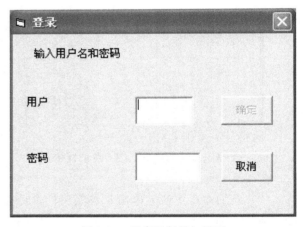

图 1-25　程序运行最初界面

当所有控件的属性设置好后，Visual Basic 应用程序的界面也设置好了，可通过按 F5 键、选择"运行"菜单的"启动"命令或单击工具栏的运行按钮，查看运行界面，本例的运行界面如图 1-25 所示，此时程序不能响应用户的操作，还需要编写相关事件的代码。

1.4.3　编写事件代码

（1）双击窗体空白区域，打开代码编辑器，单击"选择对象"下拉列表框的下拉键，从中选择"Form"对象，再从"选择事件"下拉列表框中选择窗体的"Load"事件，则在代码窗口中会出现事件过程的框架，如图 1-26 所示。

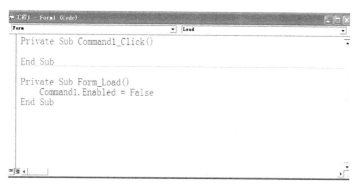

图 1-26　事件代码窗口

在窗体的单击事件过程中输入如下代码：

```
Private Sub Form_Load()        '窗体的 Load 事件,运行程序时由系统自启动
    Command1.Enabled= False    '设置命令按钮 Command1 初始状态不能用
End Sub
```

（2）单击"选择对象"下拉列表框的下拉键，从中选择"Text1"对象，再从"选择事件"下拉列表框中选择窗体的"Change"事件，输入如下代码：

```
Private Sub Text1_Change()    'Text1 中输入的数据发生改变,触发该事件
    If Text1.Text< > ""then
        Command1.Enabled= True
    Else
        Command1.Enabled= False
    End If
End Sub
```

（3）单击"选择对象"下拉列表框的下拉键，从中选择"Command1"对象，再从"选择事件"下拉列表框中选择窗体的"Click"事件，输入如下代码：

```
Private Sub Command1_Click()   '命令按钮 Command1 的单击事件
    If Text1.Text= "user"and Text2.Text= "123"Then  '用户名是"user",密码是"123"
        MsgBox   "合法用户!"     '输入正确时,显示"合法用户!"
    Else
        MsgBox   "非法用户!"      '否则,显示"非法用户!"
    End If
End Sub
```

在程序中规定用户名是"user"，密码是"123"。输入正确时，显示"合法用户!"否则，显示"非法用户!"。

单击"选择对象"下拉列表框的下拉键，从中选择"Command2"对象，再从"选择事件"下拉列表框中选择窗体的"Click"事件，输入如下代码：

```
Private Sub Command2_Click()       '命令按钮 Command2 的单击事件
    MsgBox   "取消登陆!"
End Sub
```

1.4.4　保存工程

窗体、控件以及代码编写完成后，应该及时保存工作成果。

（1）选择"文件"→"保存工程"命令，弹出"文件另存为"对话框，如图 1-27 所示。

（2）文件名默认为 Form1，单击"保存"按钮，弹出"工程另存为"对话框，如图1-28所示。

图 1-27　"文件另存为"对话框

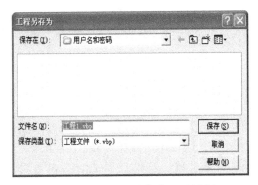

图 1-28　"工程另存为"对话框

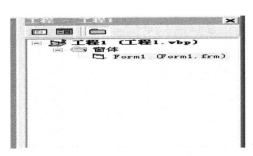

图 1-29　保存后的工程浏览窗口

（3）默认工程名为"工程 1"，单击"保存"按钮，就完成了保存工作。

（4）激活工程浏览器窗口，刚才所保存的窗体及工程名就出现在其中，如图 1-29 所示。

1.4.5　运行与调试程序

在设计模式下单击"常用工具栏"的 ▶ 按钮，或按键盘上的 F5 键，或选择"运行"菜单的"启动"项，可以立即执行程序进入运行模式；在运行模式中单击 ■ 按钮，或窗口标题栏的 ✕ 按钮，可以返回设计模式；在运行模式中单击 ▮▮ 按钮，或按 Ctrl＋Break 键，可以进入中断模式。

若在输入代码时出现语法错误，系统通常会用红颜色突出显示出错的语句，马上就可以对错误进行纠正，还有一些错误要通过运行程序来发现，通常是一边运行一边修改，所以调试与运行程序是交替进行的。如果程序代码没有错，就得到如图 1-25 所示的界面，若程序代码有错，如将"Command11"错写成"Comand11"，则出现如图 1-30 所示的信息提示框。

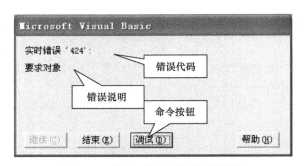

图 1-30　程序运行出错时的提示框

在此提示框中有以下 3 种选择：

单击"结束"按钮，则结束程序运行，回到设计工作模式，从代码窗口中去修改错误的代码。

单击"调试"按钮，进入中断工作模式，此时出现代码窗口，光标停在有错误的行上，并用黄色显示错误行，如图 1-31 所示。修改其错误后，可按 F5 键或单击工具栏的 ▶ 按钮继续运行。

单击"帮助"按钮可获得系统的详细帮助。

运行调试程序，直到满意为止，再次保存修改后的程序。

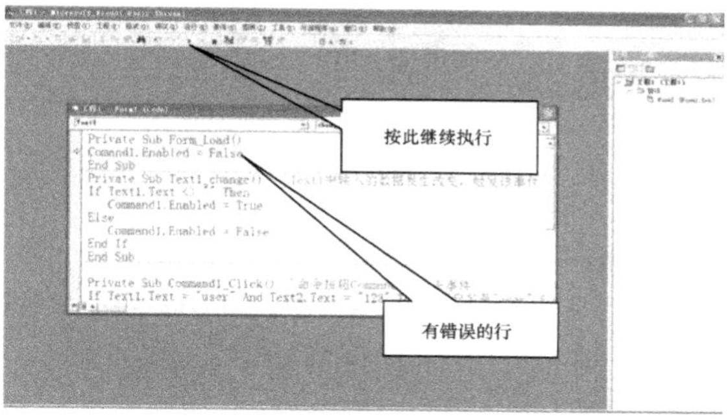

图 1-31　中断工作模式

1.4.6　生成可执行程序

VB 提供了两种运行程序的方式：解释执行方式和编译执行方式。一般调试程序就是解释执行方式，因为解释执行方式是边解释边执行，在运行中如果遇到错误，则自动返回代码窗口并提示错误语句，使用比较方便。当程序调试运行正确后，今后要多次运行或要提供给其他用户使用你的程序，就要将程序编译成可执行程序。

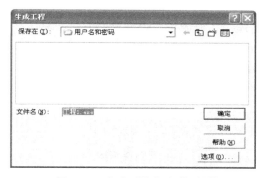

图 1-32　生成可执行文件对话框

在 Visual Basic 6.0 集成开发环境下生成可执行文件的方法如下：

（1）执行"文件"菜单中的"生成 XXX.exe"命令（此处 XXX 为当前要生成可执行文件的工程文件名），系统弹出"生成工程"对话框。如图 1-32 所示。

（2）在"生成工程"对话框中选择生成可执行文件的文件夹并指定文件名。

（3）单击"生成工程"对话框中"确定"按钮，编译和连接生成可执行文件。

注意：按照上述步骤生成的可执行文件只能在安装了 Visual Basic 6.0 的机器上使用。

小　　结

本章主要介绍了 Visual Basic 6.0 语言的发展、特点以及帮助系统的使用方法。重点介绍了 Visual Basic 6.0 的集成开发环境，并通过一个简单的 Visual Basic 应用程序的建立与调试，介绍了 Visual Basic 应用程序的开发过程。通过本章学习，希望能熟悉 Visual Basic 6.0 的集成开发环境，掌握面向对象程序设计的基本概念，熟练掌握菜单栏、工具栏、工程资源管理器、属性窗口等的使用方法。

第2章 Visual Basic 窗体和常用控件

本章内容概要

窗体和常用控件的设计是 Visual Basic 程序设计中界面设计的主要内容。本章主要介绍 Visual Basic 窗体和常用控件的基本功能、常用属性、事件和方法。

在 Visual Basic 程序设计中，窗体和控件扮演了重要的角色，具有举足轻重的地位。一方面，控件作为设计界面的工具，使可视化编程变得非常容易；另一方面，控件也是事件驱动编程的基础，VB 可以使每一种控件与众多的事件相联系。通过对控件和窗体属性的设置，可以影响用户界面的外观和性能。因此，在学习程序设计前，应先了解窗体及常用控件的基本概念和用法。

2.1 Visual Basic 窗体

窗体（Form）是 Visual Basic 中的对象，是设计 Visual Basic 应用程序的基本平台，是其他对象的载体或容器。

窗体是 Visual Basic 应用程序运行界面的重要组成部分，任何一个应用程序都至少有一个窗体。窗体如同一个面板，可将许多控件安装在窗体内，形成一个用户界面。每个窗体必须有一个唯一的窗体名字，建立新窗体时，缺省名为 Form1，Form2，…如图 2-1 所示。

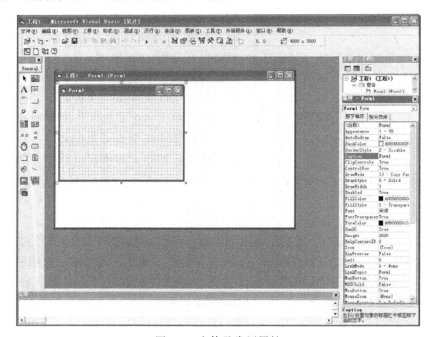

图 2-1 窗体及常用属性

2.1.1　窗体的属性

1. Name 属性

用户识别窗体、控件等对象的名称。在窗体上添加一个对象时，其 Name 属性的缺省值是在该对象的类型加上一个唯一的整型数值。Name 在程序运行时是只读属性，名称不能改变，若要改变 Name 属性的值只能在属性窗口里修改，习惯上，一个对象的 Name 属性以类型名的缩写（3 个小写字母）与对象的作用命名，如 cmdOK（命令按钮）、frmMain（主窗体）。

2. BackColor 属性和 ForeColor 属性

BackColor 属性返回或设置窗体的背景颜色。

ForeColor 属性返回或设置在对象中文本和图形的前景色。

3. Caption 属性

用来指定窗体标题栏中显示的文本内容；当窗体为最小化时，该文本显示在窗体图标的下面。该属性可以在属性窗口中设置，也可以在程序代码中设置，方法为

对象名 . Caption＝字符串

如可以这样设置窗体的标题：

Form1. Caption＝ "Visual Basic 实例"

4. BorderStyle 属性

该属性用来确定窗体边框的样式，系统设置了预定义值，用户可以根据需要进行选择。

0——窗体无边框，窗体则无标题栏。

1——窗口大小固定的单线边框。

2——（系统默认值）活动边框，可利用边框改变窗口大小。

3——对话框，固定边框。

4——窗口大小固定的固定工具箱窗体。

5——窗口大小可变的工具箱窗体。

5. Font 属性

该属性决定窗体上显示文本的外观。包括字体（FontName）、字号（FontSize）、字形（FontBold、FontItalic、FontStrikethur、FontUnderline）等。

6. Height，Width（高，宽）属性

用来指定窗体的高度和宽度。在窗体上设计控件时，VB 提供了默认的坐标系统。窗体左上角为坐标原点，上边框为坐标横轴，左边框为坐标纵轴，坐标单位为缇（twip），1twip＝1/20 点＝1/1440 英寸＝1/567 厘米。

7. Left，Top（左边，顶边位置）属性

是指窗体离屏幕左边界及屏幕顶边的相对距离。这两个属性决定了控件在窗体中的位置。

8. MaxButton，MinButton（最大、最小化按钮）属性

用来设置是否显示窗体右上角的最大、最小化按钮。属性值为 True 或 False。

9. Picture 属性

设置窗体中要显示的图片。在属性窗口中，可以单击 Picture 设置框右边的…（省略号），打开"加载图片"对话框，可以选择一个图形文件装入。

10. ControlBox 属性

指明是否在窗体左上角设置控件菜单框，默认值为 True。

11. WindowState 属性

设置窗体窗口运行时的状态（最大、还原或最小）。

0——正常窗口状态，在窗口边界。

1——最小化状态，以图标方式运行。

2——最大化状态，无边框，充满整个屏幕。

2.1.2　窗体的事件

（1）Click 事件：单击事件，在窗体内无控件处单击鼠标左键时发生。

（2）DblClick 事件：双击事件，在窗体内无控件处双击鼠标左键时发生。

（3）Load 事件：把窗体装入内存，发生在 Initialize 事件之后，Activate 事件之前。

（4）Initialize 事件：初始化时，建立窗体时首先被触发的事件，先于 Load 事件。

（5）Activate 事件：当窗体成为活动窗口时触发该事件，发生在 Load 事件后。

（6）KeyPress 事件：按下一个对应某 ASCII 码字符的键时，触发该事件。

（7）KeyDown 事件：按下键盘的任意键，触发该事件。

（8）KeyUp 事件：松开键盘的任意键，触发该事件。

（9）MouseMove 事件：移动鼠标指针时，触发该事件。

（10）MouseDown 事件：按下鼠标的任意键，触发该事件。

（11）MouseUp 事件：放开鼠标的任意键，触发该事件。

2.1.3　窗体的方法

（1）Cls：清屏，清除运行期间添加在窗体上的图形和文本。

格式：［对象名.］Cls

说明：方括号表示可选项，省略对象名则表示的是当前对象的方法。

（2）Print：显示信息，显示文本或数据。

格式：［对象名.］Print　［输出项］

说明：①［输出项］：由一个或多个用";"和","隔开的表达式组成。Print 后面没有跟［输出项］则表示将输出光标移到下一行。用逗号分隔时，各输出项占 14 个字符的位置；用分号分隔时，各输出项之间无空格，紧凑格式。

②a. 对于数值型表达式，输出的数值尾部自动加一个空格，头部加一个符号位（正数为空格）；

b. Print 方法输出项的最后一项，如果没有任何符号，则该 Print 方法的下一个 Print 方法的第一项将换到下一行显示；如果输出项的最后一项后跟分号，则该 print 方法的下一个 Print 方法将按紧凑格式输出；如果输出项的最后一项后跟逗号，则该 Print 方法的下一个 Print 方法将按分区格式输出。

例：Print 10；-20，30

　　print "AAA"；

　　Print "BBB"，

　　Print "CCCC"，"DDDD"

c. Tab（n）：将输出项定位在相对于输出对象的第 n 个位置输出，从而实现定位输出。

例：print Tab（10）；"程序设计"　　　　　'从第 10 个位置开始显示 "程序设计"

d. Spc（n）：在输出项之前输入 n 个空格，从而实现定位输出。

例：print Spc（5）；"VB"　　　　　　　'空 5 个空格，从第 6 个位置开始显示 "VB"

（3）Move：移动，把窗体移动到某个位置。

　　格式：　　〔对象名 .〕Move　Left〔，Top，Width，Height〕

（4）Hide：隐藏窗体，但不卸载它。

　　格式：〔对象名 .〕Hide

（5）Show：显示窗体，该方法激活窗体的 Activate 事件。

　　格式：〔对象名 .〕Show

　　例 2.1　实现单击窗体显示 "云南财经大学信息学院欢迎您!"，并把背景颜色改为红色。效果如图 2-2 所示。

图 2-2　运行界面

窗体属性设置如表 2-1：

表 2-1　窗体属性

对象	属性	属性值
Form1	Font（字体）	华文新魏
	Font（字号）	26
	Caption	设置简单界面

编写代码如下：

```
Private Sub Form_Click()
    Form1.BackColor = vbRed
    Form1.Print  "云南财经大学信息学院欢迎您!"
End Sub
```

2.2　常用控件公共属性

有一些属性是大部分控件都有的，而有的属性只有某个控件特有。我们将许多控件都有的属性称之为公共属性。

1. Name 属性

功能：在程序代码中用于标识对象的名称。控件的 Name 属性（名称）必须以字母开头，其后可以是字母、数字和下划线，名称长度不能超过 40 个字符。

所有对象都有该属性，在运行状态不能改变，是只读的。

2. Caption 属性

功能：在对象的表面或标题栏上显示的文本，在外观上往往起提示和标志的作用。

3. 位置和尺寸的属性

这类包括：Left、Top、Width 和 Height。

功能：Left 返回或设置控件左边与它的容器的左边之间的距离，即控件相对于容器的 X 坐标；Top 返回或设置控件顶部和它的容器的顶边之间的距离，即控件相对于容器的 Y 坐标；Width 返回或设置控件的宽度；Height 返回或设置控件的高度。

4. 颜色属性

功能：BackColor 返回或设置控件的背景颜色；ForeColor 返回或设置在控件里显示图片和文本的前景颜色。

在程序代码中可通常使用以下三种方法定义颜色值。

（1）使用 RGB（）函数。可以用 RGB 函数来指定任何颜色。RGB 函数的三个参数分别对应红、绿、蓝三种基色，取值为 0～255 之间的整数，0 表示亮度最低，255 表示亮度最高。每一种可视的颜色，都可以由这三种主要基色组合产生。如

Form1.BackColor＝RGB（0，255，0）　　'此为绿色

（2）使用 QBColor（）函数。QBColor（）函数的自变量取值范围为 0～15 之间的整数，每个取值分别对应一种颜色。如

Label1.ForeColor＝QBColor（4）　　'此为红色

（3）使用颜色常量。VB 内部定义的颜色常量可以直接使用，共有 8 种主要颜色：vbBlack（黑色）、vbRed（红色）、vbGreen（绿色）、vbYellow（黄色）、vbBlue（蓝色）、vbMagenta（紫红色）、vbCyan（青色）和 vbWhite（白色）。如

Text1.BackColor＝vbCyan　　'此为青色

5. Font 属性

功能：返回或设置控件的文字字体、字型和字号等。

6. 有效（Enabled）和可见（Visible）属性

功能：Enabled 返回或设置一个控件是否可以使用，取值为逻辑值（True 或 False），值为 True 时控件有效，值为 False 时控件无效；Visible 返回或设置一个控件是否可见，取值也为逻辑值（True 或 False），值为 True 时控件可见，值为 False 时控件不可见。

注：这两个属性只有在程序运行期间才起作用。

2.3　标签控件

1. 基本功能

标签（Label）控件主要用来在运行时显示一些提示性的文本信息，但是在运行时这些文本为只读文本，不能进行编辑。如图 2-3 所示。

使用标签的情况很多，通常用标签来标注本身不具有 Caption 属性的控件。比如可用标签为文本框、列表框和组合框等控件来添加描述性的信息。还可编写代码改变标签控件的显示文本以响应运行时的事件。

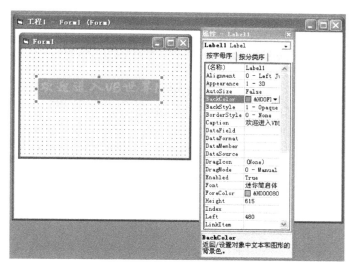

图 2-3　标签及常用属性

2. 常用属性

除了前面所讲的公共属性外，标签控件还有自己独有的一些属性。

1）Alignment 属性

功能：设置或返回一个值，决定控件列中的值的对齐方式，取值为 0、1、2，其中 0 为文本左对齐，1 为右对齐，2 为居中。

2）AutoSize 属性

功能：随标签内容和字号自动改变标签的高和宽。属性值为逻辑值（True 或 False），属性值若为 True，则可根据 Caption 属性指定的标题自动调整标签。

3）WordWrap 属性

功能：自动调整标签的高度，使之适合标题文本的高度。默认值为 False。

4）BackStyle 属性

功能：背景样式，指定标签控件是透明或不透明的。取值为 0 和 1，0 为透明，1 为不透明。

5）Borderstyle 属性

功能：设置标签的边框样式，取值为 0 和 1，0 为缺省值，无边框，1 为单线边框。

3. 常用事件

（1）Click 事件：单击鼠标左键时发生。

（2）DblClick 事件：双击鼠标左键时发生。

4. 常用方法

标签控件常用的方法是 Move 方法，其基本语法为：

Label1. Move　left ［，top，width，height］

例 2.2　在标签框中显示"大学计算机基础"。结果如图 2-4 所示。

属性设置如表 2-2：

表 2-2　标签框属性

对象	属性	属性值
Label1	Font（字体）	华文隶书
	Font（字号）	一号
	Caption	大学计算机基础
	BackColor	黄色
	ForeColor	红色

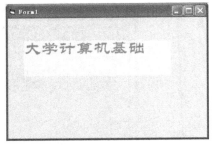

图 2-4　运行界面

2.4　文本框控件

1. 基本功能

文本框（TextBox）控件主要用来在运行时显示文本或接受程序使用人员输入的文本，是用于输入和输出信息的最主要方法。与标签控件不同的是在运行时可以对这些文本进行编辑。

文本框是 VB 中显示和输入文本的主要机制，也是 Windows 用户界面中最常用的控件。文本框提供了所有基本字处理功能，在 Windows 环境中几乎所有的输入动作都是利用文本框来完成的。文本框是个相当灵活的输入工具，可以输入单行文本，也可以输入多行文本，还具有根据控件的大小自动换行以及添加基本格式的功能。默认情况下，文本框只能输入单行文本，并且最多可以输入 2048 个字符。如图 2-5 所示。

图 2-5　文本框及常用属性

2. 常用属性

1）Text 属性

功能：返回或设置显示或输入到文本框中的文本信息。

2）MultiLine 属性

功能：返回或设置文本框中是否可以输入多行文本。设置为 True 时以多行文本方式显示；设置为 False（默认）时以单行方式显示，超出文本框宽度的部分被截除。

3）MaxLength 属性

功能：返回或设置文本框最多可容纳的字符数。默认值为 0，表示该单行文本框中字符串的长度只受操作系统内存的限制；若设置值为大于 0，则该值表示能够输入的最大字符数目。

4）PasswordChar 属性

功能：设置是否在控件中显示用户键入的字符。如果该属性设置为某一字符，那么无论 Text 属性值是什么，在文本框中都只显示该字符。另外，要想使该属性有效，MultiLine 属性必须设置为 False。

5）Locked 属性

功能：设置是否锁定文本框中的内容。该属性值为 True，表示不能改变其中的内容；为 False，表示可以改变其中的内容。

6）ScrollBars 属性

功能：设置文本框是否具有滚动条。只有当 MultiLine 为 True 时，该属性才有效。该属性值为 0，表示无滚动条；为 1，表示只有水平滚动条；为 2，表示有垂直滚动条；为 3，表示有水平和垂直两种滚动条。

7）SelStart 属性

功能：确定在文本框中选中文本的起始位置。第一个字符的位置为 0（默认值）。若没有选择文本，则用于返回或设置文本的插入点位置，如果 SelStart 的值大于文本的长度，则 SelStart 取当前文本的长度。

8）SelLength 属性

功能：设置或返回文本框中选定的文本字符串长度。若未选定任何文本，则长度为 0。

9）SelText 属性

功能：设置或返回当前选定文本中的文本字符串。

3. 常用事件

1）Change 事件

用户在文本框中输入新内容（或改变内容）时所触发的事件。

2）LostFocus 事件

用户选择了其他的对象而离开该文本框对象所触发的事件。

4. 常用方法

SetFocus 方法：将焦点移动到指定的对象。

例 2.3　在文本框中显示单行文本和多行文本。结果如图 2-6 所示。

属性设置如表 2-3 所示：

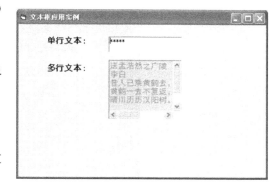

图 2-6　文本框应用实例

表 2-3　属性设置

控件名称	属性名	属性值
Label1	Caption	单行文本：
	Font	幼圆，粗体，小四号
Label2	Caption	多行文本：
	Font	幼圆，粗体，小四号

控件名称	属性名	属性值
Text1	PasswordChar	*
	Text	12345
Text2	MultiLine	True
	ScrollBars	3-Both
	Text	送孟浩然之广陵 李白 昔人已乘黄鹤去，此地空余黄鹤楼。 黄鹤一去不复返，白云千载空悠悠。 晴川历历汉阳树，芳草萋萋鹦鹉洲。 日暮乡关何处是，烟波江上使人愁。
	Font	华文细黑，小四号
	BackColor	&H00FFC0FF&
	ForeColor	&H000000FF&

2.5　命令按钮控件

1. 基本功能

命令按钮（CommandButton）控件是在程序的应用过程中使用最多的控件之一，它主要用来响应用户的操作需求以触发相应的事件过程，完成用户与程序的信息交互。命令按钮控件的功能类似于家用电器的功能按钮，按下它就代表要执行某种功能。在 Windows 程序中一般都设有一些命令按钮，单击命令按钮，系统将执行相应的程序，完成一定的任务。如图 2-7 所示。

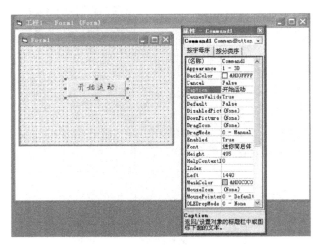

图 2-7　命令按钮及常用属性

2. 常用属性

除了和窗体相似的一些属性外，命令按钮还具有以下一些常用属性。

1）Style 属性

功能：设置控件的外观是标准的文本样式，还是图形样式。如果属性值为 0，则表示标准的文本样式（默认值），只能显示文本；为 1，表示图形样式，文本和图形均可显示。

2）Picture 属性

功能：设置在命令按钮表面显示的图形。当 Style＝1 时，指定放置在命令按钮上的图片。

3）ToolTipText 属性

功能：鼠标指向命令按钮时，允许显示一个提示框，该属性值是提示框的字符串。

4）DownPicture 属性

功能：当按下鼠标左键的时候，命令按钮显示的图形。当 Style＝1 时，该属性才起作用。

5）DisabledPicture 属性

功能：当命令按钮暂不起作用时，命令按钮表面显示的图形。当 Style＝1，并且 Enabled 为 False 时，该属性才起作用。

6）Cancel 属性

功能：设置默认的取消按钮。当属性值设为 True 时，该命令按钮被设置为取消按钮。在一个窗体上不管目前哪个按钮具有焦点，只要用户按下"ESC"键，就相当于点击了该按钮。

7）Default 属性

功能：设置默认的确定按钮。当属性值设为 True 时，该命令按钮被设置为默认的确定按钮。在一个窗体上可选择一个命令按钮作为默认的确定按钮，即不管窗体上当前哪个按钮具有焦点，只要用户按下"Enter"回车键，就相当于点击了该按钮。

3. 常用事件

命令按钮最主要最常用的事件是 Click 事件（单击鼠标左键触发的事件）。

可以触发命令按钮的 Click 事件的情况如下。

鼠标单击命令按钮：

（1）按 Tab 键或调用 SetFocus 方法，将焦点移到命令按钮上，然后按 Enter 键；

（2）按 Alt＋带有下划线的字母键；

（3）当命令按钮的 Default 属性为 True 时，按 Enter 键；

（4）命令按钮的 Cancel 属性为 True 时，按 Esc 键。

例 2.4　单击命令按钮实现标签文字的显示和隐藏，并改变文字的颜色。结果如图 2-8 所示。

属性设置如表 2-4 所示。

表 2-4　属性设置

控件名称	属性名	属性值
Label1	Caption	Visual Basic 计算机程序设计
	Font	华文行楷，18
Command1	Caption	改变文字颜色（&C）
Command2	Caption	隐藏文字（&H）
Command3	Caption	显示文字（&S）

说明：要使命令按钮显示为"显示文字（S）"，命令按钮的 Caption 属性应该设置为"显示文字（&S）"。用"&＋字母"为命令按钮设置快捷键，当用户按下 Alt＋字母时，相当于选择该按钮。

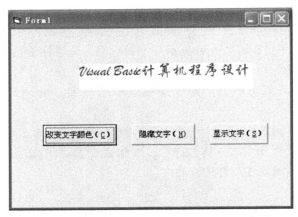

图 2-8　用命令按钮实现标签文字的显示和隐藏

程序代码如下：

```
Private Sub Command1_Click()
    aa = Int(15 * Rnd)                    '产生随机颜色码
    Label1.ForeColor = QBColor(aa)
End Sub

Private Sub Command2_Click()
    Label1.Visible = False
End Sub

Private Sub Command3_Click()
    Label1.Visible = True
End Sub

Private Sub Form_Load()
    Randomize
    Label1.BackColor = QBColor(15)
    Label1.ForeColor = QBColor(0)
    Label1.FontSize = 18
End Sub
```

2.6　单选按钮控件和复选框控件

2.6.1　单选按钮控件

1. 基本功能

单选按钮（OptionButton）控件提供一组彼此相互排斥的选项，任何时刻用户只能从中选择一个选项，被选中项目左侧圆圈中会出现一黑点，它的默认名称为 Option1、Option2 …。单选按钮必须成组出现，通常将两个或两个以上的单选按钮控件放在一个 Frame（框架）控件中，形成一个选项组。在选项组中只能选择其中一个单选按钮，当其中的一项被选中，则其他选择项都被置于关闭状态。如图 2-9 所示。

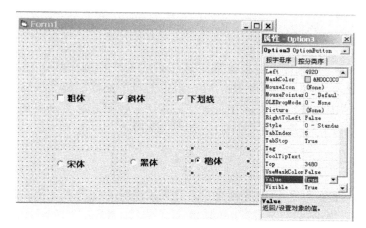

图 2-9　复选框、单选按钮和常用属性

2. 常用属性

1）Value 属性

功能：表示单选按钮的被选状态。若属性值为 True 表示被选中，也称为打开状态；若为 False 表示未被选中，也称为关闭状态，该属性值为默认值。

2）Alignment 属性

功能：表示控件与其标题的对齐方式。属性值为 0 表示单选按钮在左边，标题在右边，该属性值为默认值；属性值为 1 表示单选按钮在右边，标题在左边。

3）Caption 属性

功能：设置单选按钮的文本注释内容，即单选按钮边上的文本标题。

4）Style 属性

功能：指定单选按钮的显示风格，用于改善视觉效果。属性值为 0-Standard 表示为标准方式；属性值为 1-Granpical 表示为图形方式。

5）Picture 属性

功能：用于在单选按钮中显示图片。只能在设计时的属性窗口中给出图片文件名。若在运行时加载图片，就必须使用 LoadPicture（）函数。需要注意的是：不论以哪一种方式在单选按钮对象上加载图片，都必须在该单选按钮的属性窗口中将 Style 属性值设置为 1，即图形方式。

3. 常用事件

（1）Click 事件：当鼠标单击组中某个单选按钮时，该按钮被选中，圆圈中以黑点标识，其 Value 属性值为 True，组中的其他单选按钮不管原来状态如何，都被设置成未选状态，其 Value 属性值为 False。

（2）GotFocus 事件：获得焦点事件。

（3）LostFocus 事件：失去焦点事件。

4. 常用方法

单选按钮常用方法为 SetFocus 方法。使用单选按钮的 SetFocus 方法可使单选按钮获得焦点，此时其 Value 值为 True。

2.6.2　复选框控件

1. 基本功能

复选框（CheckBox）控件可以根据需要选择其中的一项或多项，或者都不选。既或以单个使用，也可以成组使用。当成组使用时，组中的每个复选框都可被独立选择，这一点与单选按钮不同。被选中的复选框在其方框中打上"√"标记。其 Value 属性值为 1，而未被选中时为 0。复选框的默认名称是 Check1。如图 2-9 所示。

2. 常用属性

1）Value 属性

功能：表示复选框的状态。属性值为 0 表示未被选择，此为默认值；属性值为 1 表示已被选中；值为 2 表示禁止选择。

2）Alignment 属性

功能：表示控件与其标题的对齐方式。属性值为 0 表示复选框在左边，标题在右边，此为默认值；值为 1 表示复选框在右边，标题在左边。

3. 常用事件

（1）Click 事件：当鼠标单击复选框时，该复选框的选择状态被转换。若原来状态是选中状态，则变成未选状态；反之，若原来状态是未选状态，则变成选中状态，即其 Value 值在 0、1 间转换。

（2）GotFocus 事件：获得焦点事件。

（3）LostFocus 事件：失去焦点事件。

4. 常用方法

复选框常用方法是 SetFocus 方法，使复选框获得焦点，此时其 Value 值为 1。

2.7　框架控件

1. 基本功能

框架（Frame）控件是容器类控件，它作为容器可以放置其他控件对象，将这些控件对象分成可标识的控件组。因此，通常框架控件是一个左上角有标题文字的方框。其主要作用是对窗体上的控件进行视觉上的分组，使窗体上的内容更加有条理，便于总体的激活或相互屏蔽。另外，由于单选按钮的一个特点是同一次操作最多只能选择其中的一个，但是当需要激活在同一个窗体中建立的几组相互独立的单选按钮时，就需要使用框架将每一组单选按钮组织起来，一个框架内的单选按钮为一组，不同的组之间的单选按钮的操作相互不会产生影响。

在窗体上创建框架及其内部控件时，必须先创建框架，然后在其中建立其他各控件，这样才能使框架和其中的控件捆绑在一起。如果需要用框架对现有的控件分组，则可选定所有控件，将它们剪切到剪切板上，然后选择框架并执行"粘贴"命令，将剪贴板上的内容粘贴到框架中。如图 2-10 所示。

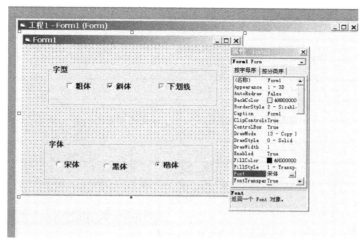

图 2-10 框架控件及常用属性

2. 常用属性

1) Caption 属性

功能：该属性可设置框架左上角的标题文字。可以使用 "&" 建立快捷键。如果此属性值设置为空，则框架为封闭矩形形状。

2) BorderStyle 属性

功能：该属性可设置框架的边框。当属性值为 0 时表示框架不显示边框和标题文字；值为 1 时表示正常显示，框架显示边框和标题文字，此为默认值。

3. 常用事件

框架可响应的事件包括 Click 事件和 DblClick 事件，用法与其他控件一样。但是框架主要是用于对控件分组，一般情况下不对其编写事件代码。

4. 常用方法

框架的常用方法是 Refresh 方法，用于强制重绘框架。

例 2.5 利用单选按钮、复选框和框架设置字体属性。结果如图 2-11 所示。

属性设置如表 2-5：

表 2-5 属性设置

控件名称	属性名	属性值
Label1	Caption	Visual Basic 计算机程序设计
	Font	华文行楷，18
Frame1	Caption	字体
Option1	Caption	宋体
Option2	Caption	黑体
Option3	Caption	隶书
Option4	Caption	楷体
Frame2	Caption	字号
Option5	Caption	14

控件名称	属性名	属性值
Option6	Caption	16
Option7	Caption	18
Option8	Caption	20
Check1	Caption	删除线
Check2	Caption	下划线
Check3	Caption	粗体
Check4	Caption	斜体

程序代码如下：

```
Private Sub Check1_Click()
    If Check1.Value = 1 Then
        Label1.FontStrikethru = True
    Else
        Label1.FontStrikethru = False
    End If
End Sub

Private Sub Check2_Click()
    If Check2.Value = 1 Then
        Label1.FontUnderline = True
    Else
        Label1.FontUnderline = False
    End If
End Sub

Private Sub Check3_Click()
    If Check3.Value = 1 Then
        Label1.FontBold = True
    Else
        Label1.FontBold = False
    End If
End Sub

Private Sub Check4_Click()
    If Check4.Value = 1 Then
        Label1.FontItalic = True
    Else
        Label1.FontItalic = False
    End If
End Sub
```

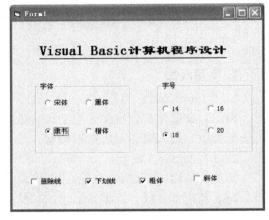

图 2-11　运行界面

```
Private Sub Option1_Click()
    Label1.FontName = "宋体"
End Sub

Private Sub Option2_Click()
    Label1.FontName = "黑体"
End Sub

Private Sub Option3_Click()
    Label1.FontName = "隶书"
End Sub

Private Sub Option4_Click()
    Label1.FontName = "楷体"
End Sub

Private Sub Option5_Click()
    Label1.FontSize = 14
End Sub

Private Sub Option6_Click()
    Label1.FontSize = 16
End Sub

Private Sub Option7_Click()
    Label1.FontSize = 18
End Sub

Private Sub Option8_Click()
    Label1.FontSize = 20
End Sub
```

2.8　图片框控件和图像框控件

2.8.1　图片框控件

1. 基本功能

图片框（PictureBox）控件的主要作用是显示图片，也可作为其他控件的容器，实际显示的图片由 Picture 属性决定。如图 2-12 所示。

2. 常用属性

1）Picture 属性

功能：用于设置图片框加载的图片文件。在设计阶段利用属性窗口指定，运行阶段使用 LoadPicture（）函数加载。

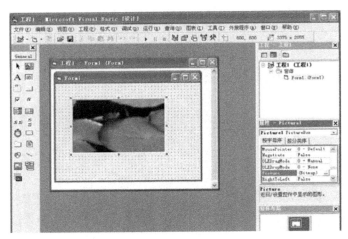

图 2-12　图片框控件及常用属性

2）BorderStyle 属性

功能：用于设置图片框的边框样式。属性值为 0 时，图片框无边框；取值为 1 时，图片框显示为凹进去的矩形框，被加载的图片放在框内。

3）Autosize 属性

功能：决定图片框控件是否自动调整以适应图片的大小（图片不变）。当属性值为 True 时，则调整图片框控件的大小适应图片的大小，取 False（默认值）值时，则载入图片从图片框的左上角开始显示，图片框的大小不能改变。当图片框小于图片时则截掉图片多余部分，相反则会留下框的多余部分而影响艺术效果。

4）ScaleWidth 属性

功能：设置图片框上绘图区宽度和横坐标轴方向。

5）ScaleHeight 属性

功能：设置图片框上绘图区高度和纵坐标轴方向。

6）DrawWidth 属性

功能：返回或设置图形方法输出的线宽。DrawWidth 属性值范围从 1 到 32767，该值以像素为单位表示线宽。默认值为 1，即一个像素宽。增大该属性值会增加线的宽度。

7）DrawMode 属性

功能：返回或设置图形方法的输出外观。其属性值既可在属性窗口设定，也可以在代码中设定，在代码中设定的格式为

　　对象名 . DrawMode＝整数　　　　　'整数用来指定外观

8）DrawStyle 属性

功能：返回或设置一个值，以决定图形方法输出的线型的样式。其属性值既可在属性窗口设定，也可以在代码中设定，其在代码中设定的格式为

　　对象名 . DrawStyle＝整数　　　　　'整数用来指定线型

9）FillColor 属性

功能：返回或设置用于填充形状的颜色，也可用来填充由 Circle 和 Line 图形方法生成的圆和矩形框。其属性值既可在属性窗口设定，也可以在代码中设定，代码格式为

　　对象名 . FillColor＝Value　　　　　'Value 为整数或常数，确定填充颜色

　　10）FillStyle 属性

　　功能：返回或设置用来填充 Shape 控件以及由 Circle 和 Line 图形方法生成的圆和方框的模式。其属性值既可在属性窗口设定，也可以在代码中设定，设定格式为

　　对象名 . FillStyle＝整数　　　　　　　'整数为指定填充的样式

3. 常用事件

　　图片框的常用事件有：Click 事件、Paint 事件和 MouseMove 事件。

　　Paint 事件：在一个对象被移动或放大之后，或在一个覆盖该对象的窗体被移开之后，该对象部分或全部暴露时，此事件发生。当使用绘图方法在图片框或窗体中输出图形时，经常使用该事件。

4. 常用方法

　　1）Pset 方法

　　语法格式为［对象名］. Pset　　［Step］　　（x，y）　　［，颜色］

　　功能：Pset 方法用于绘制点。在由［对象名］指定的容器内，在坐标为（x，y）的位置上绘制一个点。

　　说明：①省略［对象名］则默认为窗体；②关键词 Step 表示采用当前作图位置的相对值，采用背景颜色可清除某个位置上的点，利用 Pset 方法可以绘制任意曲线。

　　例 2.6　利用 Pset 方法绘制阿基米德螺线。结果如图 2-13 所示。

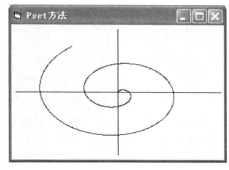

图 2-13　用 Pset 方法绘制的阿基米德螺线

　　程序代码如下：

```
Private Sub Form_Click()
    Dim x As Single, y As Single, i As Single
    Form1. Caption =  "Pset 方法"
    Scale (- 15, 15) - (15, - 15)
    Line (0, 14) - (0, - 14)
    Line (14. 5, 0) - (- 14. 5, 0)
    For i =  0 To 12 Step 0. 01
        x =  i *  Sin(i)
        y =  i *  Cos(i)
        PSet (x, y)
    Next
End Sub
```

　　2）Line 方法

　　语法格式为：［对象名］. Line　　［［Step］　　（x1，y1）］－（x2，y2）　　［，颜色］［，B［F］］

　　功能：Line 方法用于绘制直线或矩形。在由［对象名］指定的容器内，在坐标系中以（x1，y1）为起点，（x2，y2）为终点绘制一条线段或一个矩形。

　　说明：①（x1，y1）为线段的起点坐标或矩形的左上角坐标，（x2，y2）为线段的终点坐标或矩形的右上角坐标；②B 表示画矩形，F 表示用画矩形的颜色来填充矩形。默认值为

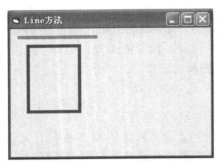

图 2-14　用 Line 方法画直线和矩形

F，则矩形的颜色由 FillColor 和 FillStyle 属性决定；③Step 表示采用当前作图位置的相对值。

例 2.7　利用 Line 方法在窗体上画一条直线和一个矩形。结果如图 2-14 所示。

程序代码如下：

```
Private Sub Form_Click()
    Form1.Caption = "Line 方法"
    Form1.DrawWidth = 5
    Line (200, 200)- (2000, 200), RGB(255, 0, 0)
    Line (400, 400) - (1600, 2000), RGB(0, 0, 255), B
End Sub
```

3）Circle 方法

语法格式为［对象名］.Circle　［［Step］　（x，y），半径［，颜色］［，起始角］［，终止角］［，长短轴比率］］

功能：Circle 方法用于绘制圆、椭圆、圆弧或扇形。在由［对象名］指定的容器内，在坐标系中以（x，y）为圆心绘制圆、椭圆、圆弧或扇形。

说明：①（x，y）为圆心坐标。圆弧和扇形通过"起始角"、"终止角"控制。当"起始角"、"终止角"取值在 0～2π 时为圆弧；当在"起始角"、"终止角"取值前加一个负号时，画出扇形，负号表示绘制圆心到圆弧的径向线。②椭圆通过长短轴的比率控制，比率为 1（默认值），则绘制圆；比率大于 1，则绘制沿水平方向拉长的椭圆；比率小于 1，则绘制沿垂直方向拉长的椭圆；不管绘制哪种圆，比率都应大于 0。③Step 表示采用当前作图位置的相对值。

图 2-15　用 Circle 方法画圆、椭圆、圆弧和扇形

例 2.8　利用 Circle 方法在窗体上画圆、椭圆、圆弧和扇形。结果如图 2-15 所示。

程序代码如下：

```
Private Sub Form_Click()
    Form1.Caption = "Cirle 方法"
    DrawWidth = 5
    Circle (450, 450), 400
    Circle (1200, 450), 400, RGB(255, 0, 0),,, 2
    Circle (1800, 450), 400, RGB(0, 255, 0), - 0.7, - 2.1
    Circle (2800, 450), 400, RGB(0, 0, 255), - 2.1, 0.7
End Sub
```

2.8.2　图像框控件

1. 基本功能

图像框（Image）控件与图片框控件功能类似，主要用于加载图像，但相比于图片框，图像框不能作为其他控件的容器。如图 2-16 所示。

2. 基本属性

1）Picture 属性

功能：用于设置图像控件加载的图片文件。在设计阶段利用属性窗口指定，运行阶段使用 LoadPicture（）函数加载。

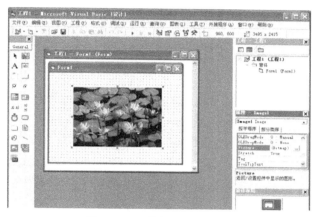

图 2-16　图像框及常用属性

2）BorderStyle 属性

功能：用于设置图像框的边框样式。属性值为 0 时，图像框无边框；取值为 1 时，图像框有边框。

3）Stretch 属性

功能：决定图片是否自动调整以适应图像控件的大小（可能会导致图片变形）。当属性值为 True 时，则会自动调整图片的大小适应图像框控件的大小；为 False 时，则载入图片从图像框的左上角开始显示。

3. 常用事件

图像框的常用事件是 Click 事件和 MouseMove 事件。

4. 常用方法

图像框的常用方法是 Move 方法。

2.9　计时器控件

1. 基本功能

计时器（Timer）控件是一种可按一定时间间隔触发指定事件的控件。主要用来检查系统时钟，以确定是否执行某项操作。不仅可以准确地控制 Timer 事件发生的间隔，也可以用于显示系统时间。计时器在运行时总是不可见的，所以在设计阶段可放置在窗体的任意位置上。如图2-17所示。

2. 常用属性

1）Enabled 属性

功能：决定计时器是否有效。当属性值为 True 时，表示计时器控件为活动状态，此属性为默认值；当属性值为 False 时，计时器控件不会触发其 Timer 事件，表示计时器控件为非活动状态。

2）Interval 属性

功能：决定计时器触发其 Timer 事件的时间间隔，单位为 ms。若属性值为 0，则表示

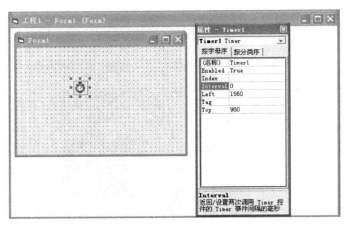

图 2-17　定时器及常用属性

计时器不起作用，此时与 Enabled 为 False 时的效果一样，不会触发 Timer 事件。

3. 常用事件

计时器控件只有一个 Timer 事件，每经过一个由 Interval 属性指定的时间间隔就触发一次 Timer 事件。

2.10　滚动条控件（水平滚动条和垂直滚动条）

1. 基本功能

滚动条在 Windows 的工作环境中经常可见。当一个页面上的内容不能在当前窗口中完全显示时，可以单击滚动条两端的滚动箭头，或者拖动滚动条上的滚动块，移动窗口，浏览页面内容的不同部分。如图 2-18 所示。

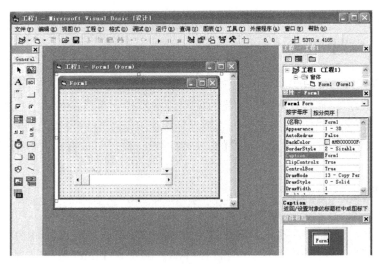

图 2-18　滚动条及常用属性

在应用程序中，有时还可以把滚动条作为一种特殊的数据输入工具，用来对程序的运行进行某些控制。

在 VB 工具箱中提供了水平滚动条（HScrollBar）和垂直滚动条（VScrollBar），二者只是表现形式不同，其实功能是完全一样的，通常附在窗体上协助观察数据或确定位置，也可用作数据输入工具。用户可以根据界面设计的需要选择适当样式的滚动条。

2. 常用属性

1）Value 属性

功能：设置或返回滚动条中滚动块当前位置的整数值。当用户拖动滚动块，或单击滚动条两端的滚动箭头时，Value 属性值随之改变。在程序中改变 Value 属性赋值，可改变滚动块的位置。

2）Max、Min 属性

功能：设置滚动条所能表示的最大范围（−32768～＋32767）。当滚动块位于水平滚动条最右端或垂直滚动条最下端时，Value 属性值即为 Max 属性的值；当滚动块位于水平滚动条最左端或垂直滚动条最上端时，Value 属性值即为 Min 属性的值。

3）LargeChange、SmallChange 属性

功能：设置滚动块滚动时 Value 属性的增量，默认值为 1。LargeChange 用来设置当鼠标单击滚动箭头与滚动块之间区域时 Value 属性的增量。SmallChange 属性用来设置鼠标单击滚动箭头时 Value 属性的增量。

3. 常用事件

1）Change 事件

功能：当滚动条中的滚动块被用户改变，或者通过程序代码对 Value 属性值重新赋不同的值后，会触发此事件。

2）Scroll 事件

功能：当用户在滚动条内拖动滚动块时，会触发此事件。

4. 常用方法

滚动条控件的常用方法有 SetFocus 获取焦点方法。

例 2.9　图像框、计时器、滚动条应用举例。单击闪烁按钮，图片开始闪动，单击停止按钮图片停止闪烁，用滚动条控制闪烁的速度。结果如图 2-19 所示。

图 2-19　图像框、计时器、滚动条综合实例

属性设置如表 2-6：

表 2-6　属性设置

对象名	属性名	属性值
Form1	Caption	图像框、计时器、滚动条应用举例
Image1	Stretch	True
Command1	Caption	闪烁
Command2	Caption	停止闪烁
Label1	Caption	快
Label2	Caption	慢

程序代码如下：

```
Private Sub Form_Load()          '初始化设置
    Image1.Stretch = True
    Image1.Picture = LoadPicture("I:\例5\xie10.jpg")
    HScroll1.Max = 2000
    HScroll1.Min = 1
    HScroll1.LargeChange = 100
    HScroll1.SmallChange = 15
    Timer1.Enabled = False           '设置计时器 Timer1 无效
    Timer1.Interval = 1              '设置时间间隔的初值
    Command2.Enabled = False         '设置"停止闪烁"按钮无效
End Sub
Private Sub Command1_Click()              '"闪烁"按钮
    Timer1.Enabled = True            '使计时器 Timer1 有效,开始记时
    Command1.Enabled = False         '使"开始"按钮无效
    Command2.Enabled = True          '使"停止闪烁"按钮有效
End Sub
Private Sub Command2_Click()              '"停止闪烁"按钮
    Timer1.Enabled = False           '使计时器 Timer1 无效,停止记时
    Command2.Enabled = False         '使"停止闪烁"按钮无效
    Command1.Enabled = True          '使"开始"按钮有效
End Sub
Private Sub Timer1_Timer()
    Image1.Visible = Not Image1.Visible       '实现闪烁
End Sub
Private Sub HScroll1_Change()
    Timer1.Interval = HScroll1.Value          '控制速度
End Sub
```

2.11　列表框控件和组合框控件

列表框和组合框都能提供包含一些选项和信息的可滚动列表以供选择。在列表框中，任何时候都能看到多个选项；而在组合框中平时只能看到一个选项，要单击下拉按钮后才能看

到多个选项。

2.11.1　列表框

1. 基本功能

列表框（List）控件的作用是以列表的形式显示一系列数据，并接收用户在其中选择一个或多个选项的控件。如果有较多的选项而不能一次全部显示时，VB 会自动为其加上滚动条。列表框最主要的特点是只能从其中选择，而不能直接修改其中的内容。如图 2-20 所示。

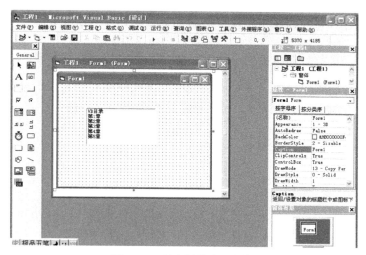

图 2-20　列表框及常用属性

2. 常用属性

1）List 属性

功能：该属性是个字符型数组，用于存放列表框的选项，其元素与列表的选项相对应，数组的下标从 0 开始，即第一个选项的下标为 0。该属性既可通过属性窗口设置，也可在程序中设置或引用。

2）ListCount 属性

功能：该属性指列表框中选项的总数量，ListCount-1 表示最后一项的序号。该属性只能在程序中设置或引用。

3）ListIndex 属性

功能：该属性表示运行时被选定的选项的序号（下标）。若选中列表中的第一个项目，则属性值为 0；若未选中任何项目，则属性值为 -1。该属性只能在程序中设置或引用。

4）Columns 属性

功能：该属性用于设置列表项排列的列数。当取值等于 0 时，按单列显示，如果列表项较多则自动加上垂直滚动条；当取值等于 1 时，则出现水平滚动条，但列表框只单列显示；当取值大于 1 时，列表框中的列表项呈多列分布。

5）Selected 属性

功能：该属性只能通过属性窗口设置，决定列表框中项目在运行时项目的选择状态。

例：List1. Selected（2）= True，表示第 3 项被选中。

6）Sorted 属性

功能：该属性只能通过属性窗口设置，决定列表框中项目在运行时是否按字母顺序排列显示。如果值为 True，则项目按字母顺序排列；如果为 False（默认值），则按加入的先后顺序排列。

7）Text 属性

功能：该属性用于返回当前被选中项目的文本内容，只能在程序中设置或引用。

例：List1. text 和 List1. list（List1. ListIndex）的值相同。

8）MultiSelect 属性

功能：该属性用于设定能否多项选择以及如何进行选择。值如下：

0-None：禁止多项选择。

1-Simple：简单多项选择，单击或按空格键表示选择或取消选择一个选项。

2-Extended：扩展多项选择，按 Ctrl 键同时单击或按空格键，表示选择或取消选择的选项；按 Shift 键同时单击或按鼠标键，表示可以选择多个连续的选项。

9）Style 属性

功能：该属性用于设置控件外观。值如下：

0-标准形式（默认值）。

1-复选框形式。

3. 常用事件

列表框常用 Click 和 DblClick 事件。

4. 常用方法

列表框可以使用 AddItem、Clear 和 RemoveItem 等三种方法，用来在运行期间修改列表框的内容。

1）AddItem 方法

语法格式：＜列表框名＞. AddItem　＜项目字符串＞［下标］

功能：用于在列表框指定位置上添加一个新项目。如果省略下标，则把＜项目字符串＞文本添加到列表框的尾部，下标范围从 0 到 ListCount-1。

例：List1. AddItem "宋体"

　　List1. AddItem "黑体"

　　List2. AddItem "姓名"

　　List2. AddItem "通讯地址"

2）Clear 方法

功能：用于清除列表框中的全部内容。执行该方法后，ListCount 重新被设置为 0。

例：List1. Clear　　　'清除列表框 1 中的所有内容

3）RemoveItem 方法

功能：用于删除列表框中指定位置上的项目。下标必须小于 ListCount-1，否则程序出错。

例：List1. RemoveItem　5　　　'删除第 6 项

例 2.10　列表框的 Selected、SelCount、Sorted、Style、Text 属性举例。结果如图2-21所示。

属性设置如表 2-7：

表 2-7　属性设置

对象名	属性名	属性值
Form1	Caption	列表框实例
List1	Sorted	true
	Style	1
List2	Style	0

程序代码如下：

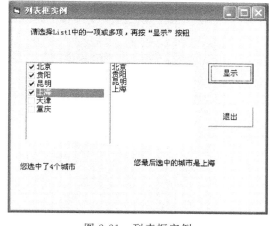

图 2-21　列表框实例

```
Private Sub Command1_Click()
    List2.Clear
    For i = 0 To List1.ListCount - 1
        If List1.Selected(i) Then
            List2.AddItem List1.List(i)
        End If
    Next
    Label2.Caption = "您选中了" & List1.SelCount & "个城市"
    Label3.Caption = "您最后选中的城市是" & List1.Text
End Sub

Private Sub Command2_Click()
    End
End Sub

Private Sub Form_Load()
    List1.AddItem "昆明"
    List1.AddItem "重庆"
    List1.AddItem "贵阳"
    List1.AddItem "北京"
    List1.AddItem "天津"
    List1.AddItem "上海"
End Sub
```

2.11.2　组合框

1. 基本功能

组合框（ComboBox）控件是组合列表框和文本框的特性而成的控件。换言之，组合框是一种独立的控件，但它兼有列表框和文本框的功能。它可以像列表框一样，让用户通过鼠标选择所需要的项目；也可以像文本框一样，用键入的方式选择项目。

组合框的属性、事件和方法同列表框基本相同。但组合框也有它的独特优势，适用范围甚至比列表框更广一些。组合框包含编辑区域，可以输入列表中不存在的选项，而列表框仅限制选择列表之内的数据。此外，组合框还节省了窗体的空间，通常仅显示文本框的窗口，只有单击右边的向下箭头时，才会有下拉列表框显示列表项目，所以无法容纳列表框的窗体可以很容易地容纳组合框。如图 2-22 所示。

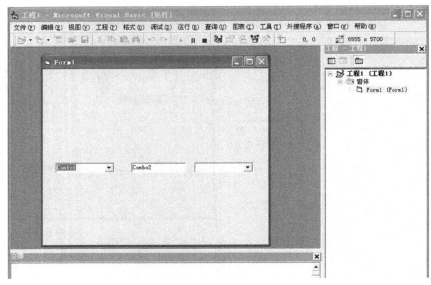

图 2-22　组合框控件

2. 常用属性

列表框的属性基本上都可用于组合框，此外，组合框还有自己的一些特殊属性。

1）Style 属性

功能：组合框有三种样式，可以用 Style 属性来设置组合框的样式。

（1）下拉式组合框。

Style 属性设置为 0，包括一个下拉式列表和一个文本框，在结构上只占一行，可以从列表中选择或在文本框中输入，这是缺省的也是常用的样式。单击组合框右侧的向下箭头打开项目列表，再从项目列表中选择。从项目列表中选择某个项目后，该项目将显示在组合框顶端的文本框中。如果组合框获得焦点，那么还可以按键盘上的 Alt＋I 组合键打开项目列表。此外，下拉式组合框允许用户直接从顶端的文本框中输入不在列表中的项目。

（2）简单组合框。

Style 属性设置为 1，控件包括一个文本框和一个固定的列表框。可以从列表中选择或在文本框中输入。整个大小如同列表框一样在设计时可以指定，当项目数超过可显示的限度时，将自动插入一个垂直的滚动条。简单组合框也允许用户输入那些不在列表中的项目。

（3）下拉式列表框。

Style 属性设置为 2，此样式不具备文本框，不允许输入新的项目，仅能从列表中选择，因此更接近于列表框特性。与列表框不同的是，下拉式列表框中只显示一行，直到用户单击向下箭头按钮才将列表框打开。下拉式列表框不能识别 DblClick 事件和 Change 事件，但可识别 DropDown 事件。

综合这三种样式，用户可以适当进行选择。如果用户可能要输入列表以外的值，就应该使用下拉式组合框或者简单组合框。如果只是从列表中选择项目，并且有足够的窗体空间时，使用列表框。当窗体上的空间较少时，最好使用下拉式列表框。

2）Text 属性

功能：用于存放从列表中选择的数据项或用户键入的数据项。

3. 常用事件

组合框常用事件是 Click 事件或 DblClick 事件。

4. 常用方法

列表框的 AddItem、Clear 和 RemoveItem 方法也适用于组合框。

例 2.11　组合框实例。结果如图2-23所示。

属性设置如表2-8：

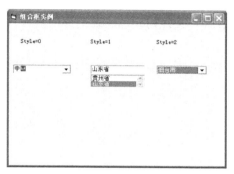

图 2-23　组合框实例

表 2-8　属性设置

对象名	属性名	属性值
Form1	Caption	组合框实例
Combo1	Style	0
Combo2	Style	1
Combo3	Style	2

程序代码如下：

```
Private Sub Combo1_Click()
  Combo2.Clear
  Combo3.Clear
  If  Combo1.Text = "中国"  Then
    Combo2.AddItem  "云南省"
    Combo2.AddItem  "四川省"
    Combo2.AddItem  "贵州省"
    Combo2.AddItem  "山东省"
  End If
End Sub

Private Sub Combo2_Click()
  If Combo2.Text = "山东省" Then
    Combo3.AddItem  "青岛市"
    Combo3.AddItem  "济南市"
    Combo3.AddItem  "威海市"
    Combo3.AddItem  "烟台市"
  End If
End Sub

Private Sub Form_Load()
  Label1.Caption =  "Style= 0"
```

```
        Label2.Caption = "Style= 1"
        Label3.Caption = "Style= 2"
        Combo1.AddItem  "中国"
        Combo1.AddItem  "法国"
        Combo1.AddItem  "英国"
        Combo1.AddItem  "美国"
   End Sub
```

2.12　文件系统控件

文件系统控件的作用是显示出关于驱动器、目录和文件的信息，并从中进行选择以便执行进一步的操作。通过使用驱动器列表框、目录列表框、文件列表框三种控件的组合，可以创建自定义文件系统对话框。

标准的文件系统控件包括：驱动器列表框（DriveListBox）、目录列表框（DirListBox）和文件列表框（FileListBox）。

2.12.1　驱动器列表框

1. 主要功能

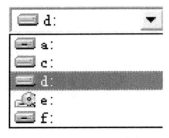

图 2-24　驱动器列表框

驱动器列表框为用户提供了选择系统中所有有效驱动器的功能，它的结构是下拉式列表框。用户可以在驱动器列表框中通过键盘输入任何有效的驱动器标识符，或者单击驱动器列表框右侧的箭头，在下拉菜单中选择驱动器。当选择完成后，在文本框中出现选择的驱动器名称。如图 2-24 所示。

2. 常用属性

1）Drive 属性

功能：返回或指定当前选择的驱动器，但在设计阶段不能使用这个属性，必须在程序中赋值。Drive 属性赋值语句格式为

驱动器列表框名称.Drive［＝驱动器名］

2）List 属性

功能：返回或设置控件的列表部分的项目。列表是一个字符串数组，数组的每一项都是一个列表项目，DriveListBox 控件在运行时是只读的。

3）ListCount 属性

功能：返回系统中可用的驱动器个数。

4）ListIndex 属性

功能：指定当前选中的项目在列表中的索引位置。DriveListBox 控件列表项中第一项的 ListIndex 值为 0。

3. 常用事件

Change 事件是驱动器列表框控件中最常用的事件，该事件在选择一个新驱动器或通过代码改变 Drive 属性的设置时发生。

2.12.2　目录列表框

1. 基本功能

目录列表框控件从最高层目录开始显示用户系统上的当前驱动器目录结构。用户可以像在资源管理器中一样操作，可以逐级进入下一级目录，目录随着层次的深入，其位置也逐级向右缩进。

在运行时，目录列表框控件显示当前驱动器上的目录结构。它以根目录开头，显示的目录按照子目录的层次依次缩进，在列表中上下移动时将依次突出显示每个目录项。如图 2-25 所示。

图 2-25　目录列表框

2. 常用属性

1）Path 属性

功能：Path 属性用于设置或返回目录列表框中所选中的当前目录。Path 属性只能在程序运行时赋值，而不能通过属性窗口设置。目录列表框的 Path 属性赋值语句格式：

［窗体 .］目录列表框 . Path ［="路径"］

2）ListCount 属性

功能：该属性用来返回当前展开的目录下的目录数目（而不是目录列表框中的目录总数）。

3）ListIndex 属性

功能：返回或设置控件中当前选中的项目的索引。此属性在设计时不可用，只在运行时可用。

4）List 属性

功能：返回或设置控件的列表部分的项目。

3. 常用事件

Change 事件是目录列表框控件中最常用的事件，该事件在选择一个新驱动器或通过代码改变 Path 属性的设置时发生。

使用驱动器列表框的 Change 事件可让目录列表框的显示数据同步变化，同样的，也可以使用目录列表框的 Change 事件让文件列表框内的数据同步变化。

图 2-26　文件列表框

2.12.3　文件列表框

1. 基本功能

文件列表框控件用来显示 Path 属性指定的目录中的文件定位并列举出来。该控件用来显示所选择文件类型的文件列表。

2. 常用属性

1）Path 属性

功能：用于返回或设置文件列表框当前目录，设计时不可用。

2）FileName 属性

功能：用于设置或返回所选文件的文件名，只有在程序运行时赋值，而不能通过属性窗口设置。

3）Pattern 属性

功能：用于返回或设置文件列表框所显示的文件类型，可在设计状态设置或在程序运行时设置，默认时表示所有文件。

3. 常用事件

1）PathChange 事件

当路径为代码中的 FileName 或 Path 属性的设置所改变时，此事件发生。

2）PatterChange 事件

当文件列表框中的文件显示模式，即 Pattern 属性值发生改变时将引发 PatternChange 事件。

3）Click 事件

单击文件列表中某个文件进行选择时，该事件发生。

例 2.12　文件系统控件综合应用举例。当用户在文件列表框中单击某文件名时，如果选中的是图片文件，则相应图片显示在图像框中，如果是非图片文件则调用相应程序

图 2-27　文件系统控件综合实例

打开此文件。结果如图 2-27 所示。

属性设置如表 2-9：

表 2-9　属性设置

对象名	属性名	属性值
Form1	Caption	文件系统控件应用举例
Image1	Stretch	True
Command1	Caption	显示图片或打开文件
Label1	Caption	驱动器选择
Label2	Caption	目录选择
Label3	Caption	文件类型选择
Label4	Caption	文件选择
Label5	Caption	图片显示

程序代码如下：

```
Private Sub Form_Load()
  Combo1.AddItem "*.*"
  Combo1.AddItem "*.bmp;*.jpg;*.gif"
  Combo1.AddItem "*.exe;*.com"
  Combo1.AddItem "*.txt"
  Combo1.AddItem "*.frm"
```

```
    End Sub
    Private Sub Dir1_Click()
      File1. Path = Dir1. Path
      File1. Pattern = Combo1. Text
    End Sub
    Private Sub Drive1_Change()
      Dir1. Path = Drive1. Drive
    End Sub
    Private Sub Command1_Click()
      If Right(File1. Path, 1) = "\" Then    '获取文件的路径和名称
            fullname = File1. Path & File1. FileName
      Else
            fullname = File1. Path & "\" & File1. FileName
      End If
      tmp = Right(fullname, 3)      '取出文件名中扩展名
      For i = 1 To 3
          tmp2 = tmp2 + UCase(Mid(tmp, i, 1))
      Next i
      tmp = tmp2
      If tmp = "JPG" Or tmp = "GIF" Or tmp = "BMP" Then
        Image1. Picture = LoadPicture(fullname)    '加载图片文件
      End If
      If tmp = "TXT" Or tmp = "FRM" Then
        tmp = Shell("notepad. exe " & fullname)    '调用系统的记事本打开选择的文件
      End If
      If tmp = "EXE" Or tmp = "COM" Then
        tmp = Shell(fullname)    '直接运行本可执行文件
      End If
    End Sub
```

小　结

　　本章要求掌握窗体、常用控件公共属性、标签、文本框、命令按钮的基本属性、事件和方法；掌握正确运用图片框和图像框来显示和绘制图形以及使用滚动条、计时器进行编程的技巧；掌握单选按钮、复选框、框架、列表框、组合框的常用属性、重要事件和基本方法；掌握使用文件系统控件来显示出关于驱动器、目录和文件的信息。

第3章 Visual Basic 程序设计基础

本章内容概要

本章主要介绍了 Visual Basic 数据类型及特点、常量和变量的概念、特点、分类及声明方法、运算符的运算方法和表达式的求值方法，以及常用标准函数的用法。

3.1 Visual Basic 数据类型和标识符

3.1.1 Visual Basic 数据类型

计算机在处理数据时，会碰到各种不同的数据类型，如人的姓名、地址是由一些字符组成的数据，成绩、年龄是一些数值，出生年月是日期，婚否则是"真"、"假"逻辑类型的数据。所以，Visual Basic 定义了多种数据类型，以适应不同需求，不同类型的数据所需存储空间、存储方式、处理方式也不一样。常用的数据类型见表 3-1。

表 3-1 Visual Basic 常用的基本数据数据类型

数据类型	关键字	字节数	类型符	范围	默认值
字节型	Byte	1	无	0～255	0
整型	Integer	2	%	$-32768～32767$	0
长整型	Long	4	&	$-2147483648～2147483647$	0
单精度型	Single	4	!	负数： $-3.402823E38～-1.401298E-45$ 正数： $1.401298E-45～3.402823E38$	0
双精度型	Double	8	#	负数： $-1.79769313486232E308～-4.94065645841247E-324$ 正数： $4.94065645841247E-324～1.79769313486232E308$	0
货币型	Currency	8	@	$-922337203685477.5808～922337203685477.5807$	0
逻辑型	Boolean	2	无	True 或 False	False
字符串型	String	与字符长度有关	$		""
日期/时间型	Date	8	无	日期：1000 年 1 月 1 日～9999 年 12 月 31 日 时间：00：00：00～23：59：59	0
对象型	Object	4	无		Empty
变体型	Variant	根据需要	无		

说明：

（1）整型（Integer）和长整型（Long）。用于保存整数（正整数、负整数、零）。整数运算速度快、精确，但表示数的范围小。

（2）单精度型（Single）和双精度型（Double）。用于保存浮点实数，表示数的范围大。Single 型数据最多能表示 7 位有效数字，当数值太大或太小，7 位有效数字表示不了时，可以采用科学计数法来表示（如 125347466 可以表示为 1.25E＋8）；Double 型最多能表示 15 位有效数字，当数值太大或太小，15 位有效数字表示不了时，可以采用科学计数法来表示。

（3）货币型（Currency）。用于保存定点实数，保留小数点右边 4 位和小数点左边 15 位，用于货币计算。

（4）字节型（Byte）。用于存储二进制数。

（5）字符串型（String）。用于存放字符串。字符串包括除双引号和回车键以外的所有字符，双引号作为字符串的定界符号。如"云南财经大学"、"12345"都是字符串数据。字符串中所包含的字符个数称为字符串的长度，不含任何字符的字符串称为空字符串，长度为 0。字符串分为定长字符串和变长字符串，定长字符串最多可以包含 65535 个字符，变长字符串的长度不固定，其长度可增可减，最多可包含 2G（2^{31}）个字符。

（6）逻辑型（Boolean）。逻辑型数据只有两个：真（True）、假（False）。

（7）日期/时间型（Date）。用于存放日期/时间型数据。日期型数据使用"♯"符号作为定界符，如：♯2012-08-06 12:06:02 pm♯、♯08/15/99♯、♯05-25-75 20:15:00♯、♯95,7,12♯等都是有效的日期/时间型数据。

（8）变体类型（Variant）。变体类型是一种特殊的数据类型，它能存储所有系统定义的常用数据类型，如数值型（单精度型、双精度型、货币型、字节型）、字符型、日期型等，它的类型完全取决于程序的需要，从而增加了 Visual Basic 数据处理的灵活性。

3.1.2　Visual Basic 的标识符

计算机处理数据时，必须先将数据存入内存，这就需要将存放数据的内存单元命名，从而通过内存单元来访问数据，内存单元的名字就是标识符。在 VB 中，标识符就是对变量、符号常量、函数、过程、数组等用户定义的存储单元命名的符号。

标识符的命名约定：

（1）必须以字母开头，由字母、数字、下划线组成，不能包含标点符号、连接符、空格等。

（2）不能使用 VB 关键字，如 If、For、Case 等。

（3）最多不超过 255 个字符。

（4）在有效范围类必须唯一。

（5）不区分大小写。

（6）命名力求简单明了、见名知意，如求和变量使用 sum 等。

例 3.1　判断以下标识符是否合法，并说明理由。

D2、abc _ 1、m.1、x-1、sum、else、1an

合法的有：D2、abc _ 1、sum

非法的有：m.1、x-1、else、1an

3.2　常量和变量

3.2.1　常量

常量是指在程序运行过程中，其值始终保持不变的量。VB 中有四种类型的常量：直接常量、符号常量、固有常量、系统常量。

1. 直接常量

直接常量又可分为 4 类：字符型常量、数值常量、逻辑型常量、日期型常量。直接常量直接出现在程序代码中，无需声明，它的表示形式决定了它的类型和值。

1）数值常量

数值常量也称常数，如 152、3.15 等。注意，VB 允许在常量后加类型符进行常量类型的转换。如 125& 表示长整型的常数 125，而非整型常数 125。

2）字符串型常量

字符串常量必须放在一对英文双引号内，如"welcome"，如果仅有一对英文双引号，则称为空字符串，如""。

3）逻辑型常量

逻辑型常量只有两个值：True 和 False。

4）日期型常量

日期型常量必须放在一对"♯"内，允许使用多种格式，如 ♯12/25/1999♯、♯2012-08-06 12:06:02 pm♯、♯05-25-75 20:15:00♯、♯95，7，12♯。

例 3.2　"Hello! Welcome!"　　表示字符型常量

3、25、5.25　　　　　　表示数值型常量

♯05/20/99♯　　　　　　　表示日期型常量

2. 符号常量

符号常量指在程序运行过程中用符号表示的常量。符号常量在使用前应先声明。

1）用户声明符号常量的格式

[Public | Private] Const <常量名> [as <类型>] ＝表达式

2）参数说明

[Public | Private] 说明了该符号常量在程序中的有效作用范围，其作用将在以后章节介绍。

常量名：常量的命名遵循标识符的命名约定，且一般用大写表示。

As<类型>：说明该常量的数据类型，此项可省略。

表达式：可以是数值常数、字符常数以及运算符组成的式子。

例 3.3　　Const MA＝0　　　　　　　　'声明常量 MA，值为 0

Const PI as single＝3.14 '声明常量 PI，类型为单精度，值为 3.14

3. 固有常量

在 VB 中，提供了许多固有常量，它们通常以小写的 ac、ad、vb 开头，如 acForm、adAddNew、vbRed、vbNormal 等。

4. 系统常量

如 True、False、Null 等。

3.2.2　变量

变量是指在程序运行过程中，其值可以改变的量。一个变量中能存放多个值，但一个变量在任一时刻只能存放一个值，当给变量赋新值时，旧值将被替换。变量在使用前应先声明，变量的声明有以下几种方式：

1. 使用 Dim 语句声明变量

1）Dim 语句的格式

{Dim ｜Private｜Public｜Static} ＜变量名＞［As ＜类型＞］［，＜变量名＞［As ＜类型＞］…］

2）参数说明

（1）Private、Public、Static：其作用将在以后章节介绍。

（2）变量名：变量的命名遵循标识符的命名约定。

（3）As＜类型＞：说明该变量的数据类型，此项可省略。若省略，则该变量为变体型变量。

（4）变量声明后，系统会自动赋初值。数值型变量的初值为 0，字符串变量的初值为空串。

例 3.4　Dim A1 As Integer　　　′声明了一个整型变量 A1

Dim stX As String　　　′声明了一个字符型变量 stX

Dim intA as integer，intB as long，sinC as single　　　′声明了多个变量：intA、intB、sinC

例 3.5　判断以下哪些是常量、哪些是变量。

6.5，″abc″，abc，♯05/12/1999♯，12，″12″，X，12&，True

变量：abc，X

数值型常量：6.5，12，12&

字符串型常量：″abc″，″12″

日期型常量：♯05/12/1999♯

逻辑型常量：True

2. 使用类型说明符声明变量

使用类型说明符声明变量时，类型说明符放在变量的末尾

例 3.6　　intX％＝125　　　　　′声明 intX 为整型变量，值为 125

douY♯＝235.654　　　　　′声明 douY 为双精度型变量，值为 235.654

strZ＄＝″Hello″　　　　′声明 strZ 为字符型变量，值为 Hello

3. 隐式声明

VB 允许使用未加声明的变量，系统默认为可变类型（Variant），这种方式称为隐式声明。初学者来说，应养成对变量声明的习惯，以避免不必要的错误。

3.3　运算符和表达式

描述各种不同运算的符号称为运算符；参与运算的数据称为操作数；表达式是由运算符和操作数（常量、变量、函数等）按照 VB 的规则组合成的式子。VB 表达式有算术表达式、字符串表达式、日期/时间表达式、关系表达式、逻辑表达式。表达式可以混合计算，计算的优先顺序为算术运算/字符串连接运算—关系运算—逻辑运算，同类运算按照既定优先顺序处理。括号可以改变运算符的优先级。

3.3.1　算术运算符和算术表达式

常见的算术运算符见表 3-2。

表 3-2　常见的算术运算符

运算符	含义	优先级	表达式举例	结果
^	指数	1	3^2	9
—	取负	2	-5	-5
*	乘法	3	12 * 5	60
/	除法	3	15/2	7.5
\	整除	4	15 \ 2	7
Mod	取模	5	15 Mod 2	1
+	加法	6	5+23	28
—	减法	6	15—7	8

算术运算符的优先顺序见表 3-2，同级运算符按从左到右的顺序执行，如果表达式中有括号，则括号中的运算最优先。

3.3.2　字符串运算符和字符串表达式

字符串连接指把两个字符串首尾拼接在一起，形成新的字符串。字符串连接符有 "&" 和 "+"，当两个被连接的数据都是字符型时，它们的作用相同，当数值型和字符型连接时，"&" 把数据都转换为字符型然后连接，"+" 把数据都转换为数值型然后连接。

例 3.7　计算下列各表达式的值。

"VB"+"程序设计"="VB 程序设计"

"VB"&"程序设计"="VB 程序设计"

12+34=46

12+"34"=46

"12"+34=46

"12"&"34"="1234"

"12"+"34"="1234"

12&34="1234"

12&"34"="1234"

"12"&34="1234"

3.3.3　关系运算符和关系表达式

VB 提供了 6 种关系运算符。关系表达式的结果为逻辑值，即真（True）或假（False），如果关系成立，返回 True，否则返回 False。关系运算符如表 3-3 所示。

表 3-3　关系运算符

运算符	含义	表达式举例	结果
=	等于	"abc"="ABC"	False
>	大于	25>15	True
<	小于	"m"<"M"	False
>=	大于等于	128>=128	True
<=	小于等于	25<=25	True
<>	不等于	2<>5	True

说明：

（1）关系运算符的两边可以是算术表达式、字符串表达式、日期型表达式，也可以是作为表达式特例的常量、变量或函数，但两边的数据类型须一致。

如：$2*5>126$　　'结果为 False

$5+a<2*b$　'结果根据变量 a、b 的取值而定

（2）数值型数据按其大小比较。

（3）日期型数据将日期看成"yyyymmdd"的八位整数，按数值大小比较。

（4）汉字按区位码顺序比较。

（5）字符型数据按照 ASCII 码值进行比较。

3.3.4　逻辑运算符和逻辑表达式

VB 提供的逻辑运算符有 And、Or、Not、Xor、Eqv、Imp，其中前三种逻辑运算符较为常用，它们的运算规则见表 3-4。

表 3-4　常用逻辑运算符

运算符	含义	优先级	运算规则	表达式举例	结果
Not	逻辑非	1	非真为假，非假为真	Not（3=5）	True
And	逻辑与	2	两真为真，否则为假	1>3And5<7	False
Or	逻辑或	2	两假为假，否则为真	1>3Or5<7	True

3.3.5　日期运算符和日期表达式

日期运算符有两个：＋和－。日期型数据有三种运算方式。

（1）两个日期型数据相减，结果为两个日期相距的天数。

如：♯10/8/2012♯－♯9/1/2012♯　　'结果为 37

（2）日期型数据加上天数，结果为原来的日期加上天数后的日期。

如：♯10/8/2012♯＋16　'结果为 2012-10-24

（3）日期型数据减去天数，结果为原来的日期减去天数后的日期。

如：♯10/8/2012♯-25　　'结果为 2012-9-13

例 3.8　计算下列各表达式的值

(1) 2＊6Mod5＋27/3 \ 4　　结果为 4

(2)"a"="b"And 1＞2　　结果为 False

(3) 3＜＝3 And 5＜5＋1　　结果为 True

(4) 3＞5 And 1＜3 Or Not（3＞7）　　结果为 True

3.4　常用标准函数

大家知道，数学中有很多函数，如：y＝x＊5，当自变量 x 改变时，因变量 y 也随之而改变。其实，VB 也提供了函数，这些函数和数学中的函数相似，可以根据输入不同参数产生不同的结果。在 VB 中有两类函数：标准函数和用户自定义函数，用户自定义函数由用户根据需要自行定义，标准函数系统已经定义好，每个函数具有特定的功能。下面介绍常用的标准函数。

函数调用的一般形式：函数名（参数 1，参数 2，…）

例：Sqr（25）　　'Sqr 是求平方根的函数，在此对 25 求平方根，返回值为 5

3.4.1　数学函数

数学函数用来完成各种数学运算，常用的数学函数见表 3-5。

表 3-5　常用的数学函数

函数名	格式	功能	举例	返回值
三角函数	Sin（x）	求 x 的正弦值	Sin（0）	0
	Cos（x）	求 x 的余弦值	Cos（0）	1
	Tan（x）	求 x 的正切值	Tan（0）	0
对数函数	Log（x）	求以 e 为底的对数		
随机函数	Rnd［（x）］	产生一个（0，1）区间的随机数		
		x＞0 产生不相同的随机数	Rnd（2）	0.7055475
		x＝0 产生与上次相同的随机数	Rnd（0）	0.7055475
		x＜0 固定的随机数	Rnd（−1）	0.224007
求绝对值函数	Abs（x）	求 x 的绝对值	Abs（−7）	7
符号函数	Sgn（x）	求 x 的符号，正数返回 1，负数返回−1，0 返回 0	Sgn（−5）	−1
求平方根函数	Sqr（x）	求 x 的平方根	Sqr（16）	4
指数函数	Exp（x）	求 e^x		
取整函数	Fix（x）	取整函，舍去小数部分	Fix（−6.9）	−6
			Fix（6.9）	6
	Int（x）	求不大于 x 的最大整数	Int（−6.9）	−7
			Int（6.9）	6

说明：

(1) 三角函数的参数以弧度为单位。

（2）当参数为正数时，Fix 函数和 Int 函数的值相同，当参数为负数时，Fix 和 Int 的值相差 1。

（3）Sqr 函数的参数需为非负数。

例 3.9　通过随机函数产生两个两位数的正整数，并计算这两个数的和。

打开窗体设计器窗口，进入代码编辑器窗口，在 Form ＿ Click（）过程中输入代码如下：

```
Private Sub Form_click()
    Dim a, b As Integer
    a = Int(90 * Rnd(1) + 10)        '产
生两位数的正整数
    b = Int(90 * Rnd(1) + 10)
    Print a; "+ "; b; "= "; a + b
End Sub
```

程序运行结果如图 3-1 所示（每单击一次，产生两个随机数，并求出它们的和）。

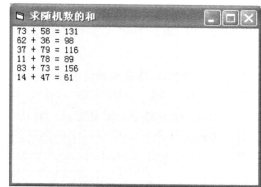

图 3-1　求随机数的和

3.4.2　字符串函数

字符串函数完成对字符串的有关操作和处理，常用的字符串函数见表 3-6。

表 3-6　常用的字符串函数

函数名	格式	功能	举例	返回值
获取子串函数	Left（Str，n）	取串 Str 左边 n 个字符	Left（"abcd"，2）	"ab"
	Right（Str，n）	取串 Str 右边 n 个字符	Right（"abcd"，2）	"cd"
	Mid（Str，i，length）	取串 Str 从第 i 个字符开始的 length 个字符	Mid（"abcd"，2，2）	"bc"
删除空格函数	Ltrim（Str）	删除字符串 Str 开头（第一个字符前）的所有空格	Ltrim（"abc d"）	"abc d"
	Rtrim（Str）	删除字符串 Str 末尾（最后一个字符后）的所有空格	Rtrim（"a bcd"）	"a bcd"
	Trim（Str）	删除字符串 Str 开头及末尾的所有空格	Trim（"a bcd "）	"a bcd"
大小写转换函数	Ucase（Str）	将字符串 Str 的所有字母转换为大写字母	Ucase（"abcd"）	"ABCD"
	Lcase（Str）	将字符串 Str 的所有字母转换为小写字母	Lcase（"ABCD"）	"abcd"
求字符串长度函数	Len（Str）	求字符串 Str 的长度，即字符个数	Len（"abcd"）	4

续表

函数名	格式	功能	举例	返回值
查找子串函数	Instr([n，]Str1，Str2)	从字符串 Str1 的第 n 个字符开始查找是否存在串 Str2，若存在则返回最先出现的位置号，否则返回 0。n 可省略	Instr ("abcd"，"c")	3
生成字符串函数	Space（n）	生成由 n 个空格组成的字符串	Space（3）	" "
	String（n，字符）	生成 n 个重复的字符	String（5，"*"）	"*****"

说明：

（1）取子串时，如果要获取的字符个数大于字符串的长度，则取完为止。

（2）在 Mid 函数中，若省略 length，则取从第 i 个字符开始的所有字符。

（3）在 Instr 函数中，若省略 n，则从 Str1 的第一个字符开始查找。

（4）String 函数中，字符可以用 ASCII 码表示。

例 3.10　把字符串"Hello buddy!"拆分成两个字符串"Hello"和"buddy!"，并分两行打印输出。

打开窗体设计器窗口，进入代码编辑器窗口，在 Form ＿ Click（）过程中输入代码如下：

```
Private Sub Form_click()
    Dim a1, a2, a3 As String
    Dim n As Integer
    a1 = "Hello buddy!"
    Print a1              '输出 a1
    n = InStr(a1, "b")    '从 a1 的第一个字符开始查找字符"b"，并把它的位置号赋值给 n
    a2 = Left(a1, n - 1)  '取 a1 左边的 n-1 个字符，并赋值给 a2
    a3 = Mid(a1, n)       '取 a1 从第 n 个字符开始的剩余字符，并赋值给 a3
    Print                 '打印空行
    Print a2              '输出 a2
    Print a3              '输出 a3
End Sub
```

程序运行结果如图 3-2 所示。

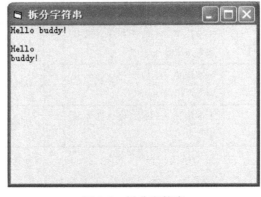

图 3-2　拆分字符串

3.4.3　日期/时间函数

日期/时间函数用于处理日期和时间数据，VB 常用的日期/时间函数见表 3-7。

表 3-7　常用的日期/时间函数

函数名	格式	功能	举例	返回值
获取当前日期/时间函数	Time	获取当前系统时间	Time	12：25：16
	Date	获取当前系统日期	Date	09/15/2012
	Now	获取当前系统日期和时间	Now	09/15/2012 12:25:16
获取年、月、日函数	Year（d）	获取日期表达式 d 的年份	Year（Now）	2012
	Month（d）	获取日期表达式 d 的月份	Month（Now）	9
	Day（d）	获取日期表达式 d 的日	Day（Now）	15
获取时、分、秒函数	Hour（d）	获取日期表达式 d 的小时数	Hour（Now）	12
	Minute（d）	获取日期表达式 d 的分钟数	Minute（Now）	25
	Second（d）	获取日期表达式 d 的秒数	Second（Now）	16
获取星期函数	WeekDay（d）	获取日期表达式 d 的星期代号	WeekDay（Now）	7
获取时间间隔函数	DateDiff（interval，d1，d2）	获取两个指定日期或时间的间隔	DateDiff（"yyyy"，♯5/5/2005♯，6/6/2006♯）	1
			DateDiff（"m"，♯5/5/2005♯，6/6/2006♯）	13

说明：

（1）以上例子中，函数所返回的日期和时间为作者编写本节内容时的系统日期和时间。

（2）在 WeekDay 函数中，星期日的代号为 1，星期一的代号为 2，以此类推。

（3）在 DateDiff 函数中，"yyyy"表示年，"m"表示月，"d"表示日，"h"表示时，"n"表示分，"s"表示秒。

例 3.11　在窗体上显示当前日期、时间和星期几。

打开窗体设计器窗口，本例所需的控件如表 3-8 所示。

表 3-8　日期时间控件表

控件	用途
Label1	显示当前日期
Label2	显示当前时间
Label3	显示星期几

打开窗体设计器，进入代码编辑器窗口，在 Form _ Click（）过程中输入如下代码：

```
Private Sub Form_click()
    Label1.Caption = "今天是" + Str(Year(Date)) + "年" + Str(Month(Date)) + "月"
+ Str(Day(Date)) + "日"
```

图 3-3　显示当前日期时间

```
    Label2.Caption = "现在是北京时间" & Time
    Label3.Caption = "星期" & Weekday(Date)
End Sub
```

程序运行结果如图 3-3 所示。

3.4.4　转换函数

转换函数用于不同类型数据之间的转换。使不同类型的数据处理更为方便。常用的转换函数见表 3-9。

表 3-9　常用的转换函数

函数名及格式	功能	举例	返回值
Asc（x）	求字符 x 的 ASCII 码值	Asc（"a"）	97
Chr（x）	求 ASCII 码为 x 的字符	Chr（98）	"b"
Str（x）	将数值 x 转换为字符串	Str（254.32）	"254.32"
Val（x）	将以数字开头的字符串转换为数值	Val（85ab）	85

例 3.12　输入任意小写字符串，求其长度，并将其装换为大写字符串输出。

打开窗体设计器窗口，本例所需的控件如表 3-10 所示。

表 3-10　转换字串控件表

控件	用途	显示名称
Label1	显示信息	输入小写字符串：
Label2	输出字符串的长度	
Text1	输入小写字符串	
Text2	输出转换结果	
Command1	控制程序执行	转换

在 Form _ Click（）过程中输入代码如下：

```
Private Sub Command1_Click()
    Dim n As Integer
    n = Len(Text1.Text)
    Label2.Caption = "字符串长度为:" + Str(n)  'str 函
数用于将数值 n 转换为字符串
    Text2.Text = UCase(Text1.Text)
End Sub
```

程序运行结果如图 3-4 所示。

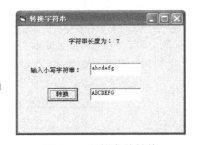

图 3-4　字符串的转换

小　　结

学习 VB 程序设计，最主要的是掌握 VB 编程语言，只有按照正确的语法编制的程序，计算机才能顺利执行。这一章我们学习了 VB 的数据类型、标识符的、常量和变量、运算符和表达式，以及常用标准函数的基本知识和用法，为深入学习 VB 程序设计打下基础。

第4章　程序控制结构

本章内容提要

在第 3 章中，我们着重学习了数据类型以及构成程序运行的一些基本要素，如常量、变量、运算符和表达式，以及一些常用的标准函数。在本章的学习中，将需要熟悉 VB 编程过程中的程序书写规范要求，掌握程序的三种基本结构，以及了解软件算法的一些基本知识。

4.1　程序书写规范

程序的代码编写规范在应用程序的开发过程中起着极为重要的作用。规范代码的编写有利于开发人员对程序进行读写，以及后期维护的方便，同时，也是养成良好编程的基础。

4.1.1　程序书写规范

按照程序书写规范写出来的程序代码，不仅清晰明确，而且有很好的可读性。因此，在编写代码的时候一定要遵循如下所述的书写规范：

（1）编写代码时首先应考虑到清晰性，而不是刻意地追求技巧性。

例如：

A（i）＝A（i）＋A（t）

A（t）＝A（i）－A（t）

A（i）＝A（i）－A（t）

这会使得这段程序可能不容易看懂，有时还需要用实际数据来进行试验。

实际上，这段程序的功能是交换 A（i）和 A（t）中的内容。目的是为了节省一个工作单元。但是，若修改如下：

temp＝ A（t）

A（t）＝A（i）

A（i）＝temp

就能一目了然。

（2）一行内只写一条语句，一行最多允许有 1023 个字符。

在一行内只写一条语句，并且采取适当添加空格的办法，使程序的逻辑和功能变得更加明确。若在一行内写多个语句，会使得程序的可读性变差。

（3）如果需要在同一行中书写多条语句，则可用英文状态下的冒号 "：" 分隔开来。

（4）对于较长的语句，若要进行换行，可在该条语句的末尾加入一个空格和一个下划线。

例如：

If a ＞ 3 And b ＜ 7 And c ＜＞ 5 And ＿

　　　　　　　　d ＝ 9 Then

如果在第一行语句输完后，既没有空格，又没有下划线，就直接换行，则系统会提示有编译错误。如图 4-1 所示。

　　如果第一行语句为 "If a ＞ 3 And b ＜ 7 And c ＜＞ 5 And _"，在下划线之前没有空格，就直接换行，则系统也会提示有编译错误。如图 4-2 所示。

图 4-1　提示编译错误

图 4-2　提示编译错误

　　(5) 对于复杂的语句，应对代码添加注释，以方便后期的或其他开发人员的阅读。

　　程序中的注释是用来帮助人们理解程序，决不是可有可无的。通常，注释应提供一些从程序本身难以得到的信息，而不是语句的重复。在一些正规的程序文本中，注释行的数量约占整个源程序的 1/3 到 1/2，甚至更多。

　　注释可分为序言性注释和功能性注释。其中，序言性注释通常是置于每个程序模块的开头部分，主要描述：模块的功能、接口、开发历史，以及对修改的描述。而功能性注释通常是嵌在源程序体内，主要描述程序段的功能。

　　(6) 在 Visual Basic 的程序编写中是不区分字母大小写的，所以 star、STAR、STar 和 Star 所表达的含义都是一样的，因此在定义变量的时候，开发人员要注意这个问题。

　　(7) 尽量只采用 3 种基本的控制结构来编写程序。除顺序结构外，使用 if-then-else 来实现选择结构；使用 do-until 或 do-while 来实现循环结构。

4.1.2　格式化缩排程序

　　通过在程序中添加一些空格、空行和缩进等技巧，可以帮助人们从视觉上看清程序的结构，并且使得程序与注释变得容易区分。

　　例如：

　　没有采用缩排的九九乘法表：

```
Option Explicit
Private Sub Form_Click()
Dim i As Integer, j As Integer, str As String
For i = 1 To 9
For j = 1 To 9
str = j & "×" & i & "= " & i * j
If i > = j Then Print Tab((j - 1) * 9); str;
Next j
Print
Next i
End Sub
```

　　而采用缩排的九九乘法表：

```
Option Explicit
Private Sub Form_Click()
    Dim i As Integer, j As Integer, str As String
    For i = 1 To 9
      For j = 1 To 9
        str = j & "×" & i & "= " & i * j
        If i > = j Then Print Tab((j - 1) * 9); str;
      Next j
      Print
    Next i
End Sub
```

运行结果如图 4-3 所示。

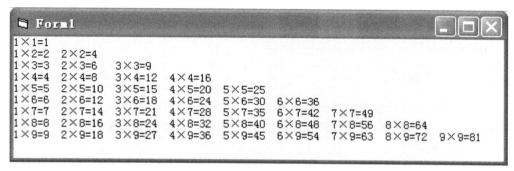

图 4-3　运行结果

　　可见，对于没有采用缩排格式的代码来说，读起来就有些不容易了，就只有一句一句地
进行分析才明白代码的最终目的是什么。而对于采用缩排格式的代码来说，通过缩进技巧可
以清晰地观察到程序的嵌套层次，明白代码主要分为内部循环和外部循环，其内循环和外循
环的作用也一目了然。

4.2　顺序结构

　　在计算机程序中，语句（statement）是最小的可执行单位。一条语句可以完成一种基
本操作。若干条语句组合在一起（也称为语句块）就可以实现某种特定的功能。

　　自 1966 年 Bohra 和 Jacopin 提出了结构化算法的 3 种结构：顺序结构、选择结构和循环
结构以来。目前已经得到证明，无论多么复杂的程序，都是由上述 3 种基本结构中的一种或
多种的组合构成的。

　　从执行方式上看，从第一条语句到最后一条语句完全按顺序执行，是简单的顺序结构；
若在程序执行过程中，根据用户的输入或中间结果有选择地执行若干不同的任务则为选择结
构；如果在程序的某处，需要根据某项条件重复地执行某项任务若干次，直到满足或不满足
某个条件为止，这就构成了循环结构。顺序、选择和循环结构是程序流程控制的 3 种基本结
构。如图 4-4 所示。

　　顺序结构是按照程序段书写的顺序执行的语句结构。我们可以把顺序结构想象成一个没
有分支的管道，把数据想象成水流，数据从入口进入后，依次执行每一条语句直到结束。

　　顺序结构是一种最基本的结构，表明事情发生的先后顺序。比如在日常生活中，总是先

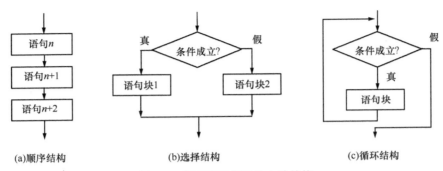

图 4-4   程序流程控制的 3 种结构

给水壶加水，然后才能烧水。因此，在编写程序时，这种先后次序尤其重要。

在 Visual Basic 中赋值语句、注释语句、暂停语句、结束语句、输入/输出语句、变量定义语句等都是属于顺序结构的功能语句。这些语句本身并没有控制和改变程序结构的能力，它们在语句中出现的顺序就是执行的顺序。

4.2.1   赋值语句

赋值语句是程序设计中最常用的语句之一，在程序中，需要大量的变量来存储程序中用到的数据，所以对变量进行赋值的赋值语句也会在程序中大量出现。赋值语句将表达式的值赋给变量或对象的属性。

赋值语句的常见语法形式为

变量名＝表达式

对象名．属性＝表达式

赋值语句中等号并不是表示等号两边的值是相等的，而是将等号右边的值赋给等号左边的变量或属性。如果等号右边是一个表达式，则会先执行这个表达式，执行完毕后将执行结果赋给等号左边的变量或属性。

以下几个赋值语句是正确的：

```
a＝a＋1                 '把数值变量 a 加 1 后，赋给变量 a
a＝5                    '把数值 5 赋给变量 a
Command1. Caption＝"退出"    '把字符串"退出"赋给 command1 的 caption 属性
Text1. Text＝""             '把空字符串赋给 Text1 的 Text 属性
```

以下几个赋值语句是错误的：

```
5＝a                    '错误原因为赋值符号左边不能是常量
a＋b＝c＋6              '错误原因为赋值符号左边不能是表达式
string＝123＋"student"  '错误原因为数值和字符串不能进行运算
```

在使用赋值语句时，需要注意数据类型的匹配问题。若将变量声明为数值型的，如整型、浮点型等，那么就不能将字符串表达式的值赋给该变量。同样，若将变量声明为字符串型的，那么就不能将数值型的值赋给该变量。比如，下面的语句就会产生错误：

```
Dim a As Integer
a= "Student"
```

4.2.2　注释语句

计算机程序开发人员所编写的程序代码不仅仅是为了让计算机阅读，更多的时候是需要让人去阅读的。为了方便自己和别人去阅读程序代码，我们可以为程序中较为难以理解的部分加上注释语句，用以说明代码的用途、变量的含义等。

注释语句是在程序中加入一些评注，往往起着提供编写程序的日期、编写人、解释程序代码的作用，其根本目的是为程序的阅读和修改提供信息，提高程序的可读性和可维护性。

注释的方法有两种：使用 Rem 关键字或撇号（'）。二者的用法基本相同，在一行中撇号（'）或 Rem 关键字后面的内容为注释内容。它们之间的区别在于使用 Rem 关键字时，必须使用冒号（:）将其与前面的语句隔开。例如：

```
Dim sum As Integer
sum = 1 : Rem 给 Sum 赋初值
Print sum
```

可以用一个撇号（'）来代替 Rem 关键字。若使用撇号，则所要注释的语句行不必加冒号。上例中的语句可以写为

```
sum = 1 '给 Sum 赋初值
```

4.2.3　暂停语句和结束语句

暂停（Stop）语句用来暂停程序的执行，是一种以编程方式设置断点的替代方法。当调试器遇到 Stop 语句时，它将中断程序的执行（进入中断模式）。不同于 End 语句，Stop 语句不重置变量或返回设计模式。它可以从【调试】菜单中选择【继续】命令继续运行应用程序。其一般格式如下：

```
Stop
```

结束（End）语句用于结束一段程序的运行，可以放在任何事件过程中。在过程、分支、函数等的结束部分都会用到以 End 开头的语句，这些语句一般只结束某个过程或语句块。如 End Sub 用于结束一个过程，End If 用于结束一个选择分支，End Function 用于结束一个函数等。

4.2.4　输入/输出语句

输入和输出信息是与用户的使用直接相关的。输入和输出的方式和格式应当尽可能方便用户的使用。一定要避免因设计不当给用户带来的麻烦。在 Visual Basic 程序设计和编码时都应考虑下列原则：

（1）对所有的输入数据都要进行检验，识别错误的输入，以保证每个数据的有效性；

（2）检查输入项的各种重要组合的合理性，必要时报告输入状态信息；

（3）使得输入的步骤和操作尽可能简单，并保持简单的输入格式；

（4）给所有的输出加注释，并设计良好的输出报表。

输入/输出风格还会受到许多其他因素的影响。如输入/输出设备（例如终端的类型，图形设备，数字化转换设备等）、用户的熟练程度，以及通信环境等。

4.2.5　应用举例

顺序结构是最简单的一种结构，不需要任何控制语句，只需按照一定的次序编写即可。

下面就通过一个例子说明顺序结构程序的设计方法。

　　例 4.1　由用户输入学生的数学、语文和英语成绩，然后求出总成绩和平均成绩，并显示在窗体上。

　　在编写程序之前，首先要分析有多少元素要输入，需要定义多少个变量，然后才开始程序设计。

```
Private Sub Form_Click()
    Dim a As Integer, b As Integer, c As Integer
    Dim avg As Single, total As Single
    a = InputBox("请输入数学成绩:")
    b = InputBox("请输入语文成绩:")
    c = InputBox("请输入英语成绩:")
    avg = (a + b + c) / 3
    total = a + b + c
    Print "总成绩为:"; total
    Print "平均成绩为:"; avg
End Sub
```

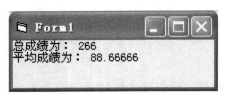

图 4-5　运行结果

运行结果如图 4-5 所示。

4.3　选择结构

　　在日常生活中，经常会按照一定的条件做出相应的决定，在程序中同样如此。例如，按照考试成绩统计不同分数段的学生人数、根据个人收入水平来计算个人所得税等等，像这样的类似问题在程序设计中就需要用于选择结构。

　　选择结构是通过对给定的条件进行判断，然后根据判断结果执行不同任务的一种程序结构。在 Visual Basic 中，选择结构是通过选择语句来实现的。选择语句的共同特点是：能够根据条件表达式的值，来选择执行某一特定程序段，以实现特定功能。

　　一般来说，在选择结构中，选择是二支的，即条件非真即假，在执行选择结构时按照指定的条件进行判断，然后选择其中一组语句执行。比如，判断是否要上体育课，如果下雨则不上，否则照常上课。有些情况下，可供选择的结果可能多于两种，此时程序就有多种可能流向，这种结构称为多分支选择结构。比如根据用户输入的百分制成绩给出其等级评价，如果是 60 分以下则为不及格；若是 60～69 分，则为及格；若是 70～79 分，则为中等；若是 80～89 分，则为良好……

　　在 Visual Basic 中，选择语句包括：单行 If 结构条件语句、块 If 结构条件语句和 Select Case 多分支选择语句等。

4.3.1　单行 If 结构条件语句

单行 If 结构条件语句的常见语法格式如下：

If 条件表达式 Then　语句

If...Then...翻译成中文就是："如果……就……"。所以上面的代码意思为如果 If 后面的条件表达式成立的话，就执行 Then 下面的语句，否则就什么都不做。

当然，如果希望再加一个选择分支，可以使用 If...Then...Else 的语法格式：

If 条件表达式 Then　语句 1　Else　语句 2

加上 Else 以后的代码意思就是如果 If 后面的条件表达式成立的话，就执行 Then 下面的语句，否则就执行 Else 后面的语句。

说明：

（1）单行 If 结构条件语句中的"条件表达式"既可以是关系表达式，也可以是逻辑表达式。如果是数值表达式，则以非 0 值为逻辑真，0 值为逻辑假。

（2）单行 If 结构条件语句中的内嵌语句既可以是单条语句，也可以是多条语句。如果是多条语句，则应在各条语句之间用冒号（:）隔开，且必须把所有的字符都写在同一行上。这也正是该语句被称为单行 If 结构条件语句的所因。

（3）单行 If 结构条件语句中的 Else 子句是一个可选项。若其存在，则其控制流程如图 4-6（a）所示；若其省略，则其控制流程如图 4-6（b）所示。

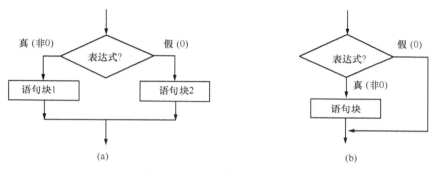

图 4-6　单行 If 结构条件语句

例 4.2　对所输入的气温进行判断，如果气温低于 5 度，弹出消息对话框，提示气温过低。

```
Sub Form_Click()
    Dim Temp  As Single
    Temp  = Val(InputBox("输入当前气温?"))
'如果气温低于 5 度,弹出消息对话框,提示气温过低
    If  Temp  < 5 Then MsgBox "气温过低"
End Sub
```

程序的运行结果如图 4-7 所示。

图 4-7　运行结果

例 4.3　设有如下函数。编写程序，由用户输入 x 的值，再计算并输出相应的 y 值。

$$y = \begin{cases} x-1 & (x \geqslant 0) \\ 2x+5 & (x<0) \end{cases}$$

程序代码如下：

```
Option Explicit
Private Sub Form_Click()
    Dim x As Single, y As Single
    x =  Val( InputBox("请输入 x:") )      '注意 Val 的作用
    If  x > = 0  Then y = x- 1 Else y= 2 * x + 5  '选择结构
    Print "x= "; x, "y= "; y
```

```
End Sub
```
程序的运行结果如图 4-8 所示。

图 4-8　运行结果

说明：程序指定的函数是一个分段函数。当输入 x≥0 时，用公式 y＝x−1 来计算 y 的值；当 x＜0 时，用公式 y＝2x＋5 来计算 y 的值。该程序通过输入对话框来输入参数 x，再用 "x ＞＝ 0" 来作为判断条件，从而选择不同的计算公式。

在 Visual Basic 中，直接使用单行 If 结构条件语句虽然很方便，但当分支的功能比较复杂且需容纳较多语句时，还是存在诸多限制。为此，Visual Basic 提供了功能更为强大的块 If 结构条件语句。

4.3.2　块 If 结构条件语句

Visual Basic 提供的块 If 结构条件语句主要包括：单/双分支 If 语句、多分支 If 语句和 If 语句的嵌套。下面就来具体介绍它们的使用方法。

1. 单/双分支 If 语句

单/双分支 If 语句是块 If 结构条件语句的最简单和最基本形式。

在该类语句中，如果包括 Else 子句，则形成最基本的双分支 If 语句，则其常见语法格式如下：

```
If 条件表达式 Then
      语句块 1
Else
      语句块 2
End If
```

该语法格式的功能是：如果 If 后面的条件表达式成立的话，就执行 Then 下面的语句块 1，否则就执行 Else 后面的语句块 2。其控制流程如图 4-9 （a）所示；

如果省略 Else 子句，则形成最简单的单分支 If 语句，则其常见语法格式如下：

```
If 条件表达式 Then
      语句块
End If
```

该语法格式的功能是：如果 If 后面的条件表达式成立的话，就执行 Then 下面的语句块，否则就什么都不做。其控制流程如图 4-9 （b）所示。

例 4.4　双分支 If 语句：输入一个学生的成绩，如果高于 60 分则输出 "及格"，否则，输出 "不及格"。

```
Private Sub Form_Click()
    Dim score As Integer
    score = Val(InputBox("请输入成绩:"))
    If score > =  60 Then
       Print "及格"
    Else
       Print "不及格"
    End If
```

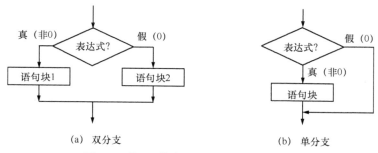

图 4-9　单/双分支 If 语句控制流程结构

```
    Print "score= "; score
End Sub
```

程序的运行结果如图 4-10 所示。

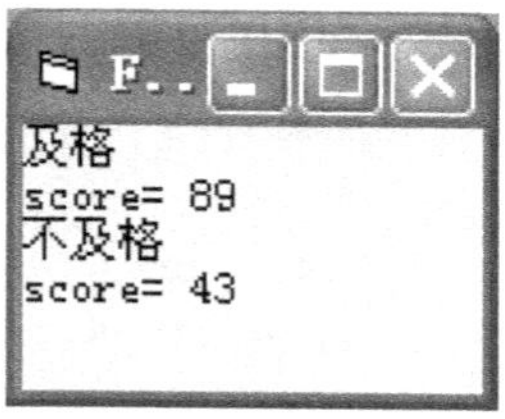

例 4.5　双分支 If 语句：输入三角形 3 条边的长度，然后判断是否能够组成一个三角形，若可以则计算三角形的面积，并显示在窗体上；否则提示输入的长度不合格请重新输入。

图 4-10　运行结果

```
Private Sub Form_Click()
    Dim a As Integer, b As Integer, c As Integer
    Dim p As Single, s As Single
    a = Val(InputBox("请输入三角形第一条边的长度:", "求三角形
的面积"))
    b = Val(InputBox("请输入三角形第二条边的长度:", "求三角形的面积"))
    c = Val(InputBox("请输入三角形第三条边的长度:", "求三角形的面积"))
    If a + b <= c Or b + c <= a Or a + c <= b Then
        MsgBox "输入的边长不能组成三角形!"
    Else
        p = (a + b + c) / 2   '取 p 为三角形周长的一半,利用海伦公式进行计算
        s = Sqr(p* (p- a)* (p- b)* (p- c))
        Print   "三角形的面积为:", s
    End If
End Sub
```

程序的运行结果如图 4-11 所示。

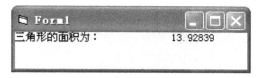

图 4-11　运行结果

例 4.6　单分支 If 语句：输入两个整数 a 和 b，并按从大到小的顺序存放。即若 a 小于 b 则交换两个数的位置，否则直接输出 a 和 b。

```
Private Sub Form_Click()
    Dim a As Integer, b As Integer, temp As Integer
    a = Val(InputBox("请输入 a")): b = Val(InputBox("请输入 b"))
    If   a < b   Then
```

```
        temp = a: a = b;   b = temp   '典型的交换算法,借助第三变量
    End If
    Print "a= "; a, "b= "; b
End Sub
```

图 4-12　运行结果

程序的运行结果如图 4-12 所示。

例 4.7　单分支 If 语句:火车站行李费的收费标准是 50kg 以内（包括 50kg）以 50kg 计,计为 0.2 元/kg,超过部分以 0.50 元/kg 计。编写程序,要求根据输入的任意重量,计算出应付的行李费。当重量在 50kg 以内时,收费是固定的,如果超出 50kg,则超出部分要根据重量收费。

具体实现如下:

```
Private Sub Form_Click()
    Dim weight As Single, pay As Single
    weight = Val(InputBox("请输入行李的重量:"))
    pay = 50 * 0.2 '行李在50kg以内的收费固定
    If weight > 50 Then
        pay = (weight - 50) * 0.5 + pay
    End If
    Print "行李费一共为"; pay; "元"
End Sub
```

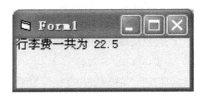

图 4-13　运行结果

程序的运行结果如图 4-13 所示。

2. 多分支 If 语句

多分支 If 语句的常见语法格式如下:

```
If 条件表达式 1 Then
        语句块 1
ElseIf 条件表达式 2 Then
        语句块 2
ElseIf 条件表达式 3 Then
        语句块 3
        …
ElseIf 条件表达式 n Then
        语句块 n
Else
        语句块 n+ 1
End If
```

该语法格式的功能是:按从上到下的顺序依次判断各表达式的值,若某个表达式为真,则执行相应的语句块,并跳过剩余的语句块;若所有的条件表达式都不为真,则执行最后的 Else 语句块。当然,如果当所有条件都不满足时并不需要进行专门处理,那么,最后一个 Else 分支也可以省略。其控制流程如图 4-14 所示。

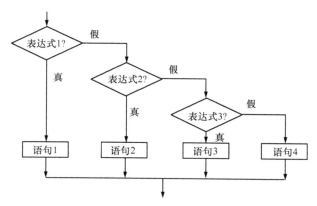

图 4-14　多分支 If 语句控制流程结构

要注意的是，不管有几个 ElseIf 子句，程序执行完一个语句块后，其余 ElseIf 子句不再执行。当多个 ElseIf 子句中的条件都成立时，只执行第一个条件成立的子句中的语句块。因此，在使用 ElseIf 语句时，要特别注意各判断条件的前后次序。

例 4.8　输入学生成绩并按分数段确定等级。其中，90 分以上为优，75 分以上为良，60 分以上为及格，60 分以下为不及格。

```
Private Sub Form_Click()
    Dim score As Integer
  score = Val(InputBox("请输入成绩:"))
    If score > = 90 Then
        Print "优"
    ElseIf score > = 75 Then
            Print "良"
      ElseIf score > = 60 Then
              Print "及格"
          Else
              Print "不及格"
    End If
    Print "score= "; score
End Sub
```

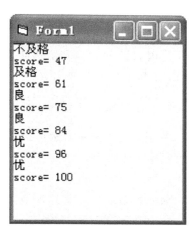

图 4-15　运行结果

程序的运行结果如图 4-15 所示。

由于多分支 If 语句中的 ElseIf 子句和 Else 子句都是可选项，因此，若省略全部的 ElseIf 子句和 Else 子句，则可得到块 If 结构条件语句的最简单形式——单分支 If 语句。若只省略 ElseIf，则又可得到块 If 结构条件语句的最基本形式——双分支 If 语句。由此可见，单分支 If 语句和双分支 If 语句其实都是标准块 If 语句的一个特例。

3. If 语句的嵌套

在 If 语句的分支中如果还包含有 If 语句，就构成了 If 的嵌套结构。在使用 If 语句的嵌套结构完成多分支结构时应该注意到：①Else 和 If 要分开；②EndIf 要写得完整。

例 4.9　利用 If 语句的嵌套实现分段函数的计算：

$$y = \begin{cases} 20x + 5 & x < 10 \\ x + 3 & 10 \leqslant x \leqslant 20 \\ 10x & x > 20 \end{cases}$$

```
Option Explicit
Private Sub Form_Click()
    Dim x   As Single, y   As Single
    x = Val(InputBox("请输入 x:"))
    If x < 10 Then
      y = 20 * x + 5
    Else
        If x >= 10 And x <= 20 Then
            y = x + 3
        Else
            y = 10 * x
        End If
    End If
    Print "x= "; x,  "y= "; y
End Sub
```

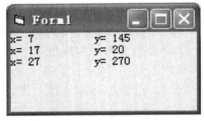

图 4-16　运行结果

程序的运行结果如图 4-16 所示。

使用 If 语句的嵌套结构使得程序显得更加复杂，因此，在多分支结构中应尽量使用带 ElseIf 子句的多分支块 If 语句，这样会使得程序易于阅读。

4.3.3　Select Case 多分支选择语句

多分支选择结构虽然可以用 If...Then...Else 来实现，但是当判断的层次比较多时，会导致程序可读性差，程序显得过于冗长，不易维护。这种情况下，可以改用分支选择语句 Select Case 语句。

Select Case 多分支选择语句又称为情况语句。其常见语法格式如下：

```
Select Case <测试表达式>
    Case <表达式列表 1>
            <语句块 1>
    Case <表达式列表 2>
            <语句块 2>
    Case <表达式列表 3>
            <语句块 3>
    ...
    Case <表达式列表 n>
            <语句块 n>
    [Case Else
            <语句块 n+ 1> ]
    End Select
```

该语法格式的功能：首先计算＜测试表达式＞的值，然后再将该值与各 Case 子句中的＜表达式列表＞逐一进行比较。若符合条件的，则执行相应 Case 后的语句；若与所有 Case 表达式都不匹配，则执行 Case Else 后的语句。其控制流程如图 4-17 所示；

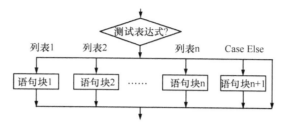

图 4-17　Case Else 语句控制流程结构

其中，

（1）Select Case 中的＜测试表达式＞可以是任意数值表达式或字符串表达式，但通常是一个变量或常量。

（2）Case 子句中的＜表达式列表＞，也称值域。其数据类型必须与测试表达一致。当在表达式列表中含有多个表达式时，表达式之间用 "," 号分隔。

例如：Case 1 , 2 , 3

（3）Case 子句中的表达式也可用关键字 "To" 来指定范围，或用关键字 "Is" 来引用关系运算符。例如：

```
Case 1 To10
Case 25 To 30 , 40 To 50
Case "a" To "abc"
Case Is =  30
Case Is >  100
Case 2, 4, Is< - 5
```

（4）Select Case 语句中的 Case Else 子句也是一个可选项。如果在语句中有 Case Else 子句，则所有 Case 子句必须放在 Case Else 子句之前。

（5）若同一值域范围在多个 Case 子句中出现，则只会执行符合要求的第一个 Case 子句。

在 Visual Basic 程序设计中，Select Case 语句首先处理测试表达式，并只计算一次。然后将表达式的值与结构中的每个 Case 的值进行比较，若相等，就执行与该 Case 相关联的程序段；若都不相等，则执行 Case Else 后的默认程序段或执行 Select Case 语句的下一条语句（省略 Case Else 情况下）。Case Else 虽然是可选的，但是最好使用，以防遗漏测试数据。

例 4.10　根据不同年龄进行判别：13 岁以下为儿童，18 以下是少年，之后为成人，但是，年龄不超过 140 岁。

```
Private Sub Form_Click()
    Dim Age As Integer
    Age =  Val(InputBox$ ("请输入年龄"))     '输入数值

    Select Case Age
```

```
Case 1 To 12              '根据不同的年龄范围输出不同的内容
    Print "您的年龄是"; Age; "岁,您是一个儿童。"
Case 13 To 18
    Print "您的年龄是"; Age; "岁,您是一个少年。"
Case 19 To 140
    Print "您的年龄是"; Age; "岁,您是一个成人。"
Case Else
    MsgBox "您的年龄超出了范围!!"
```

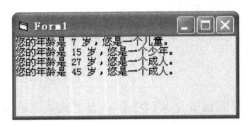

图 4-18 运行结果

```
    End Select
End Sub
```

程序的运行结果如图 4-18 所示。

例 4.11 设银行的定期存款利率为：半年期 3.3%，一年期 3.5%，三年期 5%，五年期 5.5%（不计复利）。请输入存款金额，并选择存款年限，编程计算到期利息。程序界面如图 4-19 所示。

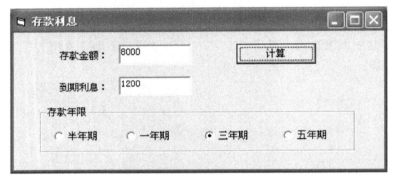

图 4-19 运行结果

窗体及其内含控件的属性设置如下表所示：

表 4-1 窗体内含控件的属性设置

控件	属性	值	控件	属性	值
Form1	Caption	"存款利息"	Option1	Caption	"半年期"
Label1	Caption	"存款金额"	Option2	Caption	"一年期"
Label2	Caption	"到期利息"	Option3	Caption	"三年期"
Command1	Caption	"计算"	Option4	Caption	"五年期"
Frame1	Caption	"存款年限"			

```
Option Explicit
Private Sub Command1_Click()
    Dim money As Single, interest As Single, year As Single
    money = Val(Text1.Text)
    Select Case True
```

```
    Case Option1. Value
        year =  0.5
        interest =  0.033
    Case Option2. Value
        year =  1
        interest =  0.035
    Case Option3. Value
        year =  3
        interest =  0.05
    Case Option4. Value
        year =  5
        interest =  0.055
  End Select
  Text2. Text =  money *  interest *  year
End Sub
```

Select Case 语句的功能与 If 语句相类似，一般来说，大多数用 If 语句可以实现的功能用 Select Case 语句也可以实现。两者的区别在于：Select Case 语句只对单个测试表达式求值，并根据求值结果来选择执行不同的语句块；而 If 语句则可以对多个表达式分别求值，因此具有更好的适应性和更强大的功能。

例 4.12　设计一个登陆程序，当用户输入的口令正确时，显示"已成功进入本系统"，否则，显示"口令错！请重新输入"。如果连续 3 次输入了口令仍不正确，则提示"您无权使用本系统"。

分析：假设使用一个文本框 Text1 来接收口令，运行时用户输入完口令并按回车键后系统才对输入的口令进行检查，因此本例使用了 Text1 的 KeyPress 事件。当焦点位于文本框内，按下键盘上任一键后会产生 KeyPress 事件，同时返回按键代码 KeyAscii。回车键的代码为 13，所以程序首先判断用户是否在 Text1 中按下了回车键，若 KeyAscii＝13，表示口令输入完成。

说明：本程序中使用了一个窗体级变量 I 来统计输入错误口令的次数。变量 I 只在第一次判断口令时被初始化为 0，以后每次执行该过程时，若口令错误，则 I 的值累加 1，因此，当 I 的值为 3 时，表示用户已经连续 3 次输入了错误口令。程序代码如下：

```
Private Sub Text1_KeyPress(KeyAscii As Integer)
    Static I As Integer
    If KeyAscii =  13 Then
      If Text1. Text =  "abc" Then
          Label2. Caption  =  "您已成功进入本系统"
      ElseIf  I <  3  Then
          I  =  I +  1
          Label2. Caption  =  "口令错！请重新输入"
          Text1. SetFocus
      Else
          MsgBox "您无权使用本系统"
      End  If
```

```
        End If
End Sub
```

思考：请自行设计程序界面模块。

4.4　循环结构

在计算机程序设计中，经常需要进行一些重复性的操作和计算，这时，就可以考虑采用循环结构。例如，计算学生的平均成绩，重复 100 次加减乘除，进行迭代求根，数组中的每个整数加 1 等等。虽然开发人员可以为每次的任务都编写一条语句，但是这样就违背了使用计算机的初衷："使用计算机的目的是为了减轻工作量，而不是增加工作量。"因此，对于这些重复性的任务，使用 Visual Basic 中的循环结构就能轻松地完成。

循环是重复执行一组指令，重复次数由一定的条件决定，结构中反复执行的部分称为循环体。判断循环体是否会被执行的控制条件称为循环控制条件。各种循环结构的共同特点是：循环体执行与否由循环控制条件决定，并且必须保证在某种条件下能达到循环结束条件，以便于终止循环。

循环结构实现的方法基本上有两种，一种是指定一个条件表达式，当表达式的值为 True（或者是 False）时执行循环体，否则就退出循环；另一种是指定循环次数。

在程序循环执行的过程中，如果有无条件循环，则循环体代码将无限地执行下去（即死循环），这种情况当然应该避免。

循环结构可以减少源程序重复书写的工作量，这是程序设计中最能发挥计算机特长的程序结构。在 Visual Basic 中，常用到三种循环结构：For...Next 循环结构、Do...Loop 循环结构和 While...Wend 循环结构。

4.4.1　For...Next 循环结构

当可以预知程序中循环的次数时，可使用 For...Next 循环语句。For...Next 循环也称为 For 循环或计数循环。

For...Next 循环中有一个计数器变量，决定循环的次数。其常见语法格式如下：

For 循环控制变量＝初值 To 终值 ［Step 步长］

　　　　　　　　［语句块 1］
　　　　　　　　［Exit For］
　　　　　　　　［语句块 2］

Next ［循环控制变量］

该语法格式的功能：

（1）首先把初值赋值给循环控制变量。

（2）判断循环控制变量的当前值是否超过终值。如果没有超过终值，则进入第（3）步，执行 For 循环中的循环体；否则，跳出循环并跳转到第（5）步，执行 Next 后面的语句。

（3）循环控制变量没有超过终值，则执行循环体中的语句。

（4）执行到 Next 语句，把"循环变量＋步长"，现赋值给"循环变量"，并返回到第 ②步。

（5）循环结束，执行 Next 后面的语句。

For...Next 循环的控制流程如图 4-20 所示；

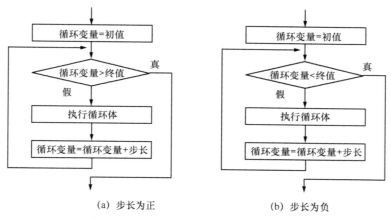

（a）步长为正　　　　　　　（b）步长为负

图 4-20　For...Next 循环语句控制流程结构

其中，

（1）"循环控制变量"、"初值"、"终值"、"步长"是数值型变量。

（2）"步长"是循环控制变量的增量，其值可为正数或负数（如果省略不写，则默认步长为 1）。"步长"若为正数，则终值应该大于初值；若为负数，则终值应该小于初值。

（3）循环开始时，循环控制变量的值为初值，每执行一次循环体，它的值要加一次步长的值，然后判断其值是否小于等于（或大于等于，在步长为负值的情况下）终值，如果判断结果为"真"，则继续执行循环体，否则退出循环。

（4）Exit For 语句的作用是退出当前循环，常与条件语句合用。

（5）如果是单层循环，则 Next 后面的"循环控制变量"也可省略不写。

例 4.13　计算 1～10 之间所有整数的平方值（步长分别取正数和负数）。

程序代码如下：

```
Private Sub Form_Click()
    Dim I, J, k As Integer
    I = 1: J = 10

    For k = I To J                '步长为正数
      Print k ^ 2;
    Next k
    Print

    For k = J To I Step - 1       '步长为负数
      Print k ^ 2;
    Next k
End Sub
```

程序的运行结果如图 4-21 所示。

例 4.14　计算 $\sum_{i=1}^{100} i = 1+2+3+\cdots+100$

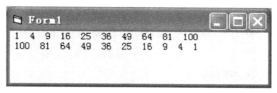

图 4-21　运行结果

这是一个"累加求和"的问题。解决这类程序时，通常是引入一个用来存放"和"值的单元 sum，然后循环地向 sum 中加入一个加数，最后，在变量 sum 中存放的就是累加的结果。程序代码如下：

```
Option Explicit
Private Sub Form_Click()
    Dim i As Integer, sum As Integer
    sum = 0
    For i = 1 To 100
        sum = sum + i
    Next i
    Print "sum= "; sum
End Sub
```

图 4-22　运行结果

程序的运行结果如图 4-22 所示。

在这个程序中就是循环地向 sum 中加了 i 次数，第 1 次加的是 1，第 2 次加的是 2，……，第 i 次加的是 i，即每次的累加项总是与次数相同，因为循环控制变量 i 表示了次数，所以，在循环体中累加项用 i 来表示。为了使结果不受到影响，所以将 sum 的初始值设置为 0。

在"累加"问题中，关键在于设置了一个用来表示累加和的变量，然后通过循环依次的向其中放入一个有规律变化的累加项。

除此以外，还有"累乘求积"的问题，累乘与累加的区别除了运算不同之外，就是用来表示积的变量的初始值应设置为 1，因为 1 不影响运算的结果。在解决这类问题时，关键在于确定循环次数和找到每次要相加或相乘的项与循环变量之间的关系。有的累加或累乘问题中，每次的累加项或累乘项与循环变量之间不存在任何关系，这种情况下可以单独设置一个变量来表示这个项。

例 4.15　计算 100 以内（含 100）偶数的累加和。

程序代码如下：

```
Option Explicit
Private Sub Form_Click()
    Dim i As Integer, sum As Integer
    sum = 0
    For i = 2 To 100 Step 2
        sum = sum + i
    Next i
    Print "sum= "; sum
End Sub
```

程序的运行结果如图 4-23 所示。

思考：如何计算 100 以内奇数的累加和？

例 4.16　计算任意正整数 N 的阶乘。

程序代码如下：

```
Option Explicit
Private Sub Command1_Click()
```

图 4-23　运行结果

```
Dim i As Integer, n As Integer, s As Long
n =  Val(InputBox("请输入一个正整数 N(N< = 12):"))
s =  1
For i =  1 To n
    s =  s *  i
Next i
Print n; "! = "; s
End Sub
```

程序的运行结果如图 4-24 所示。

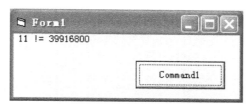

图 4-24 运行结果

思考：如果输入的 n 值大于 12 会产生什么结果？当 n 值大于 12 时，怎样才能产生正确的结果？

4.4.2 Do...Loop 循环结构

在程序设计中，有些情况是循环次数无法预知的，这时，可以使用 Do...Loop 循环结构语句。Do...Loop 循环结构语句是最常用且较有效的循环结构。它有两种形式：前测型循环结构和后测型循环结构两种形式。如图 4-25 所示。

1. 前测型循环结构

前测型循环结构也称为当型循环结构。当型循环是先判断条件，当条件满足时反复执行循环体，直到条件不满足为止。循环体有可能一次也不执行。其语法格式如下：

```
Do[{ While | Until }条件表达式]
    [语句块 1]
    [Exit Do]
    [语句块 2]
Loop
```

其中，

（1）前测型循环结构可分为 Do While...Loop 和 Do Until...Loop 两种形式。Do While...Loop 是当型循环语句，Do Until...Loop 是（前测型）直到型循环语句。

（2）Do While...Loop 循环语句的功能是：首先测试条件表达式的值，当表达式为真（True）时，反复执行循环体；表达式为假（False）时，终止循环，然后执行 Loop 之后的语句。

（3）Do Until...Loop 循环语句的功能是：首先测试条件

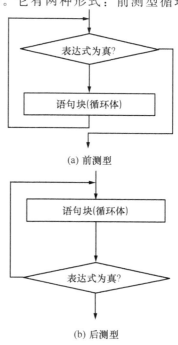

图 4-25 Do...Loop 循环结构语句控制流程结构

表达式的值，当表达式为假（False）时，反复执行循环体，直到表达式为真（True）时，终止循环，然后执行 Loop 之后的语句。

（4）Exit Do 的作用是退出 Do…Loop 循环，转而执行 Loop 之后的一语句。Exit Do 语句常与条件语句合用，以达到提前退出循环的目的。

（5）"条件表达式"是可选参数，可以是数值表达式或字符串表达式，其值为 True 或 False。若条件表达式的值是 Null，则会被当做 False。

例 4.17　计算 5 的阶乘。

程序代码如下：

```
Private Sub Form_Click()
    Dim I As Integer, Sum As Integer
    I = 1
    P = 1
    Do While I < = 5
        P = P * I
        I = I + 1
    Loop
    Print "  5! = "; P
End Sub
```

程序的运行结果如图 4-26 所示。

说明：本例也可以用 Do Until…Loop 循环语句来实现相同的结果。程序代码如下：

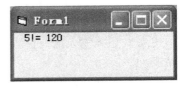

图 4-26　运行结果

```
Private Sub Form_Click()
    Dim I As Integer, Sum As Integer
    I = 1
    P = 1
    Do Until I > 5
        P = P * I
        I = I + 1
    Loop
    Print "  5! = "; P
End Sub
```

例 4.18　设银行一年期定期存款利率为 3.51%，则 10 000 元存款在一年到期后的本利合计为 10 351 元。若按此方式将本利合计反复存入银行，试问多少年后本利合计会翻一番。

程序代码如下：

```
Option Explicit
Private Sub Form_Click()
    Dim money As Single, interest As Single, original, n As Integer
    money = 10000
    original = money
    interest = 0.0351
    Do Until money > = original * 2
        n = n + 1
```

```
        money = money * (1 + interest)
    Loop
    Print "到第" & n & "年,存款本利合计翻一番达:" & money & "元"
End Sub
```

程序的运行结果如图 4-27 所示。

图 4-27　运行结果

2. 后测型循环结构

后测型循环是先执行循环体，后判断条件，当条件满足时继续执行循环，否则退出。循环体至少会被执行一次。其语法格式如下：

```
Do
    [语句块 1]
    [Exit Do]
    [语句块 2]
Loop [{While | Until}条件表达式]
```

其中，

（1）后测型循环结构也有 Do...Loop While 和 Do...Loop Until 两种形式。

（2）后测型循环的功能与前测型循环基本一致，两者的区别在于：前测型循环是先测试，后执行；而后测型循环是先执行，后测试。这样，若在第一次进入循环时，循环条件就为假，则前测型循环的循环体一次都不会执行，而后测型循环的循环体则至少会被执行一次。

（3）"条件表达式"是可选参数。它可以是数值表达式或字符串表达式，其值为 True 或 False。如果条件表达式的值是 Null，则会被当作 False。

（4）在 Do...Loop 语句中可以在任何位置放置 Exit Do 语句，随时跳出 Do...Loop 循环。Exit Do 语句通常用于条件判断之后，在这种情况下，Exit Do 语句将控制权转移到紧接在 Loop 命令之后的语句。

例 4.19　分别使用 Do...Loop While 和 Do...Loop Until 语句打印出 1～10。

程序代码如下：

```
Private Sub Form_Click()
    Dim I As Integer, J As Integer
    I = 1
    J = 1
    Do
      Print I;
      I = I + 1
    Loop While I <= 10
    Print
```

```
Do
  Print J;
  J = J + 1
Loop Until J > 10
End Sub
```

程序的运行结果如图 4-28 所示。

例 4.20　猜数游戏。在程序中先随机产生一个 100 以内的正整数，然后要求用户通过输入对话框反复输入整数进行猜数。如果未猜中，则提示输入数据过大或过小；如果猜中，则显示已猜次数。程序最多允许猜 5 次。程序界面运行结果如图 4-29 所示。窗体所含控件的属性设置如表 4-2 所示。

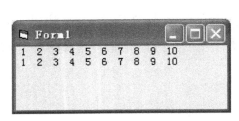

图 4-28　运行结果

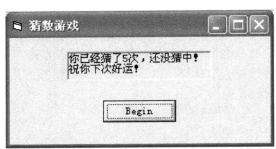

图 4-29　运行结果

表 4-2　窗体内含控件的属性设置

控件	属性	值
Form1	Caption	"猜数游戏"
Command1	Caption	"Begin"
Label1	BorderStyle	1-Fixed Single

程序代码如下：

```
Option Explicit
Private Sub Command1_Click()
    Dim count As Integer, num As Integer, fact As Integer
    Randomize
    fact = Int(Rnd * 100)
    count = 0
    Do
        num = Val(InputBox("输入所猜的数(最多只能猜 5 次):"))
        If num > fact Then
            Label1.Caption = "过大"
        Else
            Label1.Caption = "过小"
        End If
        count = count + 1
    Loop Until num = fact Or count = 5
    If num = fact Then
```

```
        Label1.Caption =  "恭喜你,猜中了! 共猜了" & count & "次!"
    Else
        Label1.Caption =  "你已经猜了 5 次,还没猜中! 祝你下次好运!"
    End If
End Sub
```

4.4.3　While...Wend 循环结构

对于比较简单的循环计算，可以考虑使用 While...Wend 循环语句，它的功能比其他的循环语句简单。其常见语法格式如下：

```
While < 条件表达式>
[语句块]
Wend
```

该语法格式的功能是：首先计算表达式的值，若为逻辑真（非 0 值），则执行内嵌的"语句块"（即循环体）一次；当遇到 Wend 语句时，控制返回 While 语句并重复以上过程；当表达式为假时，则跳过循环体，执行 Wend 之后的语句。

While...Wend 循环的控制流程如图 4-30 所示；

说明：

（1）该循环格式中的条件表达式一般为布尔表达式，也可以是数值和字符表达式，结果为 True 或 False，用来表示一个判断条件。

（2）这种循环结构的循环体内一般应该包括对"条件"进行改变的语句，使条件表达式的结果发生变化。否则，若初始条件成立，则每次执行完循环体后再检验条件，条件仍然成立，再执行循环体，这样无限执行下去，不能结束，就形成了"死循环"。若初始条件不成立，则循环体一次也不执行，循环就毫无意义。

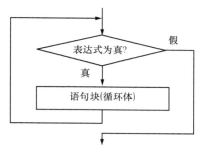

图 4-30　While...Wend 循环语句控制流程结构

（3）While 循环与 For 循环的区别在于：For 循环对循环体执行指定的次数；而 While 循环则是在给定的条件为真时重复一组语句的执行。也就是说，通过 While 循环可以指定一个循环终止的条件，而使用 For 循环只能进行指定次数的重复。因此，当需要由数据的某个条件是否满足来控制循环时，使用 While 循环比较灵活。

例 4.21　找出 1000 以下的能够被 5 和 17 整除的最大的 10 个数并将它们输出。

分析：这里专门设置一个变量 found 记录当前找到的数的个数，只要 found 的值小于 10，说明还没有找足，循环继续进行。程序代码如下：

```
Private Sub Form_Click()
    a =  1000
    found =  0
    While (found < >  10)
      a =  a - 1
      If a Mod 5 =  0 And a Mod 17 =  0 Then
        found =  found + 1
        Print a;
```

```
      End If
    Wend
End Sub
```

程序的运行结果如图 4-31 所示。

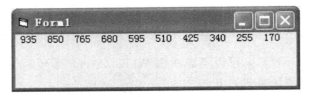

图 4-31　运行结果

说明：While…Wend 循环也可以是多层的嵌套结构。每个 Wend 匹配最近的 While 语句。与 While…Wend 语句相比，Do…Loop 语句提供了一种结构化与适应性更强的方法来执行循环。Do…Loop 语句中的条件表达式既可以放在循环之首，也可以放在循环之尾。此外，Do…Loop 循环可以在条件没有满足的情况下退出循环（当遇到 Exit Do 语句）。

4.4.4　循环的嵌套

在一个循环体内又包含另一个完整的循环体结构，称为循环的嵌套。内嵌的循环中还可以嵌套循环，这就是多层循环的嵌套。在嵌套结构中，对嵌套的层数没有限制，有几层嵌套，就称为几重循环。多重循环的执行过程是：外循环每执行一次，内循环都要从头到尾执行一遍。同类循环和不同种类的循环都可以互相嵌套。嵌套的循环在程序设计中起着很重要的作用。

嵌套时需要注意，内层循环必须完全包含在外层循环之内，不能相互"交叉"，内层循环和外层循环应该使用不同的循环控制变量。另外，在多重循环的任何一层循环中都可以使用 Exit Do 或 Exit For 退出循环，但要注意只能退出 Exit Do 或 Exit For 语句所对应的最内层循环，而不是一次退出多层循环。

例 4.22　计算 1! ＋2! ＋3! ＋4! 的结果并打印结果：

程序代码如下：

```
Private Sub Form_Click()
  Dim I, J As Integer
  Dim Sum1, Sum2 As Integer
  Sum1 =  0
    For I =  1 To 4
     Sum2 =  1
     For J =  1 To I
       Sum2 =  Sum2 *  J
     Next J
     Sum1 =  Sum1 +  Sum2
   Next I
Print "1! + 2! + 3! + 4! = "; Sum1
End Sub
```

程序的运行结果如图 4-32 所示。

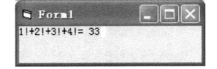

图 4-32　运行结果

思考：如果是计算 1! ＋2! ＋3! ＋4! ＋5! ＋6! ＋7! ＋8! 的结果，如何修改程序？

例 4.23　计算 Sum＝1＋ (1＋2) ＋ (1＋2＋3) ＋…＋ (1＋2＋3＋…＋n)，其中 n 由用户输入。

分析：这是一个累加问题，共有 n 项相加，可以设置存放累加和的变量为 Sum，而对于第 I 个累加项 1＋2＋…＋I，又是一个累加问题，设存放该累加项的变量为 Sum1，因此可以用双重循环实现。用外循环对 I 依次取 1、2、…、n 值，对于每一次的累加项 (如第 I 项)，用内循环控制求 1＋2＋…＋I。程序代码如下：

```
Private Sub Form_Click()
   n = Val(InputBox("请用户输入 n:"))
   Sum = 0
   For I = 1 To n
     Sum1 = 0                '在计算每个累加项之前,将存放累加和的变量清零
     For J = 1 To I
       Sum1 = Sum1 + J
     Next J
     Sum = Sum + Sum1
   Next I
   Print "当 n 为"; n; "时,Sum= 1+ (1+ 2)+ (1+ 2+ 3)+ …+  (1+ 2+ 3+ …+ n)= "; Sum
End Sub
```

程序的运行结果如图 4-33 所示。

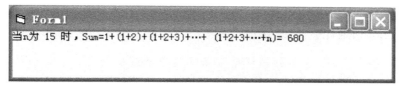

图 4-33　运行结果

例 4.24　打印九九乘法表。

程序代码如下：

```
Option Explicit
Private Sub Form_Click()
    Dim i As Integer, j As Integer, str As String
    For i = 1 To 9
      For j = 1 To 9
        str = j & "×" & i & "=" & i * j
        Print Tab((j - 1) * 9); str;
      Next j
      Print
    Next i
End Sub
```

程序的运行结果如图 4-34 所示。

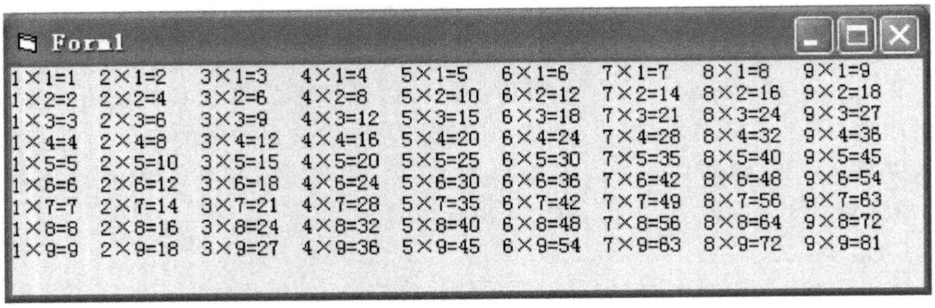

图 4-34　运行结果

思考：如何打印如下图所示的九九乘法表：

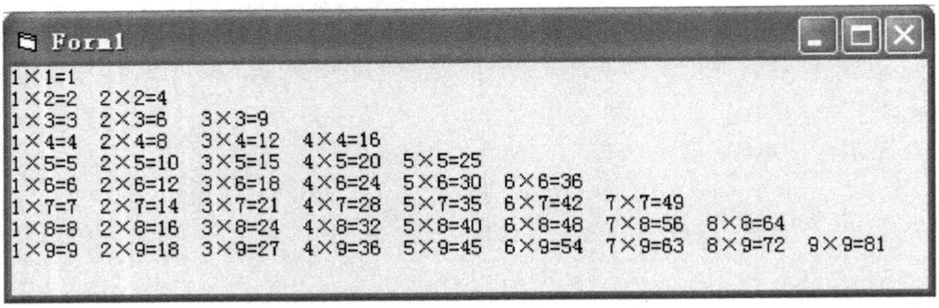

图 4-35　运行结果

4.4.5　循环的退出

程序在正常情况下，会在达到循环结束条件时自动退出循环。但是在某些特殊情况下（比如：跳出死循环、满足条件就不再执行之后的语句、去掉无效的循环次数等），也可能需要提前强制退出循环，除了可以通过组合键 Ctrl＋Back 强行中止程序的运行之外，在 Visual Basic 程序中也提供了相应的语句。

1. 强制退出 Do...Loop 循环

语法格式为：

Exit　Do

功能：执行到 Exit Do 语句时，程序强制退出循环，转而直接执行 Loop 后的语句。

2. 强制退出 For...Next 循环

语法格式为：

Exit　For

功能：执行到 Exit For 语句时，程序强制退出循环，转而直接执行 Next 后的语句。

例 4.25　求任意两个整数 a、b 的最大公约数。

分析：所谓最大公约数是被 a、b 都能整除，并且其值不可能超过 a、b 中较小的一个的最大数。因此，可以循环地将该范围内的整数取余进行验证，逐渐缩小范围，直到发现结果为止。程序代码如下：

```
Private Sub Form_Click()
    Dim a As Integer, b As Integer, min As Integer
```

```
    a =  Val(InputBox("请用户输入 a:"))
    b =  Val(InputBox("请用户输入 b:"))
    If a >  b Then
        min =  b
    Else
        min =  a
    End If
    For i =  min To 1 Step - 1
      If (a Mod i =  0) And (b Mod i) =  0 Then
        Print "最大公约数为", i
        Exit For                          '得出解之后,循环停止
      End If
    Next i
End Sub
```

　思考：请自行设计程序界面模块。

4.5　算法

　　要利用计算机处理问题，需要编写出使计算机按人们意愿工作的程序。而程序实质上就是一组计算机指令。每一条指令使计算机执行特定的操作。因此，每个学习计算机知识以及希望利用计算机进行某项工作的人都应学习如何进行程序设计。

　　为了有效地进行程序设计，应当至少具有两方面的知识。即：

　　①掌握一门高级语言的语法规则；

　　②掌握解题的方法和步骤——算法。

　　有了正确有效的算法，可以利用任何一种计算机高级语言编写程序。

4.5.1　算法简介

　　算法是解题的步骤。在计算机科学中，算法要用计算机算法语言描述，算法代表用计算机解一类问题的精确、有效的方法。算法＋数据结构＝程序，求解一个给定的可计算或可解的问题，不同的人可以编写出不同的程序，来解决同一个问题。

1. 程序设计的一般步骤

　　我们在拿到问题之后，不可能马上就动手编程解决问题，要经历一个思考、编程的过程，对于一般的小问题，我们可以进行简单处理，按照下面给出的 5 步进行求解：

　　第 1 步：明确问题的性质，分析题意

　　我们可以将问题简单地分为：数值型问题和非数值型问题。不同类型的问题可以有针对性地采用不同的方法进行处理。

　　第 2 步：建立问题的描述模型

　　对于数值型问题，我们可以建立数学模型，通过数学模型来描述问题。对于非数值型问题，我们一般可以建立一个过程模型，通过过程模型来描述问题。

　　第 3 步：设计/确定算法

　　对于数值型的问题，我们可以采用数值分析的方法进行处理。在数值分析中，有许多现成的固定算法，我们可以直接使用，当然我们也可以根据问题的实际情况设计算法。

对于非数值型问题，我们可以通过数据结构或算法分析与设计进行处理。也可以选择一些成熟的方法进行处理，例如：穷举法，递推法，递归法，分治法，回溯法等。

在算法确定之后，我们就要对算法进行描述。而进行算法的描述通常会涉及算法的两个基本要素：一是对数据对象的运算和操作；二是算法的控制结构。而对数据对象的运算和操作有算术运算（主要包括加、减、乘、除等运算）、逻辑运算（主要包括"与"、"或"、"非"等运算）、关系运算（主要包括"大于"、"小于"、"等于"、"不等于"等运算）和数据传输（主要包括赋值、输入、输出等操作）；而算法的控制结构包括：顺序结构、选择结构、循环结构。其中，顺序结构是按照先后顺序依次执行程序中的语句；选择结构是按照给定条件有选择地执行程序中的语句；循环结构是按照给定规则重复地执行程序中的语句。

第4步：编程调试

根据算法，采用一种编程语言编程实现，然后上机调试，得到程序的运行结果。

第5步：分析运行结果

对于运行结果要进行分析，看看运行结果是否符合预先的期望，如果不符合，要进行判断问题出在什么地方，找出原因对算法或程序进行修正，直到得到正确的结果。

2. 算法的定义和特征

通常的算法定义是：一个算法是求解某一类特定问题的一组有穷规则的集合。它是问题处理方案的正确而完整的描述。

首先，一个算法是一组规则，通常称之为算法步骤，这组规则是有穷的，即能用有限的形式表示出来。其次，一个算法是针对一类问题而设计的。如果给出了求解某类问题的一个算法，那么对这类问题的任意一组（一个）初始数据，这个算法都有效的，也就是说，根据算法给出的求解步骤，都能求出这组初始数据所对应的计算结果。

算法不等于程序，也不等计算机方法，程序的编制不可能优于算法的设计。

算法的基本特征：是一组严谨地定义运算顺序的规则，每一个规则都是有效的，是明确的，此顺序将在有限的次数下终止。特征包括：

（1）可行性。要求算法中有待实现的运算都是基本的，每种运算至少在原理上能由人用纸和笔在有限的时间内完成，每一个步骤都应当能有效的执行，并得到确定的结果；

（2）确定性。算法中每一步骤都必须有明确定义，不允许有模棱两可的解释，不允许有多义性；

（3）输入。在算法设计过程中，可以没有输入，也可以有多个输入。在算法运算开始之前给出算法所需数据的初值，这些输入取自特定的对象集合；

（4）输出。作为算法运算的结果，一个算法产生一个或多个输出，输出是同输入有某种特定关系的量。算法的目的是为了求解，"解"一定要通过输出，才能看到结果；

（5）有穷性。一个算法应包含有限的操作步骤，算法必须能在有限的时间内做完，即能在执行有限个步骤后终止，包括合理的执行时间的含义，不能出现死循环；满足前四个特性的一组规则不能称为算法，只能称为计算过程，操作系统是计算过程的一个例子，XP系统下载是前提，操作系统用来管理计算机资源，控制作业的运行，没有作业运行时，计算过程并不停止，而是处于等待状态。

3. 算法的设计过程

设计出一个好的算法，一般要经过设计、确认、分析、编码、测试、调试、计时等阶段。对算法的设计通常可以包括五个方面的内容：

（1）设计算法。算法设计工作是不可能完全自动化的，应学习了解已经被实践证明是有用的一些基本的算法设计方法，这些基本的设计方法不仅适用于计算机科学，而且适用于电气工程、运筹学等领域；

（2）表示算法。描述算法的方法有多种形式，例如自然语言和算法语言，各自有适用的环境和特点；

（3）确认算法。算法确认的目的是使人们确信这一算法能够正确无误地工作，即该算法具有可计算性。正确的算法用计算机算法语言描述，构成计算机程序，计算机程序在计算机上运行，得到算法运算的结果；

（4）分析算法。算法分析是对一个算法需要多少计算时间和存储空间作定量的分析。分析算法可以预测这一算法适合在什么样的环境中有效地运行，对解决同一问题的不同算法的有效性做出比较；

（5）验证算法。用计算机语言描述的算法是否可计算、有效合理，须对程序进行测试，测试程序的工作由调试和作时空分布图组成。

4. 常用的算法基本设计方法

做任何事情都有一定方法和步骤，例如，打太极拳有描述太极拳动作的图解，它是"太极拳的算法"。在计算机程序设计中，解决某一问题的计算机算法，应该是一系列的操作步骤。对同一个问题，可以有不同的算法，但算法有优劣之分，有的算法步骤少，有的算法步骤多。我们希望得到方法正确，步骤少的算法。

人们希望计算机求解的问题是千差万别的，所设计的求解算法也千差万别，而算法语言只是一种工具，为实际问题设计算法才是程序设计的核心。因此，为了有效地进行解题，不仅需要保证算法正确，还要考虑算法的质量，选择合适的算法。

一般来说，算法设计没有什么固定的方法可循。但是通过大量的实践，人们也总结出某些共性的规律，其中包括列举法、归纳法、递推/递归法、分治法、贪心法、回溯法、动态规划法，等等。

1）列举法

列举法又叫做穷举搜索法，它的基本思想是，根据提出的问题，列举出所有可能的情况，并用问题中给定的条件，按某种顺序进行逐一枚举和检验，检验哪些是满足条件的，哪些是不满足条件的。从而找出那些符合要求的候选解作为问题的解。列举法通常用于解决"是否存在"或"有哪些可能"等问题。例如，我国古代的趣味数学题："百钱买百鸡"、"鸡兔同笼"、查找、搜索等，均可采用列举法进行解决。

使用列举法时，要对问题进行详细的分析，将与问题有关的知识条理化、完备化、系统化，从中找出规律。

2）归纳法

归纳法的基本思想是，通过列举少量的特殊情况，经过分析，最后找出一般的关系。归纳是一种抽象，即从特殊现象中找出一般规律。但由于在归纳法中不可能对所有的情况进行列举，因此，该方法得到的结论只是一种猜测，还需要进行证明。

3）递推法

递推法是利用问题本身所具有的一种递推关系对问题进行求解的一种方法。它把问题分成若干步，从已知的初始条件出发，逐次推出所要求的各个中间环节和最后结果。其中初始条件或问题本身已经给定，或是通过对问题的分析与化简而确定。

递推的本质也是一种归纳，递推关系式通常是归纳的结果。例如，裴波那契数列（Fibonacci），是采用递推的方法解决问题的。

4）递归法

在解决一些复杂问题时，为了降低问题的复杂程序，通常是将问题逐层分解，最后归结为一些最简单的问题。这种将问题逐层分解的过程，并没有对问题进行求解，而只是当解决了最后的问题那些最简单的问题后，再沿着原来分解的逆过程逐步进行综合，这就是递归的方法。例如，裴波那契数列（Fibonacci）、Hanoi 塔问题、Cayley 树，是采用递推的方法解决问题的。

递归是这样的一个过程：函数不断引用自身，直到引用的对象已知。递归可分为直接递归和间接递归两种方法。如果一个算法直接调用自己，称为直接递归调用；如果一个算法 A 调用另一个算法 B，而算法 B 又调用算法 A，则此种递归称为间接递归调用。

5）分治法

分治法也称为减半递推技术，它将问题的规模减半，或者把一个复杂的问题分成两个或更多的相同或相似的子问题，再把子问题分成更小的子问题……直到最后子问题可以简单的直接求解，原问题的解即子问题的解的合并。

分治法保持问题的性质不变，对问题进行分而治之，然后，重复相同的递推操作。例如，一元二次方程的求解。

6）回溯法

有些实际的问题很难归纳出一组简单的递推公式或直观的求解步骤，也不能使用无限的列举。对于这类问题，只能采用试探的方法，通过对问题的分析，找出解决问题的线索，然后沿着这个线索进行试探，如果试探成功，就得到问题的解，如果不成功，再逐步回退，换别的路线进行试探。这种方法，即称为回溯法。如人工智能中的机器人下棋。

7）贪婪法

贪婪法又称为贪心法，它是一种不追求最优解，只希望得到较为满意解的方法。贪婪法一般可以快速得到满意的解，因为它省去了为找最优解要穷尽所有可能而必须耗费的大量时间。贪婪法常以当前情况为基础作最优选择，而不考虑各种可能的整体情况，所以贪婪法不要回溯。

8）动态规划法

动态规划是一种在数学和计算机科学中使用的，用于求解包含重叠子问题的最优化问题的方法。其基本思想是，将原问题分解为相似的子问题，在求解的过程中通过子问题的解求出原问题的解。动态规划的思想是多种算法的基础，被广泛应用于计算机科学和工程领域。

9）迭代法

迭代法是数值分析中通过从一个初始估计出发寻找一系列近似解来解决问题（一般是解方程或者方程组）的过程，为实现这一过程所使用的方法统称为迭代法。

10）智能算法

5. 算法设计要求与评价方法

最后，我们来看看算法设计的要求与评价办法。

算法设计的一般要求应该包括：①正确性；②可读性；③健壮性；④效率高与低存储量需求。

　　除了上面的几个方面外，算法设计的要求最主要的是算法的正确性和算法的运行效率。

　　1）算法的正确性

　　算法的正确性是最起码的，也是最重要的。一个正确的算法（或程序）应当对所有合法的输入数据都能得到应该得到的结果。

　　对于那些简单的算法（或程序），可以通过上机调试验证其正确与否。调试用的数据要精心挑选那些具有"代表性"的，甚至有点"刁钻性"的，以保证算法对"所有的"数据都是正确的。

　　但是，一般来说，调试并不能保证算法对所有数据都正确，只能保证算法对部分数据正确，调试只能验证算法有错，不能证明算法无错。就是说只要找出一组数据使算法失败（即计算结果不对），就能否定整个算法的正确性。但调试往往不能穷尽所有可能的情况，所以，即使算法有错，也不一定能通过调试在短时间内发现。不少大型软件在使用多年后，仍然还能发现其中的错误就是这个道理。

　　要保证算法的正确性，通常要用数学归纳法去证明。

　　2）算法的运行效率

　　评价算法性能另一个要考虑的因素就是算法的运行效率，也就是要估计一下按算法编制的程序在计算机上执行所耗费时间和所占用空间，即程序运行时，大致需要耗用多少时间，占用多少内存单元，其时间、空间需求量能否满足客观要求。

　　在评价算法性能时，复杂性是一个重要的依据。算法的复杂性是算法效率的度量，算法的复杂性的程度与运行该算法所需要的计算机资源的多少有关，所需要的资源越多，表明该算法的复杂性越高；所需要的资源越少，表明该算法的复杂性越低。

　　计算机的资源，最重要的是运算所需的时间和存储程序和数据所需的空间资源，算法的复杂性有时间复杂性和空间复杂性之分。其中，算法时间复杂度是指执行算法所需要的计算工作量；而算法空间复杂度是指执行这个算法所需要的内存空间。

　　算法在计算机上执行运算，需要一定的存储空间存放描述算法的程序和算法所需的数据，计算机完成运算任务需要一定的时间。根据不同的算法写出的程序放在计算机上运算时，所需要的时间和空间是不同的，算法的复杂性是对算法运算所需时间和空间的一种度量。不同的计算机其运算速度相差很大，在衡量一个算法的复杂性要注意到这一点。

　　对于任意给定的问题，设计出复杂性尽可能低的算法是在设计算法时考虑的一个重要目标。另外，当给定的问题已有多种算法时，选择其中复杂性最低者，是在选用算法时应遵循的一个重要准则。因此，算法的复杂性分析对算法的设计或选用有着重要的指导意义和实用价值。

　　在我们的课程中不可能对每一种算法都进行深入的讲解，我们只选择一些最基本、最典型的数值计算方法和算法进行讨论，以使大家对于算法和算法设计方法有一个初步的了解。

4.5.2　数值计算

　　例 4.26　用公式：$\dfrac{\pi}{4}=1-\dfrac{1}{3}+\dfrac{1}{5}-\dfrac{1}{7}+\dfrac{1}{9}-\cdots$，计算 π 的近似值，直到最后一项的绝对值小于 10^{-6} 为止。

　　程序代码如下：

```
Option Explicit
```

```
Private Sub Form_Click()
    Dim s As Integer, n As Single, t As Single, pi As Single
    t = 1: pi = 0: n = 1: s = 1
    Do While (Abs(t) >= 0.000001)
        pi = pi + t
        n = n + 2
        s = - s
        t = s / n
    Loop
    pi = pi * 4
    Print "pi= "; pi
End Sub
```

图 4-36　运行结果

程序的运行结果如图 4-36 所示。

思考：如果要求最后一项的绝对值小于 10^{-7}，则会出现什么情况？

例 4.27　输出以下斐不拉齐数列（Fibonacci）的前 40 个项。

1，1，2，3，5，8，13，21，……

分析：通过观察可知，数列的第 1、2 项为 1，其后每项都等于其前两项之和。则有递推公式如下：

$$F1 = 1 \ (n = 1)$$
$$F2 = 1 \ (n = 2)$$
$$Fn = F_{n-1} + F_{n-2} \ (n \geqslant 3)$$

程序代码如下：

```
Option Explicit
Private Sub Form_Click()
    Dim f1 As Long, f2 As Long, i As Integer
    f1 = 1
    f2 = 1
    For i = 1 To 20
        Print f1, f2
        f1 = f1 + f2
        f2 = f2 + f1
    Next i
End Sub
```

程序的运行结果如图 4-37 所示。

思考：如果要求输出斐不拉齐数列的前 50 个项，则会出现什么情况？

例 4.28　计算"韩信点兵"问题：三三数之、余二；五五数之，余三；七七数之，余六。问兵有多少？

分析：该问题可以针对 105（它是 3，5，7 的最小公倍数）以内的所有数，使用穷举法进行程序设计，如果满足条件就显示出来。程序代码如下：

```
Private Sub Form_Click()
```

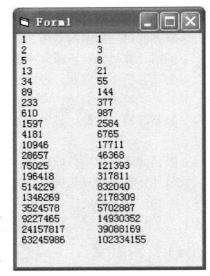

图 4-37　运行结果

```
Dim n As Integer
For n =  1 To 105
  If n Mod 3 =  2 And n Mod 5 =  3 And n Mod 7 =  6 Then
   Print "韩信点兵,有兵"; n; "人"
  End If
 Next
End Sub
```

程序的运行结果如图 4-38 所示。

例 4.29　我国古代数学家张丘建在《算经》中曾提出一
个有趣的"百钱买百鸡"问题：已知用 5 文钱可以买 1 只公
鸡，用 3 文钱可以买 1 只母鸡，用 1 文钱可以买 3 只小鸡，
如果要用 100 文钱买 100 只鸡。请问公鸡、母鸡和小鸡应各
买多少只？

图 4-38　运行结果

分析：根据题意，设变量 x 表示公鸡、y 表示母鸡，z 小鸡。则有如下方程组：

$$\begin{cases} 5x + 3y + z/3 = 100 \\ x + y + z = 100 \end{cases}$$

由于在上述方程组中，有 3 个未知数，但只有两个方程，故方程组有多个解。故使用穷
举法解决该问题。即先对各未知数的所有可能进行穷举，然后再依次判断哪些值能满足
要求。

在本例中，如果 100 文钱全部都买公鸡，则只能买 20 只；如果全部都买母鸡，则只能
买 33 只，而小鸡的数量可以由方程 $z = 100 - x - y$ 得到。

程序代码如下：

```
Option Explicit
Private Sub Form_Click()
    Dim x As Integer, y As Integer, z As Integer
    For x =  0 To 20
     For y =  0 To 33
       z =  100 -  x -  y
       If 5 *  x +  3 *  y +  z / 3 =  100 Then
            Print "公鸡= "; x, "母鸡= "; y, "小鸡= "; z
       End If
     Next y
    Next x
End Sub
```

程序的运行结果如图 4-39 所示。

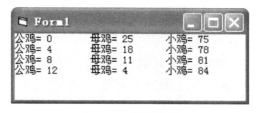

图 4-39　运行结果

例 4.30 取一元、二元、五元的硬币共十枚，付给 25 元钱，有多少种不同的取法？

分析：设一元硬币为 a 枚，二元硬币为 b 枚，五元硬币为 c 枚，可列出方程

$$\begin{cases} z+b+c=10 \\ a+2b+5c=25 \end{cases}$$

采用两重循环，外循环变量 a 从 0～10，内循环变量 b 从 0～10。程序代码如下：

```
Private Sub Form_Click()
  Print , "五元", "二元", "一元"
  n = 0                              '记录解的组数
  For a = 0 To 10
    For b = 0 To 10
      c = 10 - b - a
      If a + 2 * b + 5 * c = 25 And c >= 0 Then
        n = n + 1
        Print "("; n; ")", c, b, a
      End If
    Next b, a
End Sub
```

程序的运行结果如图 4-40 所示。

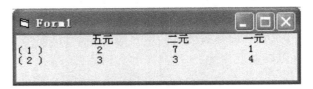

图 4-40   运行结果

4.6 综合应用举例

例 4.31 设计一个程序，找出 100～500 范围内所有能同时被 3 和 8 整除的自然数

分析：判别条件为（n Mod 3＝0）And（n Mod 8＝0），程序代码如下：

```
Private Sub Form_Click()
  Print "能同时被 3 和 8 整除的自然数有:"
  For n = 100 To 500
    If (n Mod 3 = 0) And (n Mod 8 = 0) Then
      Print n
    End If
  Next n
End Sub
```

程序的运行结果如图 4-41 所示。

例 4.32 求 1～1000 之间的"水仙花数"。（注："水仙花数"是一个三位数，其各位数字的立方和等于该数本身。）

分析：三位数 n 中的每一位上的数可以这样来表述

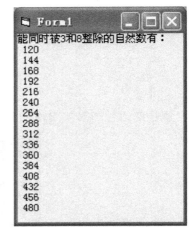

图 4-41   运行结果

百位 i：i＝int（n/100）

十位 j：j＝n/10－i×10

个位 k：k＝n Mod 10

使用穷举法，程序代码如下：

```
Private Sub Form_Click()
    Dim i As Integer, j As Integer, k As Integer, n As Integer
    Print "1~ 1000 之间的水仙花数有;"
    For n =  100 To 999
      i =  Int(n / 100)
      j =  Int(n / 10) -  i *  10
      k =  n Mod 10
      If n =  i *  i *  i +  j *  j *  j +  k *  k *  k Then
        Print n;
      End If
    Next
End Sub
```

程序的运行结果如图 4-42 所示。

例 4.33　求 10000 以内的完全数。

分析：所谓的"完全数"是指这样的自然数：它的各个约数（不包括该数自身）之和等于该数自身。如 28＝1＋2＋4＋7＋14 就是一个完全数。这可通过穷举法来实现。程序代码如下：

```
Private Sub Form_Click()
    Dim n As Integer, s As Integer, i As Integer
    Print "10000 以内的完全数有:"
    For n =  2 To 10000
      s =  0
      For i =  1 To n -  1
        If n Mod i =  0 Then s =  s +  i    '判断是否为约数
      Next
      If s =  n Then Print n         '判断自然数是否等于约数和
    Next
End Sub
```

程序的运行结果如图 4-43 所示。

图 4-42　运行结果

图 4-43　运行结果

例 4.34　设计一个学生信息管理系统的登陆程序。要求输入用户名和密码，通过点击"登陆"进入主界面。

在 Visual Basic 的窗体界面上，添加相应的各种控件按钮，其控制属性的设置如表 4-3 所示：

表 4-3　窗体内含控件的属性设置

控件	属性	值	控件	属性	值
Login Form	（名称）	Login	Label1 Label	Caption	用户名：
	Caption	登陆窗口	Label2 Label	Caption	密码：
	SartUpPosition	2-屏幕中心	Text1 TextBox	text	gly
	Height	7125	Text2 TextBox	PasswordChar	*
	Width	10050		Text	111
	ScaleHeight	6615	Command1 commandButton	（名称）	Command1
	ScaleWidth	9930		Caption	登陆
Image1 Image	（名称）	Image1	Command2 commandButton	（名称）	Command2
	Left	360		Caption	退出
	Top	120			
	Picture	xs1			
	Height	5625			
	Width	9330			

程序代码如下：

```
Private Sub Command1_Click()

'判断用户名和密码的有效性
    Dim mrc As ADODB.Recordset
    txtsql = "select 用户名 from users where 用户名= '" & Trim(Text1.Text) & "' and 密码
= '" & Trim(Text2.Text) & "'"
    Set mrc = ExecuteSQL(txtsql)
    If mrc.EOF = True Then
        MsgBox "用户名或密码错误!", vbExclamation + vbOKOnly, "警告"
        Text1.SetFocus
        Exit Sub
    End If

'若验证通过,打开主界面
    LoginUser = Trim(Text1.Text)

    MDIForm1.Show
    Unload Me
End Sub

Private Sub Command2_Click()
    Unload Me
End Sub
```

程序的运行结果如图 4-44 所示。

图 4-44　运行结果

例 4.35　设计一个学生信息管理系统的添加用户程序。从而实现新用户的角色和密码的添加。

在 Visual Basic 的窗体界面上，添加相应的各种控件按钮，其控制属性的设置如表 4-4 所示：

表 4-4　窗体内含控件的属性设置

控件	属性	值	控件	属性	值
AddUser _ m1 Form	（名称）	AddUser _ m1	Text1 TextBox	Text	
	BorderStyle	2-Sizable	Text2 TextBox	Text	
	Caption	添加用户	Text3 TextBox	Text	
	StartUpPostion	1-所有者中心	Option1 OptionButton	Caption	管理员
Label1 Label	Caption	用户名：	Option2 OptionButton	Caption	学生
Label1 Labe2	Caption	密码：	Command1 CommandButton	Caption	添加
Label1 Labe3	Caption	确认密码：	Command2 CommandButton	Caption	退出
Label1 Labe4	Caption	角色：			

程序代码如下：

```
Private Sub Command1_Click()

If Trim(Text1.Text) = "" Then
    MsgBox "用户名不能为空!", vbExclamation + vbOKOnly, "警告"
    Text1.SetFocus
    Exit Sub
End If

If Trim(Text2.Text) = "" Then
```

```
    MsgBox "密码不能为空!", vbExclamation + vbOKOnly, "警告"
    Text2.SetFocus
    Exit Sub
End If


If Trim(Text3.Text) = "" Then
    MsgBox "确认密码不能为空!", vbExclamation + vbOKOnly, "警告"
    Text3.SetFocus
    Exit Sub
End If

'判断用户名是否已经存在
Dim mrc As ADODB.Recordset
txtsql = "select 用户名 from users where 用户名 = '" & Trim(Text1.Text) & "'"
Set mrc = ExecuteSQL(txtsql)
If mrc.EOF = False Then
    MsgBox "该用户名已经存在,请修改新增的用户名!", vbExclamation + vbOKOnly, "警告"
    Text1.SetFocus
    Exit Sub
End If


If Trim(Text2.Text) < > Trim(Text3.Text) Then
    MsgBox "两次输入的密码不一致!", vbExclamation + vbOKOnly, "警告"
    Text2.SetFocus
    Exit Sub
End If

    txtsql = "select * from users"
    Set mrc = ExecuteSQL(txtsql)
    mrc.AddNew
    mrc.Fields("用户名") = Trim(Text1.Text)
    mrc.Fields("密码") = Trim(Text2.Text)
    If Option1.Value = True Then
        mrc.Fields("角色") = "管理员"
    End If
    If Option2.Value = True Then
        mrc.Fields("角色") = "学生"
    End If
    mrc.Update

    MsgBox "用户添加成功!", vbExclamation + vbOKOnly, "警告"
    Text1.Text = ""
    Text2.Text = ""
```

```
    Text3.Text = ""
    Option1.Value = True

End Sub

Private Sub Command2_Click()
    Unload Me
End Sub

Private Sub Form_Load()
    Option1.Value = True
End Sub
```

程序的运行结果如图 4-45 所示。

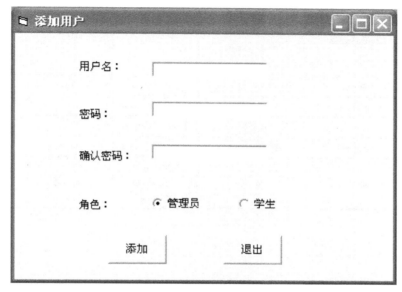

图 4-45　运行结果

例 4.36　设计一个学生信息管理系统的修改密码程序。要求通过用户旧密码的输入、新密码的输入和确认来修改用户的密码。

在 Visual Basic 的窗体界面上，添加相应的各种控件按钮，其控制属性的设置如表 4-5 所示：

表 4-5　窗体内含控件的属性设置

控件	属性	值	控件	属性	值
Adodc1 Adodc	Align	0-vbAlignNone	DataCombo1 DataCombo	（名称）	DataCombo1
	BOFAction	0-adDoMoveFirst		BoundColumn	用户名
	Caption	Adodc1		CausesValidation	True
	CommandTimeout	30		DragMode	0-vbManual
	CommandTypt	8-adCmdUnknown		ListField	用户名

控件	属性	值	控件	属性	值
Adodc1 Adodc	ConnectionString	Provider＝Microsoft. Jet. OLEDB. 4. 0；Data Source＝ student. mdb；Persist Security Info＝False	DataCombo1 DataCombo	MatchEntry	0-dblBasicMatching
	ConnectionTimeout	15		MousePointer	0-dblDefault
	CursorLocation	3-adUseClient		OLEDragMode	0-dblOLEDragManual
	CursorType	3-adOpenStatic		OLEDropMode	0-dblOLEDropNone
	LockType	3-adLockOptimistic		RightToLeft	False
	Mode	0-adModeUnknown		RowSource	Adodc1
	RecordSource	命令类型为8-adCmdUnknown 命令文本为select * from users；		Style	0-dbcDropdown Combo
Label1 Label	Caption	用户名：		Text	DataCombo1
Label2 Label	Caption	原密码：	Text1 TextBox	Text	
Label3 Label	Caption	新密码：	Text2 TextBox	Text	
Label4 Label	Caption	新密码确认：	Text3 TextBox	Text	
Command1 Command Button	Caption	确定	Command2 Command Button	Caption	退出

程序代码如下：

```
Private Sub Command1_Click()

If Trim(Text1.Text) = "" Then
    MsgBox "原密码不能为空!", vbExclamation + vbOKOnly, "警告"
    Text1.SetFocus
    Exit Sub
End If


If Trim(Text2.Text) = "" Then
    MsgBox "新密码不能为空!", vbExclamation + vbOKOnly, "警告"
    Text2.SetFocus
    Exit Sub
End If



If Trim(Text3.Text) = "" Then
    MsgBox "新密码确认不能为空!", vbExclamation + vbOKOnly, "警告"
```

```
      Text3.SetFocus
      Exit Sub
   End If

   '判断用原密码的有效性
   Dim mrc As ADODB.Recordset
   txtsql = "select * from users where 用户名=' " & Trim(DataCombo1.Text) & " ' and 密码=
' " & Trim(Text1.Text) & " ' "
   Set mrc = ExecuteSQL(txtsql)
   If mrc.EOF = True Then
      MsgBox "原密码错误!", vbExclamation + vbOKOnly, "警告"
      Text1.SetFocus
      Exit Sub
   Else
      mrc.Fields("密码") = Trim(Text2.Text)
      mrc.Update

      MsgBox "修改密码成功!", vbExclamation + vbOKOnly, "警告"

      Text1.Text = ""
      Text2.Text = ""
      Text3.Text = ""
   End If
End Sub


Private Sub Command2_Click()
   Unload Me
End Sub


Private Sub Form_Load()
   If LoginUserRole < > "管理员" Then
      DataCombo1.Enabled = False
   End If

   DataCombo1.Text = LoginUser
End Sub
```

程序的运行结果如图 4-46 所示。

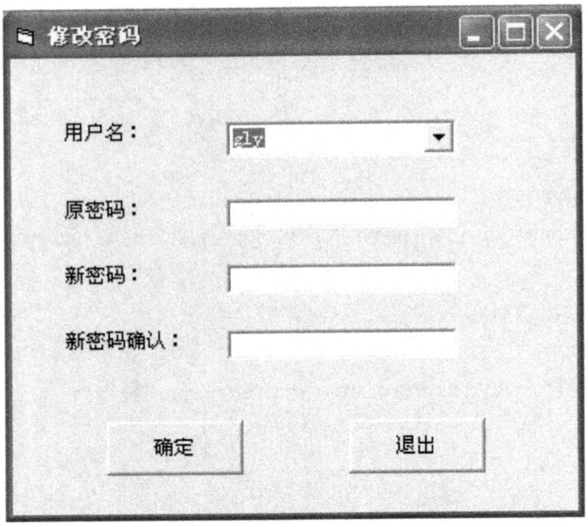

图 4-46　运行结果

小　　结

　　在本章，学习了程序控制结构的顺序结构、选择结构和循环结构，以及算法的一些基本知识。其中，选择结构能够根据条件表达式的值来选择执行某一特定程序块，从而实现特定的功能。而循环结构的循环体执行与否由循环控制条件来决定，并且必须保证在某种条件下能达到循环结束条件，从而实现循环的终止。最后，了解算法的一些基本知识，有助于人们利用计算机的正确而有效的程序设计方法和技艺来进行某项工作解决和完成。

第5章 数　　组

本章内容概要

在程序设计的时候，如果需要使用一组相同类型的数据，可以用数组表示，这些数据可以通过唯一的名称和下标来区别，简化了程序设计。本章主要介绍数组的概念、数组的声明和应用、动态数组和控件数组的使用。

5.1　数组的概念

数组是一组具有相同类型和名称的数据的集合。

这些数据称为数组的元素，它们占用连续的存储空间，可以为每个数组元素编一个编号，这个编号叫做下标，我们可以通过唯一的数组名和下标来区别这些元素。数组元素的个数也称之为数组的长度。

例如，求 100 个学生的平均成绩。

如果用普通变量来表示成绩，需要用 100 个变量，如：mark1、mark2、…、mark100。若用数组，可以只用一个数组来表示：mark（0 to 99）。并且利用数组下标作为循环控制变量，可以简化程序设计和提高处理效率。

图 5-1 显示了利用数组来表示成绩的方法，其中"mark"是数组名，它指向数组存储空间的起始位置，mark（0）、mark（1）…、mark（99）分别存储第一、第二到最后一个学生的成绩。

注意：

（1）数组名的命名规则和普通变量相同。

（2）数组元素的下标必须用圆括号括起来。

（3）数组元素的下标默认从 0 开始，也可以自己定义。

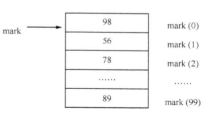

图 5-1　存放学生成绩的数组

（4）在程序中的数组必须"先声明，后使用"。

（5）一般情况下，数组的元素类型必须相同，可以是前面讲过的各种基本数据类型。但当数组类型被指定为变体型时，它的各个元素就可以是不同的类型。

（6）数组和变量一样，也是有作用域的，按作用域的不同可以把数组分为：过程级数组（或称为局部数组）、模块级数组以及全局数组。

5.2　数组的声明和应用

程序中的数组必须"先声明，后使用"。所谓声明，就是向系统申请相应的存储空间。根据在声明时是否指定数组的大小，又将数组分为静态数组和动态数组两类。其中，静态数组的大小是在定义数组时确定的，而动态数组的大小是在程序运行中根据需要来确定的。

由于系统会为每个数组元素分配存储空间，所以在声明数组时，数组的大小要适当，以免造成存储空间的浪费。

5.2.1　一维数组的声明

一维数组是最常用的数组形式。在 VB 中，声明数组的语法格式有两种：

1. Dim 数组名（下标的上界）[As　类型]

数组名指向该数组存储空间的起始位置，数组元素的数据类型由 "As" 关键字后的 "类型" 确定，数组的大小由下标的上下界确定。在 VB 中，数组的下标默认从 0 开始，所以 Dim mark（3）As Integer 定义了一个名称为 mark 的数组，它包括 mark（0）、mark（1）、mark（2）、mark（3）一共 4 个整型数据元素。

如果省略 "As 类型" 部分，则数组元素的类型默认为 Variant 型，其类型在程序运行中才能确定。因为 Variant 型需要预留较大的存储空间，所以一般需要事先声明数组元素的类型。

在程序设计中，如果需要数组元素的下标从 1 开始，可以使用 Option Base 语句来重新定义，格式为：

Option Base n

说明：

（1）n 的取值为 0 或 1，如果不使用 Option Base 语句，则数据下标默认从 0 开始。

（2）Option Base 语句必须在数组声明之前使用，位置在窗体层或者模块层。

（3）如果声明的是多维数组，刚指定的 n 值对所有维有效。

2. Dim　数组名（下界 To 上界）[As　类型]

如果数组下标的下界需要自行指定，则采用第二种语法格式来声明数组。

例如：Dim（100 To 200）As Integer

则数组 mark 的下标范围从 100～200。

5.2.2　一维数组的应用

数组声明之后就可以像使用普通变量一样来引用数组元素了，引用数组元素的语法格式为：

数组名（下标）

例 5.1　从键盘上输入 10 人的考试成绩，输出高于平均成绩的分数。

分析：该问题可分三部分处理：一是输入 10 个人的成绩；二是求平均分；三是把这 10 个分数逐一和平均成绩进行比较，若高于平均成绩，则输出。

程序代码为：

```
Option Base 1
Private Sub Command1_Click()
    Dim score(10)As Single,aver as Single,i As Integer
    aver = 0
For i = 1 To 10
    score(i)= InputBox("请输入成绩:")
    Print score(i);
    aver = aver + score(i)
```

```
        Next i
        Print
        aver =  aver /10
        Print"平均成绩为:";aver
        Print"高于平均成绩的有:"
        For i =  1 To10
            If score(i)>  aver Then Print score(i);
        Next i
    End Sub
```

程序运行的结果，如图 5-2 所示。

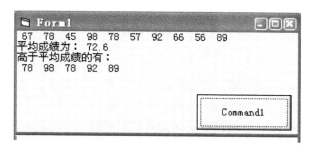

图 5-2　例 5.1 运行结果

例 5.2　随机产生 10 个两位整数，找出其中最大值、最小值。

分析：该问题可以分为两部分处理：一是产生 10 个随机两位整数，并保存到一维数组中；二是对这 10 个整数求最大、最小值。

程序代码为：

```
    Option Base 1
    Private Sub Command1_Click()
        Dim min%,max%,i%,a(10)As Integer
        Randomize
    For i =  1 To 10
        a(i)=  Int(Rnd *  90)+  10
    Next i
    Print "产生的随机数为:"
    For i =  1 To 10
        Print a(i),
    Next i
    Print
    min =  a(1):max =  a(1)
    For i =  2 To 10
        If a(i)>  max Then max =  a(i)
        If a(i)<  min Then min =  a(i)
    Next i
    Print "最大值为:"
    Print max
    Print "最小值为:"
```

```
    Print min
  End Sub
```
程序运行的结果，如图 5-3 所示。

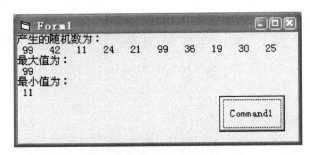

图 5-3　例 5.2 运行结果

说明：

（1）数组在声明时，不仅分配了存储空间，还为数组元素进行了初始化。系统自动设置数值型数组元素初值为 0；字符型数组元素初值为空串。

（2）引用数组元素时，下标的取值必须在数组声明的范围之内，超出此范围，则系统提示"下标越界"错误信息。

（3）如果不能确定当前数组的上下界，可以使用 LBound 和 UBound 函数来测试，语法格式为

LBound（数组名［，维］）

功能：指定数组某一"维"的下界值。

UBound（数组名［，维］）

功能：指定数组某一"维"的上界值。

两个函数一起使用可以确定一个数组的大小。

5.2.3　数组的初始化

为数组中的每个元素赋初值称为数组的初始化。

除了在声明数组时，VB 系统自动设置数值型数组元素初值为 0；字符型数组元素初值为空串外，VB 还提供了 Array 函数来为数组元素赋初值。

语法格式为：

数值变量名＝Array（数组元素值）

例 5.3　使用 Array 函数来为数组元素赋初值。

程序代码为：

```
Private Sub Form_Click( )
    Dim  a( ) As Variant, b( ) As Variant, i%
    a = Array (1,2,3,4,5)
    b = Array ("abc","def","67")
    For i= 0 To UBound (a)
      print a(i);"";
    Next i
    print
```

```
    For i= 0 To Ubound (b)
      print b(i);"";
    Next i
End Sub
```

说明：

（1）Array 函数只能为一维数组赋初值。

（2）使用 Array 函数进行初始化的数组只能是 Variant 类型。

（3）Array 函数中的多个数组元素值之间使用逗号分隔。

5.2.4 多维数组的声明和应用

一个数组可以是一维的，也可以是多维的。当需要表示平面中的一个点坐标，就需要用到二维数组；表示空间中的一个点时，就需要用到三维数组。多维数组的定义格式为：

Dim 数组名（［下界 TO］上界［，［下界 TO］上界 ［，…］）［AS 类型］

多维数组的定义格式与一维数组基本上是一致的，只是多加几个上界和下界。

以下为几个二维数组声明的例子：

Dim a（1 TO 3，1 TO 4）　　As Integer　（指定了下界及类型）

Dim b（5，9）　　As Siring　（只指定了类型，使用默认的下界）

Dim b（4，3）（下界和类型都没有指定，其类型是变体型的）

假如有 30 个学生，每个学生有 5 门考试成绩，如何来表示这些数据呢？我们可以用二维数组来表示，如第 i 个学生第 j 门课的成绩可以用 S（i，j）表示。其中 i 表示学生号，称为行下标（i＝1，2，…，30）；j 表示课程号，称为列下标（j＝1，2，3，4，5）。如表 5-1 所示：

表 5-1　存放学生成绩的二维数组

S（1, 1）	S（1, 2）	S（1, 3）	S（1, 4）	S（1, 5）
S（2, 1）	S（2, 2）	S（2, 3）	S（2, 4）	S（2, 5）
S（3, 1）	S（3, 2）	S（3, 3）	S（3, 4）	S（3, 5）
…	…	…	…	…
S（30, 1）	S（30, 2）	S（30, 3）	S（30, 4）	S（30, 5）

例 5.4　打印 4 名同学的英语、数学、法律 3 门课的考试成绩，并计算出每个同学的平均成绩。

分析：把 4 名同学的姓名及各科的考试分数分别存入一个一维字符串数组 x（4）和一个二维数值数组 a（4，3）中，然后对数组（主要是二维数组）进行处理。

程序代码为：

```
Private Sub Command1_Click()
    Dim a(4,3)As Single,x(4)As String *  10,i%,j%,aver!
    Print Tab(25);"成绩表"
    Print
    Print "姓名";Tab(15);"英语";Tab(25);"数学";
    Print Tab(35);"法律";Tab(45);"平均分"
    Print
```

```
        For i =  1 To 4
           aver =  0
           x(i)=  InputBox("输入姓名:")
           Print x(i);
           For j =  1 To 3
             a(i,j)=  InputBox("输入" & x(i)& "的一个成绩:")
             aver =  aver +  a(i,j)
           Next j
           aver =  aver / 3
           Print Tab(15);a(i,1);Tab(25);a(i,2);
           Print  Tab(35);a(i,3);Tab(45);aver
           Print
        Next i
    End Sub
```

程序运行的结果，如图 5-4 所示。

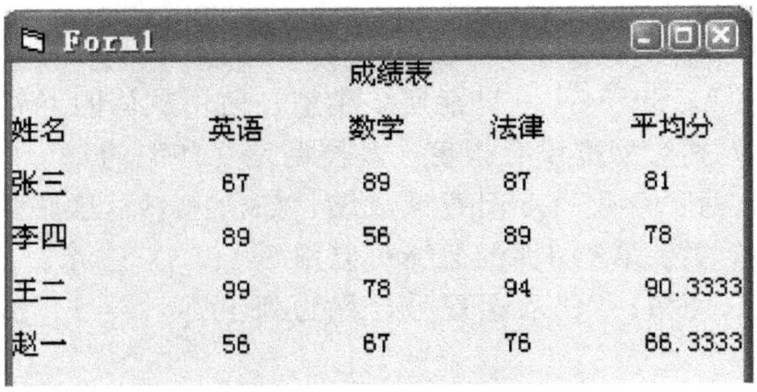

图 5-4　例 5.4 运行结果

例 5.5　打印并输出 5 * 5 矩阵中的下三角和上三角元素。

```
Private Sub Form_Click()
    Dim i,  j,  sc(4, 4)
    For  i  =   0  TO  4
       For j= 0 TO i
         sc(i,  j)  =  i *  1 +  j
         Print sc(i,j);  " ";
       Next j
       Print
    Next  i
    Print
    Print
    For i =   0 TO 4
       Print  Tab(5* i+ 1);
       For j= i TO 4
         sc(i,j)  = i* 1+ j
         Print  sc(i,j);" "
       Next j
```

```
    Print
  Next i
End  Sub
```

程序运行的结果，如图 5-5 所示。

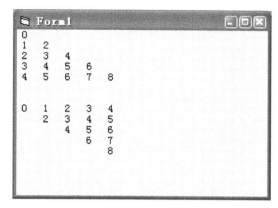

图 5-5 例 5.5 运行结果

5.3 动态数组

声明数组时一般指定了上下界，这样可以事先确定数组的大小，为它分配合适的存储空间。但数组到底应该有多大才合适，有时只能在程序运行时才能确定，所以希望能够在运行时具有改变数组大小的能力。

动态数组就可以在任何时候改变大小，有助于有效管理内存。例如，可短时间使用一个大数组，然后，在不使用这个数组时，将内存空间释放给系统。

创建动态数组的语法格式为：

Dim 数组名（ ）As 数据类型

在程序中，使用 ReDim 语句分配实际的数组大小，其语法格式为：

ReDim [Preserver] 数组名（ [下界 To] 上界[,[下界 To] 上界[,……]] ）[As 数据类型]

如：Dim D( ) As Single

```
  Sub Form_Load()
    ……
    ReDim D(4,6)
    ……
  End Sub
```

说明：

（1）ReDim 语句只能出现在过程中。与 Dim 语句不同，ReDim 语句是一个可执行语句，应用程序在运行时执行一个操作。

（2）如果有 Preserver 选项，则 VB 将保留原数组中的数据；如果没有，则 VB 将重新设置数据。

（3）动态数组的维数由第一次出现的 ReDim 语句确定，以后不可以修改。

（4）但可以使用 ReDim 语句反复修改同一数组的大小。

例 5.6 输出 Fibonacci 数列：1，1，2，3，5，8，…的前 n 项。

分析：要求输出前 n 项，n 是一个变量，因此使用动态数组。Fibonacci 数列的每一项为：

$$F(1) = 1, F(2) = 1, F(n) = F(n-2) + F(n-1)(n \geq 3)$$

程序代码为：

```
Private Sub Command1_Click()
    Dim Fib(),i%,n%              '避免溢出,定义数组为 Variant 类型
    n = InputBox("请输入 n 的值(n> 1):")
    ReDim Fib(n)
    Fib(1)= 1:Fib(2)= 1
    For i = 3 To n
        Fib(i)= Fib(i - 1)+ Fib(i - 2)
    Next i
    For i = 1 To n
        Print Fib(i),
        If i Mod 5 = 0 Then Print       '每行输出 5 个数
    Next i
End Sub
```

程序运行的结果，如图 5-6 所示。

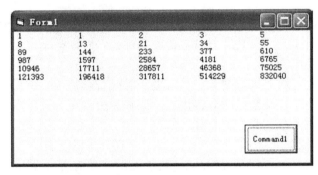

图 5-6   例 5.6 运行结果

5.4   控件数组

控件数组是由一组具有相同名称和类型的控件组成。它们共用一个控件名，具有相同的属性。一个控件数组至少应有一个元素，数组的大小取决于每个控件所需的内存和 Windows 资源。同一控件数组中的元素有各自的属性设置值。当建立控件数组时，系统给每个元素赋一个唯一的索引号（Index），通过属性窗口的 Index 属性，可以查看该控件的索引号，索引号从 0 开始。控件数组中各个控件相当于普通数组中的各个元素，同一控件数组中各个控件的 Index 属性相当于普通数组中的下标。

控件数组的作用主要表现：

（1）允许多个控件共享同一个事件过程，控件数组中的每个元素继承数组的公共事件过程，即共享同一事件代码。

（2）提供了运行期间增加一个控件的机制。

（3）提供了一种方便的组合控件的方法。

在设计时，使用控件数组添加控件所消耗的资源比直接向窗体添加多个相同类型的控件消耗的资源要少。当希望若干控件执行相似的操作时，控件数组很有用。控件数组常见的用途包括实现菜单控件、选项按钮分组和命令按钮控件。

5.4.1 控件数组的建立

控件数组一般在进行窗体设计时的"对象窗口"中创建，有三种方法：

1. 复制现有的控件并将其粘贴到窗体上

操作步骤如下：

（1）在"对象窗口"中画出控件数组的第一个控件；

（2）选择该控件，单击鼠标右键选择"复制"和"粘贴"命令，在出现的"是否建立控件数组"对话框中选择"是"；

（3）反复执行"粘贴"命令，就可以创建控件数组中的其他元素。

2. 将相同名字赋予多个控件

操作步骤如下：

（1）在"对象窗口中"中画出控件数组的全部元素；

（2）依次选中该数组中的每个元素，在属性窗口中将它们的 Name 属性修改为相同的控件数组名。

3. 将控件的 Index 属性设置为非 Null 数值。

操作步骤如下：

（1）在"对象窗口"中画出控件数组的第一个控件；

（2）将它的 Index 属性设置为 0（原为 Null）；

（3）复制控件数组中的其他控件，其 Index 属性依次增加（1、2、…）

5.4.2 控件数组的使用

例 5.7 设计一个简易计算器，能进行整数的加、减、乘、除运算。其运行界面如图 5-7 所示。

分析：界面设计：一个标签用于计算器输出；数字按钮控件数组 number；操作符控件数组 operator；一个"="按钮用于计算结果；一个"Cls"按钮用于清屏。

图 5-7 简易计算器
运行界面

表 5-2 界面设计的步骤

操作步骤	属性	设置
添加一个标签	Name	dataout
	Caption	空
添加一个命令按钮	Name	number
	Caption	0
	Index	0

操作步骤	属性	设置
复制粘贴该命令按钮 9 次，把每个按钮的 Caption 属性设置为 1～9		
添加一个命令按钮	Name	operator
	Caption	＋
	Index	0
复制粘贴该命令按钮 3 次，把每个按钮的 Caption 属性设置为－、＊、/		
添加一个命令按钮	Name	clear
	Caption	Cls
添加一个命令按钮	Name	result
	Caption	＝

```
    Dim op1 As Byte            '用来记录前面输入的操作符
    Dim ops1&,ops2&           ' 两个操作数
    Dim res As Boolean         '用来表示是否已算出结果

    Private Sub clear_Click()
      dataout.Caption =  " "
    End Sub

    Private Sub Form_Load()
      res =  False
    End Sub
'按下数字键 0～9 的事件过程
    Private Sub number_Click(i1 As Integer)
      If Not res Then
        dataout.Caption =  dataout.Caption & i1
      Else
        dataout.Caption =  i1
        res =  False
      End If
    End Sub
'按下操作键＋、－、×、/的事件过程
    Private Sub operator_Click(i2 As Integer)
      ops1 =  dataout.Caption
      op1 =  i2    '记下对应的操作符
      dataout.Caption =  ""
    End Sub
'按下＝ 键的事件过程
    Private Sub result_Click()
      ops2 = dataout.Caption
      Select Case op1
      Case 0
```

```
      dataout.Caption = ops1 + ops2
    Case 1
      dataout.Caption = ops1 - ops2
    Case 2
      dataout.Caption = ops1 * ops2
    Case 3
      dataout.Caption = ops1 / ops2
    End Select
    res = True       '已算出结果
  End Sub
```

5.5　程序举例

例 5.8　从键盘任意输入 10 个整数，按从小到大的顺序排序后输出。

分析：排序是程序设计中最基本的问题之一。本例介绍最直观的排序算法：选择排序法。其基本思想是：首先以第一个数为标准跟后面的数逐个比较，如果后面的数更小，则与第一个数交换位置。第一次比较完成后，最小的数就交换到了第一个位置。然后以第二个数为标准，在剩下的数中找出次小的数存放到第二个位置……以此类推，直到排序完成。

程序代码为：

```
Option Explicit
Option Base 1
Private Sub Form_Click()
  Dim i As Integer, j As Integer, temp As Integer
  Dim a(10) As Integer
  For i = 1 To 10                '任意输入 10 个整数
      a(i) = Val(InputBox("请输入一个整数:"))
      Print a(i);
  Next i
  Print
  For i = 1 To 9                '选择排序法
    For j = i + 1 To 10
      If a(i) > a(j) Then       '如果 a[i]> [j],则交换位置
        temp = a(i)
        a(i) = a(j)
        a(j) = temp
      End If
    Next j
  Next i
  For i = 1 To 10                '输出排序的结果
    Print a(i);
  Next i
End Sub
```

程序运行的结果，如图 5-8 所示。

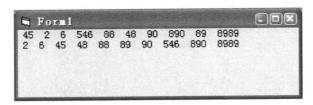

图 5-8　例 5.8 运行结果

说明：

（1）程序中第一个循环用于输入 10 个整数；

（2）中间的双重循环为选择排序算法的代码。

例 5.9　从键盘输入 10 个整数，并用冒泡排序算法按从小到大的顺序输出。

分析：冒泡排序算法的基本思想是：按照从前向后的顺序，对要排序的数列中的相邻元素进行逐个比较，如果发现逆序元素，则交换两个元素的位置，以使较大元素从前向后移动，就像水泡从下向上冒一样。

程序代码为：

```
Option Explicit
Private Sub Command1_Click()
    Const n As Integer = 10
    Dim a(1 To n) As Integer
    Dim i As Integer, j As Integer, temp As Integer
    For i = 1 To n
            a(i) = Val(InputBox("请输入数据:"))
            Picture1. Print a(i);
    Next i
        For i = 1 To n - 1              '冒泡算法,进行 n- 1 趟比较
            For j = 1 To n - i
                If a(j) > a(j + 1) Then        '逆序则交换
                  temp = a(j)
                  a(j) = a(j + 1)
                  a(j + 1) = temp
                End If
            Next j
        Next i
        For i = 1 To n
          Picture2. Print a(i);
        Next i
End Sub
```

程序运行的结果，如图 5-9 所示。

在排序过程中，如果一趟比较完成后没有元素交换，则排序实际上已经完成，不用再继续比较。所以我们可以设置一个标志位 flag 来判断是否进行过元素交换，从而优化

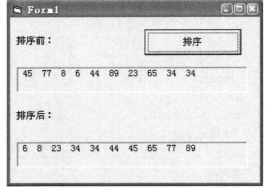

图 5-9　例 5.9 运行结果

程序。修改后的冒泡排序算法如下:

```
......
Dim flag As Boolean
......
    For i = 1 To n - 1                    '冒泡算法,进行 n- 1 趟比较
      flag = False
      For j = 1 To n - i
        If a(j) > a(j + 1) Then           '逆序则交换
          temp = a(j)
          a(j) = a(j + 1)
          a(j + 1) = temp
          flag = True
        End If
      Next j
      If flag = False Then Exit For
    Next i
......
```

例 5.10 顺序查找指定的数据。

分析:"查找"也是程序设计中最基本的问题之一。顺序查找算法的基本思想是:从第一个数据开始将所有数据跟查找对象逐一比较,直到找到或未找到指定的数据。

程序代码为:

```
Option Explicit
Option Base 1
Private Sub Form_Click()
  Dim objNum As Integer, i As Integer
  Dim flag As Boolean
  Dim a()
  a = Array(3, 6, 8, 17, 18, 21, 26, 29, 30, 45)
  objNum = Val(InputBox("请输入待查找数据:"))
  flag = False
  For i= 1 To 10
    If objNum= a(i) Then
      flag= True
      Exit For
    End If
  Next i
  If flag = True Then
      Print "已找到"; objNum
  Else
      Print "未找到"; objNum
  End If
End Sub
```

程序运行的结果,如图 5-10 所示。

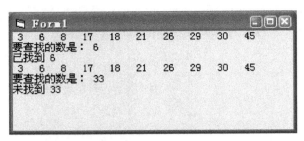

图 5-10　例 5.10 运行结果

例 5.11　折半查找指定的数据。

分析：顺序查找算法虽然简单，但查找效率不高。而折半查找算法针对有序数列的查找效率更高。折半查找算法的基本思想是：首先明确查找的范围（即数组的上界和下界），然后将指定的查找对象与有序数列的中间位置数据进行比较，若相等，则找到指定数据；若不等，则缩小范围后查找。

算法为：

设置三个指针：low—指向数据的下界

　　　　　　　　high—指向数组的上界

　　　　　　　　mid—指向数组的中间位置，mid＝（low＋high）/2

（1）若 a（mid）＝objNum，则找到指定数据，查找结束。

（2）若 a（mid）＞objNum，则在 [low，mid－1] 范围内继续查找。

（3）若 a（mid）＜objNum，则在 [mid＋1，high] 范围内继续查找。

程序代码为：

```
Option Base 1
Private Sub Form_Click()
    Dim objNum As Integer, low As Integer, high As Integer, mid As Integer
    Dim find As Boolean
    Dim a(20) As Integer
    Randomize
    For i = 1 To 20
        a(i) = Int(Rnd * 100) + 1              ' 随机生成 20 个数
    Next i
    For i = 1 To 20                   '折半查找要求是有序数组,所以先排序
        For j = i + 1 To 20
            If a(i) > a(j) Then       '如果 a[i]> [j],则交换位置
                temp = a(i)
                a(i) = a(j)
                a(j) = temp
            End If
        Next j
        Print a(i);
        If i Mod 10 = 0 Then Print
    Next i
```

```
Print
objNum =  Val(InputBox("请输入待查找数据:"))
low =  LBound(a)
high =  UBound(a)
find =  False
Do While find =  False And low < =  high
   mid =  (low +  high) /2
   If a(mid) =  objNum Then
     find =  True
   ElseIf a(mid) >  objNum Then
     high =  mid -  1
   Else
     low =  mid +  1
   End If
Loop
If find Then
    Print "找到"; objNum; ",它是第" & mid & "个数据"
Else
    Print "未找到"; objNum
End If
```

End Sub 程序运行的结果，如图 5-11 所示：

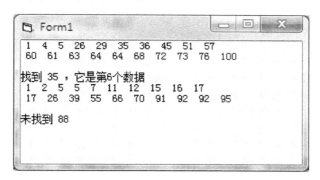

图 5-11　例 5.11 运行结果

小　　结

本章主要介绍了数组的概念、数组的声明和应用、动态数组和控件数组的使用，并通过程序举例演示了数组的使用方法和一些经典算法。

第6章　过程和函数

本章内容概要

本章内容共有 4 节。第 1 节介绍子过程的定义及调用方法，第 2 节介绍函数过程的定义和调用，这两节是本章的重点。第 3 节介绍参数传递、过程的嵌套和递归调用，这两个内容是本章的难点。最后一节介绍变量的作用域。

VB 应用程序是由过程组成的，过程是完成某种特殊功能的一组独立的程序代码。过程可分为两大类。

$$\begin{cases} 事件过程 \\ 通用过程（用户自定义过程）\begin{cases} \text{Sub 子过程} \\ \text{Function 函数过程} \end{cases} \end{cases}$$

事件过程是当某个事件发生时，对该事件做出响应的程序段，它是 VB 应用程序的主体。在前面的章节中对事件过程已有详细介绍。

通用过程也称用户自定义过程，是独立于事件过程之外，可供其他过程调用的程序段。其有助于将复杂的应用程序分解成多个易于管理的逻辑单元，使应用程序更简洁、更易于维护。

调用通用过程时的执行流程如图 6-1：

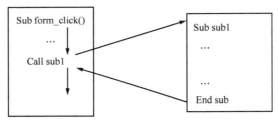

图 6-1　调用通用过程时的执行流程

VB 中的用户自定义过程如下：

（1）以"Sub"保留字开始的 Sub 子过程，不返回值；

（2）以"Function"保留字开始的 Function 函数过程，返回一个值。

本章主要介绍用户自定义过程的定义、调用、参数传递及过程和变量的作用域。

6.1　子过程

在 VB 程序设计中，为各个相对独立的功能模块所编写的一段程序称为"子过程"（Sub），当事件过程需要执行这个功能模块时，可使用调用语句（如 Call）实行调用。子过程执行完后，会返回事件过程中调用语句 Call 的后续语句继续执行。

子过程分为公有（Public）过程和私有（Private）过程两种，公有过程可以被应用程序中的任一过程调用，而私有过程只能被同一模块中的过程调用。

6.1.1　定义 Sub 子过程

[Private | Public] [Static] Sub 过程名([形参列表])
　　[局部变量或常数声明]　　　　　　'用 Dim 或 Static 声明
　　语句块　 1
　　[Exit Sub]
　　语句块　 2
End Sub
　　说明：

（1）缺省［Private ｜ Public］时，系统默认为 Public；

（2）Static 表示过程中的局部变量为"静态"变量；

（3）过程名的命名规则与变量命名规则相同，在同一个模块中，同一符号名不得既用作 Sub 过程名，又用作 Function 过程名；

（4）形式参数可以是变量名或数组名，但只能是简单变量，不能是常量、数组元素、表达式；若有多个参数时，各参数之间用逗号分隔，形参没有具体的值。子过程可以没有参数，但一对圆括号不可以省略。不含参数的过程称为无参过程。

　　形参格式为：

［ByVal ｜ ByRef］变量名［（）］[As 数据类型]

　　式中：ByVal 表示该参数按值传递，ByRef 表示该参数按地址传递；

　　变量名［（）］：变量名为合法的 VB 变量名或数组名，无括号表示变量，有括号表示数组。

（5）Sub 过程不能嵌套定义，但可以嵌套调用。

（6）End Sub 标志该过程的结束，系统返回并调用该过程语句的下一条语句。

（7）过程中可以用 Exit Sub 提前结束过程，并返回到调用该过程语句的下一条语句。

（8）子过程名不返回值，也就不必定义其类型。

例 6.1　定义一个对任意两个整数进行排序的子过程 sort1。

```
Private Sub sort1(a as integer, b as integer)
    Dim t%
    If b> a then
       t= a
       a= b
       b= t
    End if
End sub
```

6.1.2　建立 Sub 子过程

方法一：

（1）打开代码编辑器窗口；

（2）选择"工具"菜单中的"添加过程"，如图 6-2；

（3）从对话框中输入过程名，并选择类型和范围；

（4）在新创建的过程中输入内容。

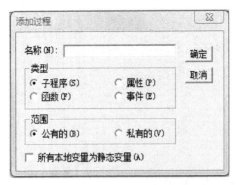

图 6-2　"添加过程"对话框

图 6-3　"代码编辑器"窗口

方法二：

（1）在代码编辑器窗口的对象中选择"通用"，在文本编辑区输入 Private Sub 子过程名；

（2）按回车键，即可创建一个 Sub 子过程样板，如图 6-3 所示；

（3）在新创建的过程中输入内容。

6.1.3　调用 Sub 子过程

（1）用 Call 语句调用 Sub 子过程，语法：

Call 过程名（实在参数表）

实在参数的个数、类型和顺序，应该与被调用过程的形式参数相匹配，有多个参数时，用逗号分隔。

（2）把过程名作为一个语句来用，语法：

过程名［实参1［，实参2……］］

它与（1）的不同点是去掉了关键字和实参列表的括号。

例 6.2　在两个文本框中任意输入两个整数，单击"降序排序"按钮后将按大数在前，小数在后重新显示。本例用到的控件属性设置如表 6-1。

表 6-1　属性设置

控件名	属性名	属性值
Form	Caption	对任意两个整数排序
Lable1	Caption	请输入任意两个整数
Text1	Text	空白
Text2	Text	空白
Command1	Caption	降序排序

程序代码如下：

```
Private Sub Form_Load( )
    Text1 Text= ""
    Text2 Text= ""
End sub
Private Sub Command1_Click( )
```

```
        Dim x%, y%
        x= val(Text1.Text)
        y= val(Text2.Text)
        Call sort1(x,y)              '调用前面例 6.1 定义的子过程 sort1。
        Text1.Text= x
        Text2.Text= y
End sub
```

程序运行后结果如下图 6-4。

　　　　　　　（a）　　　　　　　　　　　　　　　　（b）

图 6-4　（a）排序前，（b）排序后

6.1.4　使用 Sub 子过程的综合实例

例 6.3　用子过程计算 $5! + 8!$。注意参数 n 及 t 的调用情况。

```
Private Sub Jc(n As Integer, t As Long)    '计算阶乘的子过程
        Dim i As Integer
        t = 1
        For i = 1 To n
            t = t * i
        Next i
End Sub
Private Sub Form_Load()
    Show
    Dim y As Long, s As Long
    Call  Jc(5, y)                          '调用子过程计算 5!
    s = y
    Call  Jc(8, y)                          '调用子过程计算 8!
    s = s + y
    Print "5! + 8! = "; s
End Sub
```

程序运行结果：

$5! + 8! = 40440$

6.2　函数

在 VB 中允许用户自定义函数（Function）过程，函数过程是以 "Function" 保留字开

始的过程，函数名可返回一个值给调用程序。

6.2.1　定义 Function 函数过程

```
[Private | Public][Static] Function 函数名([参数表]) [As 数据类型]
    语句块 1
    [函数名＝表达式 1]
    [Exit Function]
    语句块 2
    [函数名＝表达式 2]
End Function
```

说明：

（1）Function 函数过程的函数名要定义其返回值的类型；

（2）函数名是有值的，所以在函数体内至少要对函数名赋值一次，即：

　　函数名＝表达式

例 6.4　定义一个求任意两个整数中的最大数的函数过程 max1。

```
Private Function max1(a as Integer,b as Integer) as Integer
    If a> b Then
        max1= a                         '对函数名进行赋值
    Else
        max1= b
    End If
End function
```

Function 函数过程与 Sub 子过程的区别与注意事项：

（1）Function 函数过程可通过函数名返回一个值到调用它的过程，而 Sub 子过程不能通过过程名返回值；

（2）调用方法不同。一般说来，在赋值语句右边的表达式中包含函数名和参数，这就调用了函数过程，而 Sub 子过程常用 CALL 调用；

（3）与变量一样，函数名有数据类型，这就决定了返回值类型（缺省情况下，数据类型为 Variant）。

6.2.2　建立 Function 函数过程

Function 函数过程的建立方法与 Sub 过程相同，可以在"代码窗口"中直接输入来建立 Function 函数过程，也可以选择"工具"菜单中的"添加过程"命令来建立 Function 函数过程（选择"函数"类型）。

6.2.3　调用 Function 函数过程

同使用 VB 内部函数一样，只需写出函数名和相应的参数即可。

形式如下：

函数名（实参列表）

例 6.5　在两个文本框中任意输入两个整数，单击"求最大数"按钮后将在第三个文本框中显示这两个数中的最大数。本例用到的控件属性设置如表 6-2。

表 6-2　属性设置

控件名	属性名	属性值
Form1	Caption	求任意两个整数中的最大数
Lable1	Caption	请输入任意两个整数
Text1	Text	空白
Text2	Text	空白
Text3	Text	空白
Command1	Caption	求最大数

程序代码如下：

```
Private Sub Form_Load( )
    Text1.Text = ""
    Text2.Text= ""
    Text3.Text= ""
End Sub
Private Sub Command1_Click( )
    Dim x%,y%
    x= val(Text1.Text)
    x= val(Text2.Text)
    Text3.Text= max1(x,y)          '调用前面例 6.4 定义的函数过程 max1。
End sub
```

程序运行结果如下图 6-5。

（a）

（b）

图 6-5　运行结果

6.2.4　使用 Function 函数过程的综合实例

例 6.6　用函数计算 $5! + 8!$ 。

```
Private Function Jc(n%) AS long
    Dim i%
    t = 1
    For i =  1 To n
        t = t * i
    Next i
```

```
        Jc= t
End function
Private Sub Form_Load()
    show
    Dim y As Long
    y =  jc(5)+  Jc(8)              '调用函数过程计算 5! 和 8!
    Print "5! +  8! = "; y
End Sub
```

程序运行结果：

5! ＋8! ＝ 40440

请同学们自己对比例 6.3 与例 6.6 的异同。

6.3　参数传递

参数传递可以实现调用过程和被调过程之间的信息交换。

6.3.1　形参与实参的概念

1. 形参

指出现在 Sub 和 Function 形参表中的变量名、数组名，过程被调用前，没有分配内存，其作用是说明自变量的类型和形态以及在过程中的角色。形参可以是：

（1）除定长字符串变量之外的合法变量名；

（2）后面跟（）括号的数组名。

2. 实参

是在调用 Sub 和 Function 时，传送给相应过程的变量名、数组名、常数或表达式。在过程调用传递参数时，形参与实参是按位置结合的，形参表和实参表中对应的变量名可以不必相同，但位置必须对应起来。

3. 形参与实参的关系

形参如同公式中的符号，实参就是符号具体的值；调用过程：就是把值代入公式进行计算。

定义过程和调用过程的示例：

定义过程：Sub Mysub（t As Integer，s As String，y As Single）

调用过程：Call Mysub（100," 计算机"，1.5）

"形实结合"是按照位置结合的，即第一个实参值（100）传送给第一个形参 t，第二个实参值（"计算机"）传送给第二个形参 s，第三个实参值（1.5）传送给第三个形参 y。

6.3.2　按值传递和按地址传递

参数传递有两种方式：按值传递和按地址传递。

1. 按值传递参数（定义时加 ByVal）

按值传递参数（Passed By Value）时，是通过常量传递实际参数，即传递参数值而不是传递它的地址,是将实参变量的值复制一个到临时存储单元中,如果在调用过程中改变了形参的值,不会影响实参变量本身,即实参变量保持调用前的值不变。因为通用过程不能访问实参的内存地址,因而在通用过程中对形参的任何操作都不会影响实参。在例 6.3 中,Form _ Load () 事件过程是通过 "Call Jc (5, y)" 和 "Call Jc (8, y)" 来调用过程 Jc (n, t) 的,其中第一参数就是采用按值来传送数据的。

2. 按地址传递参数 (定义时没有修饰词或带关键字 ByRef)

VB 默认的数据传递方式,按地址传递 (Passed By Ref) 时,实参必须是变量,不能采用常量或表达式。把实参变量的内存地址传递给被调过程 (如 Sub 过程),即形参与实参使用相同的内存地址单元,这样通过过程就可以改变变量本身的值。在被调用过程中,形参的值一旦改变,相应实参的值也跟着改变。如果实参是一个常数或表达式,VB 会按 "传值" 方式来处理。在例 6.3 中,Form _ Load () 事件过程是通过 "Call Jc (5, y)" 和 "Call Jc (8, y)" 来调用过程 Jc (n, t) 的,其中第二个参数就是采用按地址来传送数据的。

例 6.7 编写一个交换两个数的过程,jh1 用传值方式,jh2 用传地址方式。

```
Public Sub jh1(ByVal a%,ByVal b%)
      Dim c%
      c= a: a= b: b= c
End Sub
Public Sub jh2(a%,b%)
      Dim c%
      c= a: a= b: b= c
End Sub
Private Sub Command1_Click()
      Dim x%,y%
      x= 5: y= 10
      call jh1(x,y)
      print"x1= ";x,"y1= ";y
      x= 5:y= 10
      call jh2(x,y)
      print"x2= ";x,"y2= ";y
End Sub
```

程序运行后显示的结果为:

x1＝5 y1＝10

x2＝10 y2＝5

从这个例子我们可以看出,jh1 过程的形参前有 ByVal 关键字,所以实参将值赋给形参后,过程体中对形参的改变对实参没有影响;而 jh2 过程是地址传递,形参的变化会直接改变实参的值。这两种调用方法的示意图如下图 6-6:

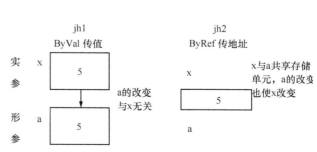

图 6-6 传值和传地址方式的示意图

3. 传值和传地址的选用规则

一般进行如下考虑：

（1）如果要将被调过程中的结果返回给主调程序，则形参必须是传地址方式。这时实参必须是同类型的变量名（包括简单变量、数组、结构类型等），不能是常量、表达式。

（2）如果不希望过程修改实参的值，则选用传值方式，这样可增加程序的可靠性和便于调试，减少各过程间的关联。因为在过程体内对形参的改变不会影响到实参。

（3）形参是数组、自定义类型时，只能是传地址方式。

6.3.3 数组参数

VB 允许把数组作为形参出现在形参表中，语法：

形参数组名（）[As 数据类型]

形参数组只能按地址传递参数，对应的实参也必须是数组，且数据类型相同。调用过程时，把要传递的数组名放在实参表中，数组名后面不跟圆括号。在过程中不可以用 Dim 语句对形参数组进行声明，否则会产生"重复声明"的错误。但在使用动态数组时，可以用 ReDim 语句改变形参数组的维界，重新定义数组的大小。

例 6.8 从文本框输入 n，然后输出如下数列：n，2n，3n，…，nn

函数过程代码：

```
Public Function shulie1(x as Integer, ByVal n as Integer)
    Shulie1= 0
    For i= 1 to n
      Shulie1= shulie1+ x
    Next i
End Function
Private Sub Command1_Click()
    Dim j%,s(),a%,k%
    Cls
    a= val(Text1.Text)
    Redim s(1 to a)
    For j= 1 To a
        S(j)= shulie1(a,j)
        k= k+ 1
        Print"s"& j & "= ";s(j)
        If k> a Then Exit For
    Next j
End Sub
Private Sub Form_Activate()
        text1.SetFocus
End Sub
```

程序执行结果如图 6-7 所示。

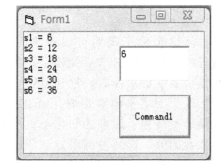

图 6-7 程序运行结果

6.3.4　过程的嵌套和递归调用

1. 过程的嵌套调用

在一个过程内不能包含另一个过程，然而，对过程的调用却可以使用嵌套调用。即在一个主过程（一般是事件过程）中可以调用一个子过程（或函数过程），在该子过程中还可以调用另一个子过程，这种程序结构称为过程的嵌套调用。过程的嵌套调用程序执行过程如图 6-8 所示。

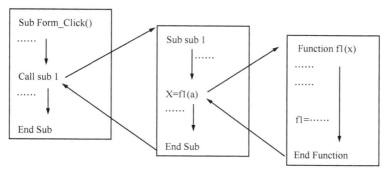

图 6-8　过程的嵌套调用

2. 过程的递归调用

1）递归的概念

通俗地讲，用自身的结构来描述自身就称为"递归"。如对阶乘运算的定义就是递归的：

$$n! = n(n-1)!$$
$$(n-1)! = (n-1)(n-2)!$$

2）递归子过程和递归函数过程

VB 允许一个自定义子过程或函数过程在过程体的内部调用自己，这样的子过程或函数过程就叫递归子过程和递归函数过程。递归过程包含了递推和回归两个过程。构成递归的条件是：

（1）递归结束条件和结束时的值；

（2）能用递归形式表示，并且递归向结束条件发展。

例 6.9　编程求 jc（n）＝n! 的函数过程。

根据求 n! 的定义 n! ＝n（n－1）!，可以写出如下形式：

$$jc(n) = \begin{cases} 1 & n=0 \\ n * jc(n-1) & n>0 \end{cases}$$

计算 jc（n）的函数过程代码：

```
Public Function jc(n As Integer) As Integer
    If n = 0 Then
        jc = 1
    Else
        jc = n * jc(n - 1)
    End If
End Function
```

```
Private Sub Command1_Click()
      Dim n%
      n = Val(InputBox("请输入一个整数 N:", "计算 N 的阶乘", 0))
      Print "jc(" & n & ")= "; jc(n)
End Sub
```

3）注意事项

（1）递归算法设计简单，但消耗的上机时间和占据的内存空间比非递归大；

（2）设计一个正确的递归过程或函数过程必须具备两点：

i. 具备递归条件；

ii. 具备递归结束条件。

（3）一般而言，递归函数过程对于计算阶乘、级数、指数运算有特殊效果。

6.4　过程和变量的作用域

VB 的一个应用程序工程文件通常包括窗体模块文件（.frm）、类模块文件（.cls）和标准模块文件（.bas）。本章不讨论类模块文件。在窗体文件和标准模块文件中包含了若干个过程，过程内外又有若干个变量。如图 6-9 所示。

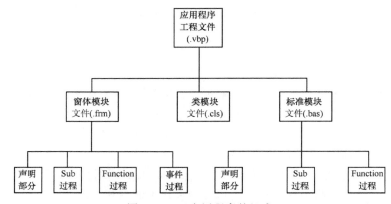

图 6-9　VB 应用程序的组成

VB 的过程是相对独立的，过程和变量随所处的位置和定义的方式不同而具有不同的使用场合，并不是任何地方都可以被调用或引用。这种变量和过程能被访问的范围就称为变量和过程的作用域。

6.4.1　过程的作用域

过程的作用域分为模块级过程和全局过程。在 Sub 过程或 Function 函数过程前加 Private 关键字的是模块级过程，在 Sub 过程或 Function 函数过程前加 Public 关键字或缺省的是全局级过程。

过程的作用域及定义、调用规则如下表 6-3：

表 6-3　过程的作用域及定义、调用规则

作用范围	模块级		全局级	
	窗体	标准模块	窗体	标准模块
定义方式	Private		Public 或缺省	
能否被本模块的其他过程调用	能	能	能	能
能否被本应用程序其他模块调用	否	否	能，但在过程名前要加窗体名	能，但过程名必须唯一，否则要加标准模块名

6.4.2　变量的作用域

变量在程序中必不可少，它可以在不同模块、过程中声明，还可以用不同的关键字声明；变量根据所处的位置或被定义不同，其作用范围也不同，可以分为局部变量、模块级变量和全局变量三种。

1. 局部变量

在一个过程内部用 Dim 或 Static 声明的变量称为局部变量。只能在本过程中有效。在一个窗体中，不同过程中定义的局部变量可以同名。例如，在一个窗体中定义

```
Private Sub Command1_Click()
        Dim Count As Integer
        Dim Sum As Integer
        ...
End Sub
Private Sub Command2_Click()
        Dim Sum As Integer
        ...
End Sub
```

2. 模块级变量

模块级变量可以在一个窗体的不同过程中使用。在窗体模块的声明部分中声明该变量。

如果用 Private 或 Dim 来声明，则该变量只能在本窗体（或本模块）中有效，在其他窗体或模块中不能引用该变量。

以 Public 声明的变量，允许在其他窗体和模块中引用。

3. 全局变量

全局变量可以被应用程序中任何一个窗体和模块直接访问。全局变量要在标准模块文件（.bas）中的声明部分用 Global 或 Public 语句来声明。

格式：

Global 变量名　　As　　数据类型

Public 变量名　　As　　数据类型

不同作用域范围三种变量声明及使用规则如表 6-4：

表 6-4　不同作用域范围三种变量声明及使用规则

作用范围	局部变量	窗体/模块级变量	全局变量	
			窗体	标准模块
声明方式	Dim、Static	Dim、Private	Public	
声明位置	过程中	窗体/模块的通用声明段	窗体/模块的通用声明段	
能否被本模块的其他过程存取	否	能	能	
能否被其他模块存取	否	否	能，但在变量名前要加窗体名	能

　　例如：在一个标准模块文件中进行不同级的变量声明。

```
Public pa as Integer              '全局变量
Private ct as String * 10         '窗体/模块级变量
Sub s1()
    Dim sa as Long                '局部变量
    ……
End Sub
Sub s2()
    Dim sb as Single              '局部变量
    ……
End Sub
```

　　在一个过程中，变量不允许同名，但可以与过程外的窗体/模块级变量或全局变量同名。对不同范围内出现的同名变量，可以用模块名加以区别。一般情况下，当变量名相同而作用域不同时，优先访问局限性大的变量。

6.4.3　变量的生存期

　　从变量的作用空间来看，变量有作用域，从变量的作用时间来看，变量有生存期。变量的生存期，也即变量能够保持其值的时间，分为动态变量和静态变量。

1. 动态变量

　　动态变量是指程序运行进入变量所在的过程时，才分配给该变量的内存单元，经过处理退出该过程时，该变量占用的内存单元自动释放，其值消失。当再次进入该过程时，所有的动态变量将重新初始化。

　　使用 Dim 关键字在过程中声明的局部变量属于动态变量。

2. 静态变量

　　静态变量是指程序进入该变量所在的过程，经过处理退出该过程时，其值仍被保留，即变量所占的内存单元没有释放。当以后再次进入该过程时，原来的变量值可以继续使用。

　　使用 Static 关键字在过程中声明的局部变量属于静态变量。用 Static 声明的静态变量，在每次调用过程时保持原来的值，不重新初始化。而用 Dim 声明的变量，每次调用过程时，重新初始化。

　　例 6.10a　使用 Static 定义静态变量的示例

```
Private Sub Subtest()
      Static t As Integer                    't 为静态变量
      t = 2 * t + 1
      Print t
End Sub
Private Sub Command1_Click()
      Call Subtest                           '调用子过程 Subtest
End Sub
```

运行后，多次单击命令按钮 Command1，执行结果为

$$1$$
$$3$$
$$7$$
$$\cdots$$

例 6.10b 使用 DIM 定义动态变量的示例

```
Private Sub Subtest()
      dim t As Integer                       't 为动态变量
      t = 2 * t + 1
      Print t
End Sub
Private Sub Command1_Click()
      Call Subtest                           '调用子过程 Subtest
End Sub
```

将 Static t 改为 dim t 后，运行过程中多次单击命令按钮 Command1，执行结果为

$$1$$
$$1$$
$$1$$
$$\cdots$$

小 结

本章主要介绍了用户自定义过程（包括子过程和函数过程）的定义和调用，以及参数传递、形参和实参的比较、传值与传址的比较、过程的嵌套和递归、过程和变量的作用域等内容。

第7章 数据库基础知识

本章内容概要

数据库是数据管理的最新技术，是计算机科学的重要分支。数据库的建设规模、数据库信息量的大小和使用频度，已成为衡量这个国家信息化程度的重要标志。本章将介绍数据管理技术的发展过程及数据库技术所涉及的基本概念及理论，包括数据库、数据模型、关系数据库的基本理论、数据库系统的体系结构。通过本章的学习使读者对数据库技术有一个全面的了解。

7.1 数据管理技术概述

7.1.1 数据管理技术的发展

人们对数据进行收集、组织、存储、加工、传播和利用等一系列活动的总和称为数据管理。由于计算机的产生和发展，在应用需求的推动下，数据管理技术得到迅猛发展，在整个利用计算机进行数据管理的发展过程中又经历了人工管理、文件系统、数据库系统三个阶段。

1. 人工管理阶段

20 世纪 40 年代中期到 50 年代中期，计算机主要用于数据计算。从当时的硬件看，外存只有纸带、卡片、磁带，没有直接存取设备（例如磁盘）；从软件看，没有操作系统及数据管理的软件；从数据看，数据量小，用于数据结构的模型没有完善。所以这一阶段的管理由用户直接管理。

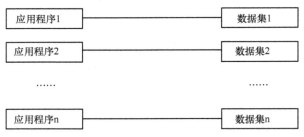

图 7-1 人工管理阶段-应用程序与数据的关系

2. 文件系统阶段

20 世纪 50 年代后期到 60 年代中期，计算机外部存储设备中出现了磁鼓、磁盘等直接存取设备；计算机操作系统中产生了专门管理数据的软件，称为文件系统。在数据的处理方式上不仅有了文件批处理，而且能够在需要时随时从存储设备中查询、修改或更新数据。这时的数据处理系统是把计算机中的数据组织成相互独立的数据文件，并可以按文件名进行访问。

3. 数据库系统阶段

20 世纪 60 年代后期，计算机性能大幅度提高，特别是大容量磁盘的出现，使存储容量大大增加并且价格下降。为满足和解决实际应用中多个用户、多个应用程序共享数据的要求，使数据能为尽可能多的应用程序服务，在软件方面就出现了统一管理数据的专用软件系统，克服了文件系统管理数据时的不足，这就是数据库管理系统。

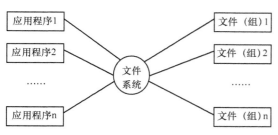

图 7-2　文件管理阶段-应用程序与数据的关系

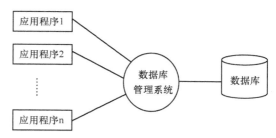

图 7-3　数据库系统阶段-应用程序与数据的关系

这三个阶段的特点及其比较如表 7-1 所示。

表 7-1　数据管理三个阶段的比较

		人工管理阶段	文件系统阶段	数据库系统阶段
背景	应用背景	科学计算	科学计算、管理	大规模管理
	硬件背景	无直接存取存储设备	磁盘、磁鼓	大容量磁盘
	软件背景	没有操作系统	有文件系统	有数据库管理系统
	处理方式	批处理	联机实时处理、批处理	联机实时处理、分布处理、批处理
特点	数据的管理者	用户（程序员）	文件系统	数据库管理系统
	数据面向的对象	某一应用程序	某一应用	现实世界
	数据的共享程度	无共享，冗余度极大	共享性差、冗余度大	共享性高，冗余度小
	数据的独立性	不独立，完全依赖于程序	独立性差	具有高度的物理独立性和一定的逻辑独立性
	数据的结构化	无结构	记录内有结构、整体无结构	整体结构化，用数据模型描述
	数据控制能力	应用程序自己控制	应用程序自己控制	由数据库管理系统提供数据安全性、完整性、并发控制和恢复能力

7.1.2　数据库概念

1. 数据库

数据库（DataBase，DB），顾名思义，是存放数据的仓库。只不过这个仓库是在计算机存储设备上，而且数据是按一定的格式存放的。人们收集并抽取出一个应用所需要的大量数据之后，将其保存起来以供进一步加工处理，进一步抽取有用信息。在科学技术飞速发展的今天，人们的视野越来越广，数据量急剧增加。过去人们把数据存放在文件柜里，现在人们借助计算机和数据库技术科学地保存和管理大量的复杂的数据，以便能方便而充分地利用这些宝贵的信息资源。

数据库是指长期储存在计算机内的、有组织的、可共享的数据集合。数据库中的数据按一定的数据模型组织、描述和存储，具有较小的冗余度、较高的数据独立性和易扩展性，并可以为各种用户共享。

2. 数据库管理系统

数据库管理系统（DataBase Management System，DBMS）是位于用户与操作系统之间的一层数据管理软件。市场上可以看到各种各样的数据库管理系统软件产品，如 Oracle、SQL Server、Access、Visual FoxPro、Informix、Sybase 等。其中 Oracle、SQL Server 数据库管理系统适用于大中型数据库；Access 是微软公司 Office 办公套件中一个极为重要的组成部分，是目前世界上最流行的桌面数据库管理系统，它适用于中小型数据库应用系统。

数据库管理系统的主要功能包括以下几个方面。

（1）数据定义功能。

DBMS 提供数据定义语言（Data Definition Language，DDL），通过它可以方便地对数据库中的数据对象进行定义。

（2）数据操纵功能。

DBMS 还提供数据操纵语言（Data Manipulation Language，DML），使用 DML 操纵数据实现对数据库的基本操作，如查询、插入、删除和修改等。

（3）数据库控制功能。

DBMS 还提供数据控制语言（Data Control Language，DCL），数据库在建立、运用和维护时由数据库管理系统统一管理、统一控制，以保证数据的安全性、完整性、多用户对数据的并发使用及发生故障后的系统恢复。

（4）其他功能。

它包括数据库初始数据的输入、转换功能，数据库的转储、恢复功能，数据库的管理重组织功能和性能监视、分析功能等。

3. 数据库应用系统

数据库应用系统（DataBase Application System，DBAS）是由系统开发人员利用数据库系统资源开发出来的、面向某一类实际应用的应用软件系统。例如，以数据库为基础开发的图书管理系统、学生管理系统、人事管理系统。

4. 用户

用户（User）指与数据库系统打交道的人员，包括以下 3 类人员。

（1）数据库管理员（DataBase Administrator，DBA）：全面负责数据库系统的正常运行和维护的人员。

（2）数据库应用系统开发员：开发数据库系统的人员。

（3）最终用户：使用数据库应用系统的人员。

5. 数据库系统

数据库系统（DataBase System，DBS）是指在计算机系统中引入数据库后的系统，一般由数据库、数据库管理系统（及其开发工具）、数据库应用系统、用户组成。

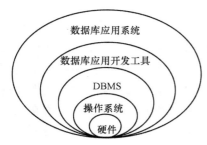

图 7-4　数据库系统的层次结构

7.2　数据模型

在数据库中用数据模型这个工具来抽象、表示和处理现实世界中的数据和信息。通俗地讲数据模型就是现实世界的模拟。数据模型应满足三方面要求：一是能比较真实地模拟现实世界；二是容易为人所理解；三是便于在计算机上实现。

计算机不能直接处理现实世界中的具体事物，所以人们必须把具体事物抽象并转换成计算机能够处理的数据。一般要经过两个阶段：

（1）将现实世界中的客观对象抽象为信息世界的概念数据模型；

（2）将信息世界的概念数据模型转换成机器世界的逻辑数据模型。如图 7-5 所示。

由上述两个阶段可知，数据模型分成两个不同的层次：

（1）第一类模型是概念数据模型。

它面向现实世界，按用户的观点对数据和信息建模，强调语义表达能力，建模容易、方便、概念简单、清晰，易于用户所理解，是现实世界到信息世界的第一层抽象，是终端用户和数据库设计人员之间进行交流的语言。概念数据模型主要用在数据库的设计阶段，与 DBMS 无关。常用的概念数据模型是实体-联系模型（E-R 模型）。

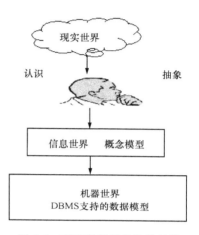

图 7-5　对现实世界的抽象过程

（2）第二类模型是逻辑数据模型，也简称为数据模型。

逻辑数据模型是面向机器世界的，它按照计算机系统的观点对数据建模，各种机器上实现的 DBMS 软件都是基于某种逻辑数据模型的。逻辑模型主要包括网状模型、层次模型（这两者又称为非关系模型）、关系模型、面向对象模型。

设计数据库系统时，通常利用第一类模型作初步设计，之后按一定方法转换为第二类模型，再进一步设计全系统的数据库结构，最终在计算机上实现。

7.2.1　实体-联系模型

概念模型主要描述现实世界中实体以及实体和实体之间的联系。概念模型的表示方法很多，P. P. S. Chen 于 1976 年提出的实体-联系（Entity-Relationship，E-R）模型，是支持概念模型的最常用方法。E-R 模型使用的工具称为 E-R 图，它描述的是现实世界的信息结构。

1. E-R 模型的要素

E-R 模型主要包含 3 个要素：实体、属性和联系。

1）实体

客观存在并可相互区别的事物称为实体。可以是具体的人、事、物或抽象的概念。例如，职工、学生、银行、桌子都是客观事物，球赛、上课都是抽象事件，它们都是现实世界管理的对象，都是实体。

E-R 图中，实体用矩形表示，矩形框内写上实体名称。

例如：学院、教师、学生、课程四个实体如图 7-6 所示。

图 7-6　实体图

2）属性

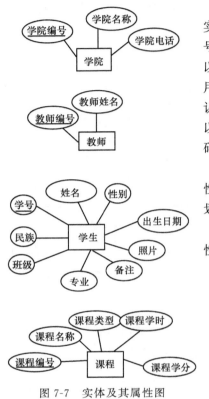

图 7-7　实体及其属性图

实体所具有的某一特性称为属性（Attribute）。一个实体可以由若干个属性来刻画。例如，用户可以由用户编号、用户姓名、用户等级和用户登陆密码来刻画。人们可以根据实体的特性来区分实体。但并不是每个特性都可以用来区分实体，因此又把用于区分实体的实体特性称为标识属性。例如，用户的标识属性是用户编号，用户编号可以区分一个个用户，而用户姓名、用户等级、用户登陆密码都不是标识属性。

在 E-R 图中用椭圆框表示实体的属性，框内写上属性名，并用连线连到对应实体。可以在标识属性下加下划线。

例如：学院、教师、学生、课程四个实体及其相应属性如图 7-7 所示。

3）联系

在现实世界中，事物内部以及事物之间是有联系的，这些联系在信息世界反映为实体内部的联系和实体之间的联系。实体内部的联系通常是指实体的各属性之间的联系。实体之间的联系通常是指不同实体之间的联系。例如，在学生成绩管理信息系统中，教师实体和学院实体之间就存在"工作"联系。实体之间的联系用菱形框表示，框内写上联系名，然后用连线与相关的实体相连。

实体之间的联系按联系方式可分为三类。

（1）一对一联系（1：1）。

如果实体 A 与实体 B 之间存在联系，并且对于实体 A 中的任意一个实例，实体 B 中至多有一个（也可以没有）实例与之关联，反之亦然，则称实体 A 与实体 B 具有一对一联系，记作 1：1。

例如，飞机的乘客和座位之间、学校与校长之间都是 1：1 联系，要注意的是 1：1 联系不一定是一一对应，如图 7-8 所示。联系本身也可以有属性，图 7-8 中乘客与座位的联系"乘坐"的属性为"乘坐时间"。

（2）一对多联系（1：n）。

如果实体 A 与实体 B 之间存在联系，并且对于实体 A 中的任意一个实例，实体 B 中有 n 个实例（n≥0）与之对应；而对于实体 B 中的任意一个实例，实体 A 中至多有一个实例与之对应，则称实体 A 到实体 B 的联系是一对多的，记为 1：n。

例如，学院和教师之间、学院和学生之间都是 1：n 联系，如图 7-9 所示。

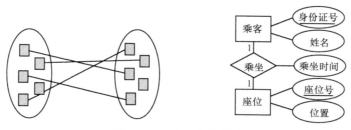

图 7-8　一对一联系示例

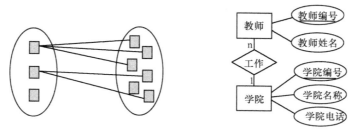

图 7-9　一对多联系示例

（3）多对多联系（m：n）。

如果实体 A 与实体 B 之间存在联系，并且对于实体 A 中的任意一个实例，实体 B 中有 n 个实例（n≥0）与之对应；而对实体 B 中的任意一个实例，实体 A 中有 m 个实例（m≥0）与之对应，则称实体 A 到实体 B 的联系是多对多的，记为 m：n。

例如，学生和课程之间是 m：n 联系，如图 7-10 所示。

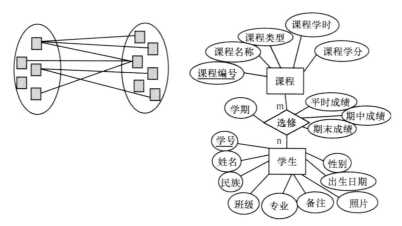

图 7-10　多对多联系示例

2. 学生成绩管理系统完整的 E-R 图（图 7-11）

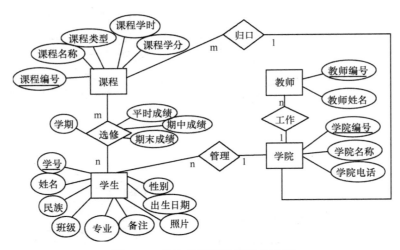

图 7-11　学生成绩管理系统 E-R 图

7.2.2　逻辑数据模型

目前，数据库领域中最常用的数据模型有四种：层次模型（Hierarchical Model）、网状模型（Network Model）、关系模型（Relational Model）和面向对象模型（Object Oriented Model）。其中，层次模型和网状模型统称为非关系模型。非关系模型的数据库系统在 20 世纪 70 年代至 80 年代初非常流行，在数据库系统产品中占据了主导地位，现在已逐渐被关系模型的数据库系统取代。下面内容我们介绍目前主要采用的数据模型：关系模型。

数据结构、数据操作和完整性约束条件这三个方面的内容完整地描述了一个数据模型，其中数据结构是刻画数据模型的最基本的方面。

1. 关系模型的数据结构

在用户观点下，关系模型中数据的逻辑结构是一张二维表，它由行和列组成，见表 7-2。

表 7-2　学生表

学号	姓名	性别	民族	出生日期	班级	专业	学院编号	备注	照片
200905000078	李艳梅	女	瑶	1990-09-15	会计 09－1 班	会计学	01	诗歌朗诵	
200905001211	张蔚然	女	汉	1992-01-23	会计 09－1 班	会计学	01		
200905001005	顾斌	男	汉	1992-02-03	会计 09－1 班	会计学	01	2008 年获得校级奖学金	
…	…	…	…	…	…	…	…	…	…

下面介绍一些关系数据模型的基本术语。

1）关系

关系就是二维表（反之，二维表不一定是关系），关系必须满足如下条件。

（1）关系表中的每一列都是不可再分的基本属性。

如表 7-3 所示就不是关系，因为"班级"列不是基本属性，它包含了子属性"年级"和"班号"。

表 7-3　学生表（包含复合属性的表）

学号	姓名	性别	民族	出生日期	班级		专业	学院编号	备注	照片
					年级	班号				
200905000078	李艳梅	女	瑶	1990-09-15	会计 09	1 班	会计学	01	诗歌朗诵	
200905001211	张蔚然	女	汉	1992-01-23	会计 09	1 班	会计学	01		
200905001005	顾斌	男	汉	1992-02-03	会计 09	1 班	会计学	01	2008 年获得校级奖学金	
…	…	…	…	…	…	…	…	…	…	…

（2）表中各属性不能重名。

（3）表中的行、列次序并不重要，即可交换列的前后顺序。

2）元组

表中的每一行数据称为一个元组，它相当于一条记录值。

3）属性

二维表中的列称为属性；每个属性有一个名称，称为属性名；二维表中对应某一列的值称为属性值。如表 7-2 所示的学生关系有学号、姓名、性别、民族、出生日期、班级、专业、学院编号、备注、照片十个属性。

在数据库中，有两套标准术语，一套用的是表、列、行；而相应的另外一套用的则是关系（对应表）、元组（对应行）、属性（对应列）。

4）关系模式

二维表的结构称为关系模式。设关系名为 R，其属性为 A1，A2，…，An，则关系模式可以表示为 R（A1，A2，…，An），对于每个 Ai（i＝1，…，n）还包括属性到值域的映像，即属性的取值范围。可以用下划线标识主关键字。如表 7-2 所示的学生关系模式表示为：

学生（学号，姓名，性别，民族，出生日期，班级，专业，学院编号，备注，照片）

5）候选关键字

如果一个属性集的值能唯一标识一个关系的元组而不含有多余的属性，则称该属性集为候选关键字。简言之，候选关键字是指能唯一标识一个关系的元组的最小属性集。候选关键字又称候选键或候选码。在一个关系上可以有多个候选关键字。

候选关键字可以由一个属性组成，也可以由多个属性共同组成。

例 7.1　已知关系模式：课程（课程编号，课程名称，学院编号，课程类型，课程学时，课程学分），请确定其候选关键字。

由于属性"课程编号"可以唯一标识课程关系中的元组，所以课程关系的候选关键字有 1 个，即（课程编号）。

例 7.2　已知关系模式：课程（课程编号，课程名称，学院编号，课程类型，课程学时，课程学分），假设每门课程的名称互不相同，请确定其候选关键字。

由于属性"课程编号"可以唯一标识课程关系中的元组，所以"课程编码"是课程关系的候选关键字。

又由于每门课程的名称互不相同，所以属性"课程名称"也可以唯一标识课程关系中的元组，所以"课程名称"也是课程关系的候选关键字。

因此，课程关系的候选关键字有 2 个，即（课程编号）和（课程名称）。

例 7.3　已知关系模式：选修（学号，课程编号，平时成绩，期中成绩，期末成绩，教师编号，学期），请在下列语义环境中分别确定其候选关键字。

（1）假设一位同学只能选修一门课，一门课可以被多位同学选修。

该语义环境下，选修关系的候选关键字有 1 个，它由 1 个属性构成，即（学号）。

（2）假设一位同学可以选修多门课，一门课可以被多位同学选修。

该语义环境下，选修关系的候选关键字有 1 个，它由 2 个属性构成，即（学号＋课程号）。

6）主关键字

有时一个关系中有多个候选关键字，这时可以选择其中一个作为主关键字，简称关键字。主关键字也称为主键或主码。

每一个关系都有且仅有一个主关键字。

当一个关系中有一个候选关键字时，则此候选关键字也就是主关键字。

当一个关系中有多个候选关键字时，选择哪一个作为主关键字与实际语义和系统需求相关。

7）主属性

包含在任一候选关键字中的属性称为主属性。

例 7.1 的课程关系中的主属性有 1 个，为"课程编号"。

例 7.2 的课程关系中主属性有 2 个，为"课程编号"和"课程名称"。

8）非主属性

不包含在任一候选关键字中的属性称为非主属性。

例 7.1 的课程关系中非主属性有 5 个，为"课程名称"，"学院编号"，"课程类型"，"课程学时"，"课程学分"。

例 7.2 的课程关系中非主属性有 4 个，为"学院编号"，"课程类型"，"课程学时"，"课程学分"。

9）外部关键字

如果一个属性集的取值要去参照其他属性集的取值，则该属性集称为外部关键字。外部关键字也称为外码或外键。

外部关键字一般定义在联系中，用于表示两个或多个实体之间的关联关系。外部关键字实际上是表中的一个（或多个）属性，它参照某个其他表（特殊情况下，也可以是外部关键字所在的表）的主关键字，当然，也可以是候选关键字，但多数情况下是主关键字。

外部关键字并不一定要与所参照的主关键字同名。不过，在实际应用中，为了便于识别，当外部关键字与参照的主关键字属于不同关系时，往往给它们取相同的名字。

例 7.4　已知关系模式：

教师（教师编号，教师姓名，学院编号）

学生（学号，姓名，性别，民族，出生日期，班级，专业，学院编号，备注，照片）

课程（课程编号，课程名称，学院编号，课程类型，课程学时，课程学分）

选修（学号，课程编号，平时成绩，期中成绩，期末成绩，教师编号，学期）

确定选修关系模式中的外码。

在选修关系中，学号的取值要去参照学生表中的学号，课程号的取值要去参照课程表中的课程号，教师编号的取值要去参照教师表中的教师编号，因此选修表有三个外码：（学

号），（课程号），（教师编号）

10）参照关系和被参照关系

在关系数据库中可以通过外部关键字使两个关系关联，这种联系通常是一对多（1：n），其中主（父）关系（1方）称为被参照关系，从（子）关系（n方）称为参照关系。

在例7.4中，选修关系是参照关系，学生关系、课程关系、教师关系是被参照关系。

2. 关系模型的数据操作

数据操作是指对数据库中各种对象（型）的实例（值）允许执行的操作的集合，包括操作及有关的操作规则。关系数据库主要有查询、插入、删除、修改四大操作。

现在关系数据库已经有了标准语言——SQL（Structured Query Language），SQL 尽管字面上是结构化查询语言，但是它不仅具有丰富的查询功能，而且具有数据定义、数据操作和数据控制等功能，是集查询语言、数据定义语言、数据操作语言和数据控制语言于一体的关系数据语言，充分体现了关系数据语言的特点和优点。

3. 关系模型的数据完整性约束

关系模型的完整性规则是对关系的某种约束条件，以保证数据的正确性、有效性和相容性。

关系模型中有 3 类完整性约束：

1）实体完整性

实体完整性规则要求表中的主键不能取重复的值，主属性不能取空值。

所谓空值就是"不知道"或"没有确定"，它既不是数值 0，也不是空字符串，而是一个未知的量，一个不确定的量。

例如在学生表中，"学号"字段为主键，这样就保证了表中没有重复记录，也没有不确定的记录存在。

实体完整性规则规定了关系的所有主属性都不可以取空值，而不仅是主关键字整体不能取空值。例如，选修（学号，课程编号，平时成绩，期中成绩，期末成绩，教师编号，学期）中，（学号，课程编号）为主关键字，则实体完整性要求"学号"，"课程编号"两个属性都不能取空值。

2）域完整性（用户定义完整性）

通过定义数据的类型、指定字段的宽度和设置输入有效性规则，可以限定表数据的取值类型和取值范围，对输入的数据进行有效性验证。

例如，学生表中的性别取值范围只能是"男"，"女"，选修表中各种分数的取值为 0～100 等。

数据库管理系统需提供定义这些数据完整性的功能和手段，以便统一进行处理和检查，而不是由应用程序实现这些功能。

3）参照完整性

参照完整性与表之间的联系有关，当插入、删除或修改一个表中的数据时，通过参照引用相互关联的另一个表中的数据，来检查对表的数据操作是否正确。

参照完整性规则的内容是：如果属性（或属性组）F 是关系 R 的外部关键字，它与关系 S 的主关键字 K 相对应，则对于关系 R 中每个元组在属性（或属性组）F 上的值必须为：

（1）或者等于 S 中某个元组的主关键字的值；

（2）或者取空值（F 的每个属性均为空值）。

例 7.5　教师实体和学院实体可以用下面的关系表示，其中主关键字用下划线标识：

教师（教师编号，教师姓名，学院编号）

学院（学院编号，学院名称，学院电话）

在教师关系和学院关系之间，教师关系是参照关系，学院关系是被参照关系，教师关系中的"学院编号"是外码。

也就是说，教师关系中学院编号的取值有两种可能：

（1）参照学院关系中学院编号取值。

（2）取空置，表示该教师未分配学院，或该教师的学院编号不明确。

例 7.6　学生、课程，及其之间的选修联系（多对多联系）可以用如下三个关系表示，其中主关键字用下划线标识：

学生（学号，姓名，性别，民族，出生日期，班级，专业，学院编号，备注，照片）

课程（课程编号，课程名称，学院编号，课程类型，课程学时，课程学分）

选修（学号，课程编号，平时成绩，期中成绩，期末成绩，教师编号，学期）

在这三个关系之间，学生关系和课程关系是被参照关系，选修关系是参照关系，选修关系中有两个外码，分别是"学号"和"课程编号"。

显然，选修关系中的"学号"的取值必须是确实存在的学生学号；选修关系中的"课程编号"的取值必须是确实存在的课程编号。

和例 7.5 不同的是，因为在选修关系中的两个外码"学号"，"课程号"恰好是选修关系的主属性，所以按实体完整性要求不能为空值。

7.2.3　实体联系模型向关系模型的转换

转换一般遵循如下原则：

（1）对于 E-R 图中的每个实体都应转换为一个关系模式。

实体的属性就是关系模式的属性，实体的标识属性就是关系模式的主关键字。

（2）对于 E-R 图中的联系，需要根据实体联系方式（1：1，1：n，m：n）的不同，采取不同的手段加以实现。

（具体转化手段见例 7.7、例 7.8、例 7.9。）

需要说明的是，在 1：1 联系和 1：n 联系中，联系也可以单独转换成一个关系模式，但由于这种转换的结果会增加表的张数，导致查询效率降低，所以不推荐使用，这里就不再举例详细介绍这种转换方式。

对于其他情况，应遵循如下原则：

（1）三个或三个以上实体间的一个多元联系可以转换为一个关系模式。

与该多元联系相连的各实体的标识属性以及联系本身的属性均转换为关系模式的属性。而关系模式的主关键字为各实体的标识属性的组合，同时新关系模式中的各实体的标识属性为参照各实体对应关系模式的外部关键字。

（2）合并具有相同关键字的关系模式。

为了减少系统中的关系模式个数，如果两个关系模式具有相同的关键字，可以考虑将它们合并为一个关系模式。合并方法是将其中一个关系模式的全部属性加入另一个关系模式中，然后去掉其中的同义属性，并适当调整属性的次序。

（3）同一实体集的实体间的联系，即自联系，也可按上述 1：1、1：n 和 m：n 三种情况分别处理。

例 7.7　将图 7-12 的实体联系模型转换成关系模型

第一步：两个实体转换成两个关系模式

　　　　乘客（身份证号，姓名）

　　　　座位（座位号，位置）

第二步：1：1 联系的处理

将其中任意一个关系模式的主键、联系的属性加入另一个关系模式中。

乘客（身份证号，姓名）

座位（座位号，位置，身份证号，乘坐时间）

或

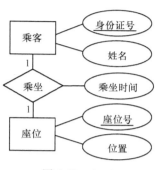

图 7-12　1：1

乘客（身份证号，姓名，座位号，乘坐时间）

座位（座位号，位置）

例 7.8　将图 7-13 的实体联系模型转换成关系模型。

第一步：两个实体转换成两个关系模式

　　　　教师（教师编号，教师姓名）

　　　　学院（学院编号，学院名称，学院电话）

第二步：1：n 联系的处理

　　　　将 1 端关系模式的主键、联系的属性加入 n 端关系模式中。

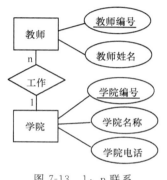

图 7-13　1：n 联系

教师（教师编号，教师姓名，学院编号）

学院（学院编号，学院名称，学院电话）

例 7.9　将图 7-14 的实体联系模型转换成关系模型。

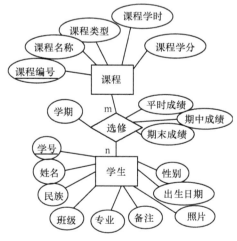

图 7-14　m：n 联系

第一步：两个实体转换成两个关系模式

　　　　学生（学号，姓名，性别，民族，出生日期，班级，专业，备注，照片）

　　　　课程（<u>课程编号</u>，课程名称，课程类型，课程学时，课程学分）

第二步：m：n 联系的处理

　　　　针对 m：n 联系，需要将联系"选修"转换成一张独立的关系模式。

　　　　将两端关系模式的主键、联系的属性加入。

　　　　选修（<u>学号，课程编号</u>，平时成绩，期中成绩，期末成绩，学期）

　　　　最后得到三张关系模式。

　　最后，将学生成绩管理系统的 E-R 模型（图 7-15）转换成关系模型，得到五张关系模式：

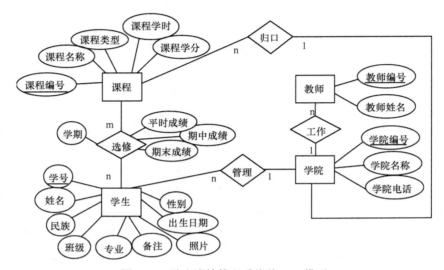

图 7-15　学生成绩管理系统的 E-R 模型

学院（<u>学院编号</u>，学院名称，学院电话）

教师（<u>教师编号</u>，教师姓名，学院编号）

学生（<u>学号</u>，姓名，性别，民族，出生日期，班级，专业，学院编号，备注，照片）

课程（<u>课程编号</u>，课程名称，学院编号，课程类型，课程学时，课程学分）

选修（<u>学号，课程编号</u>，平时成绩，期中成绩，期末成绩，教师编码，学期）

注意以下情况。

（1）1：n 联系（管理）的处理：在学生表一端加入属性学院编号；

（2）1：n 联系（归口）的处理：在课程表一端加入属性学院编号；

（3）1：n 联系（工作）的处理：在教师表一端加入属性学院编号；

（4）m：n 联系（选修）的处理：转换成一张独立的关系模式。

7.3　关系规范化

7.3.1　问题的提出

　　针对一个具体问题，应构造几个关系模式，每个关系模式有哪些属性组成。这是数据库设计的问题，这些问题直接影响整个数据库系统的运行效率，是数据库系统优劣的关键。关系数据库的规范理论化是数据库逻辑设计的一个有力工具。

在讨论规范化理论之前，首先看看什么是"不好"的数据库设计，我们通过下面的例子来说明这个问题：已知选修 A 关系（学号，姓名，性别，课程编号，课程名称，学期），假设一位学生可以选修多门课程，一门课程可以被多个学生选修。

则选修 A 关系的主键为：（学号，课程编号）。

下面从表 7-4 的数据出发，分析这样的关系模式在实际应用中可能出现的问题：

表 7-4　选修 A 关系

学号	姓名	性别	课程编号	课程名称	期末分数
200805001229	赵文波	男	02002	投资学	80
200805001229	赵文波	男	07002	大学英语	80
200805001229	赵文波	男	05004	计算机科学导论	91
200805001229	赵文波	男	05002	数据结构	41
200805001229	赵文波	男	05006	C 语言程序设计	40
200805003154	张雅倩	女	05006	C 语言程序设计	83
…	…	…	…	…	…

1. 数据冗余问题

在这个关系中，对应同一个学号，其姓名和性别都是相同的。一位学生可以选修多门课程，每选一门课程，其学生信息（例如，姓名和性别）就要存储一遍，很显然学生信息会被重复存储。

重复存储或数据冗余不仅会浪费存储空间，更重要的是可能会引起数据更新、数据插入、数据删除问题。

2. 数据更新问题

两种情况：第一种，把第一条记录的姓名由"赵文波"改为"赵文"时，只修改了第一条记录的姓名，第二条到第五条的姓名没有修改，这样就导致同一位学生对应两个姓名，数据不一致。第二种，第一条到第五条记录的姓名都修改了，但这样导致复杂化更新操作，更新数据时，维护数据完整性代价大，大大降低了操作效率。

3. 数据插入问题

如果向此关系中新增一位学生的信息，而此学生还没有选课记录，就会导致记录插入失败。原因是本关系的主键是（学号、课程编号），由实体完整性可知，当课程编号为空值时，无法将一条新记录插入此关系中。

4. 数据删除问题

如果要删除某个学生的全部成绩时，则该学生的全部基本信息也一起删除了，这显然不合理，这就是删除异常。

设计不好的关系模式为什么会发生以上四种问题呢？这是因为该关系模式中存在一些不好的性质，这些不好的性质是由于不合适的函数依赖造成的。

解决问题的方法就是进行模式分解，即把一个关系模式分解成两个或多个关系模式，在分解过程中消除那些"不好"的函数依赖，从而获得好的关系模式。

为了克服这些问题，将选修 A 关系（学号，姓名，性别，课程编号，课程名称，期末分数）分解成三个关系：

学生 B（学号，姓名，性别）

课程 B（课程编号，课程名称）

选修 B（学号，课程编号，期末分数）

7.3.2　规范化

关系规范化理论首先是由 E. F. Codd 于 1971 年提出来的，目的是设计"好"的关系模式。根据关系模式满足的不同性质和规范化的程度，把关系模式分成第一范式、第二范式、第三范式、BC 范式、第四范式和第五范式，范式越高，规范化程度越高。大部分情况下第三范式的关系都能够满足应用需求，本书只介绍第一范式、第二范式、第三范式。

1. 函数依赖及其相关术语

1）函数依赖

函数 Y＝f（X），如果给定一个 X 值，都会有唯一的一个 Y 值和它对应。那么可以说：X 函数决定 Y，或 Y 函数依赖于 X。

这样表示：X→Y

例 7.10　已知关系模式教师（教师编号，教师姓名，学院编号），存在如下函数依赖：

教师编号→教师姓名

教师编号→学院编号

例 7.11　已知关系模式选修（学号，课程号，平时成绩，期中成绩，期末成绩，教师编码，学期），存在如下函数依赖：

（学号，课程号）→平时成绩

（学号，课程号）→期中成绩

（学号，课程号）→期末成绩

（学号，课程号）→教师编码

（学号，课程号）→学期

2）平凡函数依赖、非平凡函数依赖

X→Y，但 Y 是 X 的子集，则称 X→Y 是平凡的函数依赖

X→Y，但 Y 不是 X 的子集，则称 X→Y 是非平凡的函数依赖。

例 7.12　函数依赖（学号，课程号）→学号是平凡的函数依赖

函数依赖（学号，课程号）→学期是非平凡的函数依赖

由此可见，对于任一关系模式，平凡函数依赖都是必然成立的，它不反映新的语义。

若不特别声明，总是讨论非平凡函数依赖。

3）完全函数依赖、部分函数依赖

如果 X→Y，并且对于 X 的任何一个真子集 X'，都有 X' —↛ Y，则称 Y 完全函数依赖于 X，记作 $X \xrightarrow{f} Y$。

若 X→Y，但 Y 不完全函数依赖于 X，则称 Y 部分函数依赖于 X，记作 $X \xrightarrow{P} Y$。

例 7.13　关系（学号，姓名，性别，课程编号，课程名称，学期）中，

$$（学号，课程号）\xrightarrow{f} 学期$$

（学号，课程号）$\xrightarrow{P}$ 姓名

4）传递函数依赖

如果 X→Y，Y→Z，且 Y⊈X，Y→X，则称 Z 传递函数依赖于 X。

例 7.14　关系班级（班级号，专业名，系名，人数，入学年份），其中主键为班级号

由于班级号→专业名，专业名→系名

并且专业名⊈班级号，专业名↛班级号，所以系名传递函数依赖于班级号，即班级号 $\xrightarrow{\text{传递}}$ 系名

2. 1NF

定义　如果关系 R 的所有属性都是不可再分的数据项，则称关系 R 属于第一范式，记作 R∈1NF。

表 7-5　非第一范式的表

学号	姓名	性别	民族	出生日期	班级		专业	学院编号	备注	照片
					年级	班号				
200905000078	李艳梅	女	瑶	1990-09-15	会计 09	1 班	会计学	01	诗歌朗诵	
200905001211	张蔚然	女	汉	1992-01-23	会计 09	1 班	会计学	01		
200905001005	顾斌	男	汉	1992-02-03	会计 09	1 班	会计学	01	2008 年获得校级奖学金	
...	...	...	...	...	...	...	...	...	...	...

表 7-6　第一范式的表

学号	姓名	性别	民族	出生日期	班级	专业	学院编号	备注	照片
200905000078	李艳梅	女	瑶	1990-09-15	会计 09－1 班	会计学	01	诗歌朗诵	
200905001211	张蔚然	女	汉	1992-01-23	会计 09－1 班	会计学	01		
200905001005	顾斌	男	汉	1992-02-03	会计 09－1 班	会计学	01	2008 年获得校级奖学金	
...	...	...	...	...	...	...	...	...	...

3. 2NF

定义　如果关系 R∈1NF，并且 R 中的每一个非主属性都完全函数依赖于候选键，则称关系 R 属于第二范式，记作 R∈2NF。

例 7.15　前面提到的关系选修 A（学号，姓名，性别，课程编号，课程名称，学期）不属于 2NF。

分析过程：

（1）该关系候选键为（学号，课程编号）。

（2）非主属性：姓名，性别，课程名称，学期。

（3）写出所有非主属性对候选键的依赖关系。

（学号，课程编号）→姓名

（学号，课程编号）→性别

（学号，课程编号）→课程名称

（学号，课程编号）→学期

判断以上函数依赖是否都是完全依赖，只要存在一个部分函数依赖，就可判定该关系不属于 2NF。

因为 （学号，课程编号） $\xrightarrow{P}$ 姓名

（学号，课程编号） $\xrightarrow{P}$ 性别

（学号，课程编号） $\xrightarrow{P}$ 课程名称

（学号，课程编号） $\xrightarrow{F}$ 学期

所以，关系选修 A $\notin$ 2NF

例 7.16 关系选修（学号，课程编号，平时成绩，期中成绩，期末成绩，教师编码，学期）判断该关系是否属于第二范式。

分析过程：

（1）该关系候选键为（学号，课程编号）。

（2）非主属性：平时成绩，期中成绩，期末成绩，教师编码，学期。

（3）写出所有非主属性对候选键的依赖关系。

（学号，课程编号）→平时成绩

（学号，课程编号）→期中成绩

（学号，课程编号）→期末成绩

（学号，课程编号）→教师编码

（学号，课程编号）→学期

判断以上函数依赖是否都是完全依赖，只要存在一个部分函数依赖，就可判定该关系不属于 2NF。

因为 （学号，课程编号） $\xrightarrow{F}$ 平时成绩

（学号，课程编号） $\xrightarrow{F}$ 期中成绩

（学号，课程编号） $\xrightarrow{F}$ 期末成绩

（学号，课程编号） $\xrightarrow{F}$ 教师编码

（学号，课程编号） $\xrightarrow{F}$ 教师编码

所以，关系选修 $\in$ 2NF

4. 3NF

定义 如果关系 R $\in$ 2NF，并且 R 中的每一个非主属性都不传递函数依赖于候选键，则称关系 R 属于第三范式，记作 R $\in$ 3NF。

例 7.17 假设关系学生 A（学号，姓名，学院，院长），假设一个学院只有一个院长。判断该关系是否属于第三范式。

分析过程：

（1）该关系候选键为（学号）。

（2）非主属性：姓名，学院，院长。

（3）写出所有非主属性对候选键的依赖关系。

学号→姓名　　　　①

学号→学院　　　　②

学号→院长　　　　③

判断以上函数依赖是否都是直接依赖，只要存在一个传递函数依赖，就可判定该关系不属于 3NF。

因为学号→学院，学院→院长，所以学号$\xrightarrow{\text{传递}}$院长。

①、②是直接依赖，但③是传递依赖，所以关系学生 A $\notin$ 3NF

例 7.18　关系选修（学号，课程编号，平时成绩，期中成绩，期末成绩，教师编码，学期）判断该关系是否属于第三范式。

分析过程：

（1）该关系候选键为（学号，课程编号）。

（2）非主属性：平时成绩，期中成绩，期末成绩，教师编码，学期。

（3）写出所有非主属性对候选键的依赖关系。

（学号，课程编号）→平时成绩　　①

（学号，课程编号）→期中成绩　　②

（学号，课程编号）→期末成绩　　③

（学号，课程编号）→教师编码　　④

（学号，课程编号）→学期　　　　⑤

判断以上函数依赖是否都是直接依赖，只要存在一个传递函数依赖，就可判定该关系不属于 3NF。

经过判断①、②、③、④、⑤都是直接依赖，所以关系选修 ∈ 3NF。

例 7.19　请问以下关系模式分别至少满足几范式？（在 1NF、2NF、3NF 范围内判断）

（1）已知关系模式 R（A，B，C），存在 B→C，或 C→B。

（2）已知关系模式 R（A，B，C），即不存在 B→C，也不存在 C→B。

（3）已知关系模式 R（A，B，C）。

答案：（1）2NF　　（2）3NF　　（3）3NF

5. 小结

（1）对关系模式的基本要求是满足第一范式。

（2）对于各种范式之间的联系有 5NF⊂4NF⊂BCNF⊂3NF⊂2NF⊂1NF。

（3）一个低一级范式的关系模式，通过模式分解可以转化为若干个高一级范式的关系模式的集合，这就是关系模式规范化的过程。

（4）分解的最终目的是使每个规范化的关系只描述一个主题。如果某个关系描述了两个或多个主题，则它就应该被分解为多个关系，使每个关系只描述一个主题。

7.4　数据库系统结构

数据库系统的结构从不同的角度可以有不同的划分。

1）数据库外部系统结构

从数据库最终用户角度看，数据库系统的结构分为单用户结构、客户/服务器结构、浏览器/服务器结构、分布式结构等。

2）数据库内部系统结构

从数据库管理系统的角度看，数据库系统的结构采用三级模式结构，在这种模式下，形成了二级映像，实现了数据的独立性。

7.4.1 数据库外部系统结构

数据库外部系统结构也称为数据库的应用结构，本节将介绍常见的几种数据库系统的外部体系结构：

1. 单用户结构

整个数据库系统（应用程序、DBMS、数据）装在一台计算机上，为一个用户独占，不同机器之间不能共享数据。

早期的最简单的数据库系统。

2. 客户/服务器结构

客户/服务器结构（Client/Server，简称 C/S 结构）允许应用程序分布在客户端和服务器上执行，充分发挥客户端和服务器两方面的性能。如图 7-16。

C/S 的数据库系统把 DBMS 功能和应用分开，网络中某个（些）结点上的计算机专门用于执行 DBMS 功能，称为数据库服务器，其他结点上的计算机安装 DBMS 的外围应用开发工具，用户的应用系统，称为客户机。

客户端的用户请求被传送到数据库服务器，数据库服务器进行处理后，只将结果返回给用户，从而显著减少了数据传输量。客户与服务器一般都能在多种不同的硬件和软件平台上运行，可以使用不同厂商的数据库应用开发工具。

图 7-16 客户/服务器结构

C/S 的主要缺点是：需要在客户端安装应用程序，相同的应用程序要重复安装在每一台客户机上，部署和维护成本较高。系统规模达到数百数千台客户机，它们的硬件配置、操作系统又常常不同，要为每一个客户机安装应用程序和相应的工具模块，其安装维护代价便不可接受了。

C/S 系统适用于用户数较少、数据处理量较大、交互性较强、数据查询灵活和安全性要求较高的局域网系统。目前，主流的数据库管理系统都支持 C/S 结构，如 SQL Server，Sybase 和 Oracle 等。

3. 浏览器/服务器结构

随着应用系统规模的扩大，C/S 结构的某些缺陷表现得非常突出。例如，客户端软件的安装、升级、维护以及用户的培训等，都随着客户端规模的扩大而变得相当艰难。互联网的快速发展为这些问题的解决提供了有效的途径，这就是浏览器/服务器结构（Browse/Server，简称 B/S 结构）。如图 7-17。

在传统 C/S 结构中，服务器仅作为数据库服务器，进行数据的管理，大量的应用程序在客户端进行，这样，每个客户都要安装应用程序和工具，因而客户端很复杂，系统的灵活性、可扩展性都受到很大影响。在互联网结构下，C/S 结构自然延伸为三层或多层结构，形成 B/S 结构。这种方式下，Web 服务器可以运行大量应用程序，从而使客户端变得很简单。客户端只用安装浏览器软件（如 Internet Explorer）即可，浏览器的界面统一，广大用户容易掌握，大大减少了培训时间与费用。

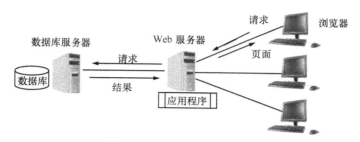

图 7-17　浏览器/服务器结构

B/S 结构适用于用户多、数据处理量不大、地点灵活的广域网系统。

4. 分布式结构

分布式数据库系统是数据库技术与网络技术相结合的产物，其特点是分布式数据库是由一组数据库组成的。如图 7-18。

数据库中的数据在逻辑上是一个整体，但物理地分布在计算机网络的不同结点上。网络中的每个结点都可以独立处理本地数据库中的数据，执行局部应用；同时也可以同时存取和处理多个异地数据库中的数据，执行全局应用。

分布式数据库适应了地理上分散的公司、团体和组织对于数据库应用的需求。但数据的分布存放给数据的处理、管理与维护带来困难。当用户需要经常访问远程数据时，系统效率会明显地受到网络传输的制约。

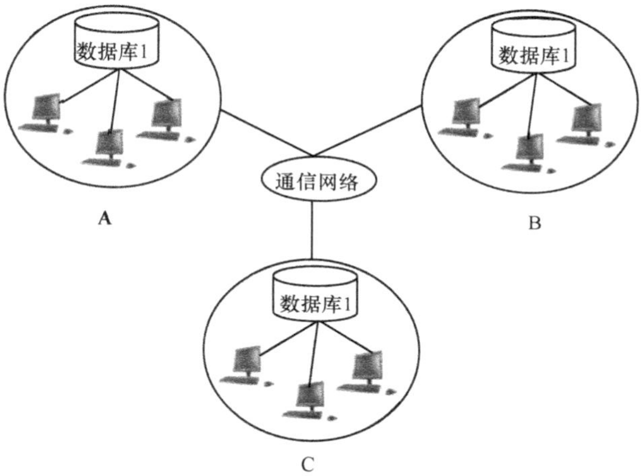

图 7-18　分布式结构

7.4.2　数据库内部系统结构

数据库内部系统结构是指三级模式结构（外模式、模式、内模式），以及由三级模式之间形成的两极映像（外模式/模式映像、模式/内模式映像），如图 7-19 所示。

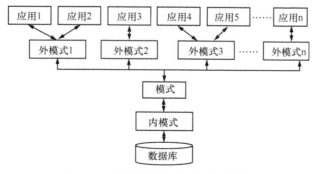

图 7-19　数据库系统的三级模式结构

1. 三级模式结构

1）模式

模式（Schema）也称逻辑模式、概念模式，是数据库中全体数据逻辑结构和特征的描述，描述现实世界中的实体及其性质与联系，是所有用户的公共数据视图。

数据库系统概念模式通常还包含有访问控制、保密定义、完整性检查等方面的内容，以及概念/物理之间的映射。

模式实际上是数据库数据在逻辑级上的视图。一个数据库只有一个模式。定义模式时不仅要定义数据的逻辑结构，而且要定义数据之间的联系，定义与数据有关的安全性、完整性要求。

2）外模式

外模式（External Schema）也称子模式、用户模式，它是用以描述用户看到或使用的数据的局部逻辑结构和特性的，用户根据外模式用数据操作语句或应用程序去操作数据库中的数据。外模式主要描述组成用户视图的各个记录的组成、相互关系、数据项的特征、数据的安全性和完整性约束条件。

外模式是数据库用户（包括程序员和最终用户）能够看见和使用的局部数据的逻辑结构和特征的描述，是数据库用户的数据视图，是与某一应用有关的数据的逻辑表示。一个数据库可以有多个外模式，一个应用程序只能使用一个外模式，一个模式可以被多个应用程序使用。

外模式是保证数据库安全的重要措施，每个用户只能看见和访问所对应的外模式中的数据，而数据库中的其他数据均不可见。

3）内模式

内模式（Internal Schema）也称存储模式，是整个数据库的最底层表示。一个数据库只有一个内模式。它是数据物理结构和存储方式的描述，是数据在数据库内部的表示方式。

内模式定义的是存储记录的类型、存储域的表示、存储记录的物理顺序、指引元、索引和存储路径等数据的存储组织。例如，记录的存储方式是顺序结构存储还是 B 树结构存储；索引按什么方式组织；数据是否压缩，是否加密；数据的存储记录结构有何规定等。

这三级模式的特点如表 7-7 所示。

表 7-7　三级模式的特点

外模式	模式	内模式
数据库用户所看到的数据视图，是用户和数据库的接口	所有用户的公共视图	数据在数据库内部的表示方式
可以有多个外模式	只有一个模式	只有一个内模式
每个用户只关心与他有关的模式，屏蔽大量无关的信息，有利于数据保护	以某一种数据模型为基础，统一综合考虑所有用户的需求，并将这些需求有机地结合成一个逻辑实体	
面向应用程序和最终用户	由数据库管理员（DBA）决定	由 DBMS 决定

2. 数据库系统的二级独立性

数据库系统二级独立性是指物理独立性和逻辑独立性。

1）物理独立性

物理独立性是指用户的应用程序与存储在磁盘上数据库中的数据是相互独立的。当数据的物理存储改变时，应用程序不需要改变。

2）逻辑独立性

逻辑独立性是指用户的应用程序与数据库中的逻辑结构是相互独立的。当数据库的逻辑结构改变时，应用程序不需要改变。

3. 数据库系统的二级映像

数据库系统的三级模式是对数据库中数据的三级抽象，用户可以不必考虑数据的物理存储细节，而把具体的数据组织留给 DBMS 管理。为了能够在内部实现数据库的三个抽象层次的联系和转换，数据库管理系统在这三级模式之间提供了两层映像：外模式/模式映像，模式/内模式映像。

1）外模式/模式映像

当模式改变时，DBA 要对相关的外模式/模式映像做相应的改变，以使外模式保持不变。应用程序是依据数据的外模式编写的，外模式不变，应用程序就没必要修改。所以外模式/模式映像功能保证了数据与程序的逻辑独立性。

2）模式/内模式映像

当数据库的存储结构改变了（即内模式改变了），DBA 要对模式/内模式映像做相应的改变，以使模式保持不变。模式不变，外模式也不变，与外模式有直接联系的应用程序也不会改变，所以模式/内模式映像功能保证了数据与程序的物理独立性。

小　　结

本章介绍了计算机数据管理技术发展的三个阶段及其特点，数据库的基本概念及数据库系统的组成，详细讲解了两种数据模型（概念数据模型、逻辑数据模型）以及 E-R 模型向关系模型转换的规则，重点介绍了关系模型的有关术语、特点、完整性规则、关系规范化，最后介绍了数据库系统结构。

第 8 章 创建 Access 数据库

本章内容概要

Access 是微软公司推出的基于 Windows 的桌面关系数据库管理系统（RDBMS），是 Office 系列应用软件之一。本章主要介绍：Access 的基本功能和组成对象；在 Access 中如何创建数据库和表；导入和导出表中的数据；建立表间关联关系。

8.1 Access 开发环境

Access 是微软公司推出的基于 Windows 的桌面关系数据库管理系统（RDBMS），是 Office 系列应用软件之一。它提供了表、查询、窗体、报表、页、宏、模块 7 种用来建立数据库系统的对象；提供了多种向导、生成器、模板，把数据存储、数据查询、界面设计、报表生成等操作规范化；为建立功能完善的数据库管理系统提供了方便，也使得普通用户不必编写代码，就可以完成大部分数据管理的任务。它作为 Office 的一部分，具有与 Word、Excel 和 PowerPoint 等相同的操作界面和使用环境，深受广大用户的喜爱。

Access 是一个面向对象的开发工具，利用面向对象的方式将数据库系统中的各种功能对象化，将数据库管理的各种功能封装在各类对象中。它将一个应用系统当作是由一系列对象组成的，对每个对象它都定义一组方法和属性，以定义该对象的行为，用户还可以按需要给对象扩展方法和属性。通过对象的方法、属性完成数据库的操作和管理，极大地简化了用户的开发工作。同时，这种基于面向对象的开发方式，使得开发应用程序更为简便。

Access 是一个可视化工具，风格与 Windows 完全一样，用户想要生成对象并应用，只要使用鼠标进行拖放即可，非常直观方便。系统提供了表生成器、查询生成器、报表设计器以及数据库向导、表向导、查询向导、窗体向导、报表向导等工具，使得操作简便，容易使用和掌握。

Access 支持 ODBC（开放数据库互连，Open Data Base Connectivity），利用 Access 强大的 DDE（动态数据交换）和 OLE（对象的链接和嵌入）特性，可以在一个数据表中嵌入位图、声音、Excel 表格、Word 文档，还可以建立动态的数据库报表和窗体等。Access 还可以将程序应用于网络，并与网络上的动态数据相联接。利用数据库访问页对象生成 HTML 文件，轻松构建 Internet/Intranet 的应用。

8.1.1 Access 2003 基本操作

Access 是属于 Office 办公软件包中的一个组件。因此，安装 Access，实际上也就是安装 Office 办公软件包。在安装 Office 2003 后即可使用 Access 2003。

1. 启动 Access 2003

（1）开始菜单中启动 Access。

与其他 Office 2003 应用程序一样，可以从开始菜单启动 Access。具体方法是顺序单击"开始" → "所有程序" → "Microsoft Office" → "Microsoft Office Access 2003"，即可进

入 Access 2003 主窗口，启动 Access 2003 的主界
面如图 8-1 所示。

（2）如果桌面上有 Access 快捷方式图标时，
双击该图标，也可以启动 Access。

（3）在资源管理器中双击扩展名为 ".mdb"
的 Access 数据库文件，也可以启动 Access。

2. 退出 Access 2003

退出 Access 2003 的方法比较简单，常用的有
如下三种方法：

（1）单击 "文件" 菜单中的 "退出" 菜单项。

（2）单击 Access 2003 窗口标题栏右边的 "关闭" 按钮 ![关闭] 。

（3）使用快捷键 Alt＋F4。

图 8-1　Access 2003 的主界面

3. Access 的操作窗口

Access 的操作窗口主要由 "标题栏"、"菜单栏"、"工具栏"、"状态区" 和 "数据库窗
口" 组成，如图 8-2 所示。

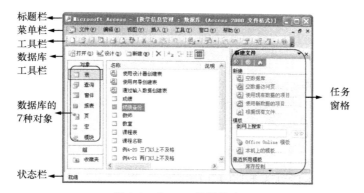

图 8-2　Access 的操作窗口

"标题栏" 用来显示软件标题名称和正在编辑的数据库文件名称。在标题栏靠右的位置
上有窗口控制按钮，利用这些按钮我们可以很方便地对整个窗口进行放大（恢复）、缩小和
关闭操作。当我们单击窗口上的 "最小化" 按钮后，整个 Access 窗口就缩到 Windows 的任
务条上，这时再单击 Windows 任务条上 "Microsoft Access" 按钮，则 Access 窗口恢复成
原来的样子。

"菜单栏" 上有 "文件"、"编辑"、"视图"、"插入"、"工具"、"窗口"、"帮助" 七个菜
单项。用鼠标单击任意一个菜单项，就可以打开相应的菜单，在每个菜单上都有一些数据库
操作命令，通过单击这些菜单中的命令，我们就能够实现 Access 提供给我们的某个功能。
比如我们要打开一个文件，只要将鼠标移动到 "文件" 菜单上，然后单击鼠标左键，这时会
弹出一个菜单。

工具栏中有很多工具按钮，每个按钮都对应着不同功能，这些功能都可以通过执行菜单
中的相应命令来实现。

除了菜单栏和工具栏，Access 的窗口中还有 "状态区" 和 "数据库窗口"，状态区显示

正在进行的操作信息，可以帮助我们了解所进行操作的状态。

　　"数据库窗口"是 Access 中非常重要的部分，它帮助我们方便、快捷地对数据库进行各种操作，包括"窗口菜单"、"数据库组件选项卡"、"创建方法和已有对象列表"三个部分。

8.1.2　Access 的数据库对象

　　Access 实质上就是一个面向对象的可视化数据库管理工具，它提供了一个完整的对象类集合。我们在 Access 环境中的所有操作与编程都是面向这些对象进行的。Access 的对象是数据库管理的核心，是其面向对象设计的集中体现。用一套对象来反映数据库的构成，极大地简化了数据库管理的逻辑图像。通过面向对象的相关运算，就可以操作一个数据库的所有部分。

　　Access 数据库对象是 Access 中的一级容器对象，包含 Access 数据表对象、查询对象、窗体对象、报表对象和数据访问页对象、宏对象、VBA 模块对象。每一个对象都是数据库的一个组成部分。其中，表是数据库的基础，它记录数据库中的全部数据内容。其他对象是 Access 提供的用于对数据库进行维护。Access 2003 所提供的对象均存放在同一个数据库文件".mdb"中。

　　进入 Access 2003，打开罗斯文商贸示例数据库，可以看到如图 8-3 的界面，在这个界面的【对象】栏中，包含有 Access 2003 的七个对象。在【组】栏中，可以包含数据库中不同类型对象的快捷方式的列表，通过创建组，并将对象添加到组，从而创建了相关对象的快捷方式集合。

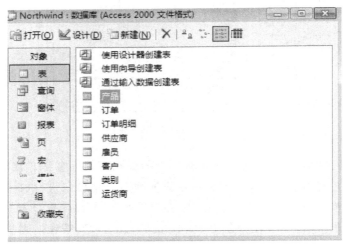

图 8-3　Access "数据库" 对象窗口

1. 表图

　　表是 Access 2003 中所有其他对象的基础，表存储了其他对象用来在 Access 2003 中执行任务和活动的数据。每个表由若干记录组成，每条记录都对应于一个实体，同一个表中的所有记录都具有相同的字段定义，每个字段存储着对应于实体的不同属性的数据信息。如图 8-4。

　　每个表都必须有主关键字，其值能唯一标识一条记录的字段。以使记录唯一（记录不能重复，它与实体一一对应）。表可以建立索引，以加速数据查询。具有复杂结构的数据无法用一个表表示，可用多表表示。表与表之间可建立关联。

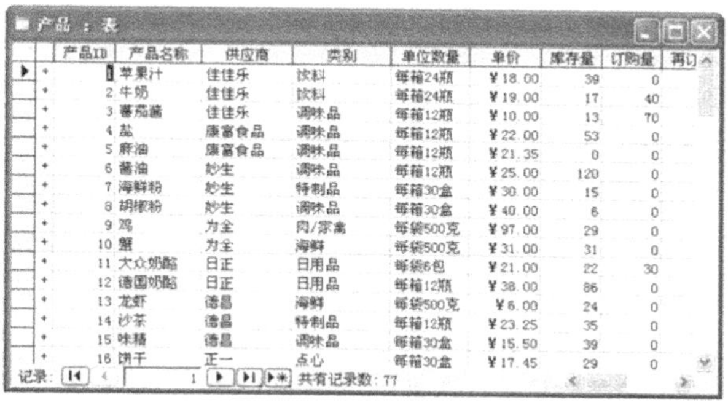

产品：表

产品ID	产品名称	供应商	类别	单位数量	单价	库存量	订购量	再订
1	苹果汁	佳佳乐	饮料	每箱24瓶	¥18.00	39	0	
2	牛奶	佳佳乐	饮料	每箱24瓶	¥19.00	17	40	
3	蕃茄酱	佳佳乐	调味品	每箱12瓶	¥10.00	13	70	
4	盐	康富食品	调味品	每箱12瓶	¥22.00	53	0	
5	麻油	康富食品	调味品	每箱12瓶	¥21.35	0	0	
6	酱油	妙生	调味品	每箱12瓶	¥25.00	120	0	
7	海鲜粉	妙生	特制品	每箱30盒	¥30.00	15	0	
8	胡椒粉	妙生	调味品	每箱30盒	¥40.00	6	0	
9	鸡	为全	肉/家禽	每袋500克	¥97.00	29	0	
10	蟹	为全	海鲜	每袋500克	¥31.00	31	0	
11	大众奶酪	日正	日用品	每袋6包	¥21.00	22	30	
12	德国奶酪	日正	日用品	每箱12瓶	¥38.00	86	0	
13	龙虾	德昌	海鲜	每袋500克	¥6.00	24	0	
14	沙茶	德昌	特制品	每箱12瓶	¥23.25	35	0	
15	味精	德昌	调味品	每箱30盒	¥15.50	39	0	
16	饼干	正一	点心	每箱30盒	¥17.45	29	0	

记录：1 共有记录数：77

图 8-4 “表”对象窗口

2. 查询

查询是在指定的一个或多个表中根据给定的条件从中筛选所需要的信息，供使用者查看、更改和分析使用，是 Access 2003 数据库处理和分析数据的工具。如图 8-5。

查询是 Access 2003 数据库的一个重要对象，通过查询筛选符合条件的记录，构成一个新的数据集合。从中获取数据的表或查询成为该查询的数据源。查询的结果也可以作为数据库中其他对象的数据源。

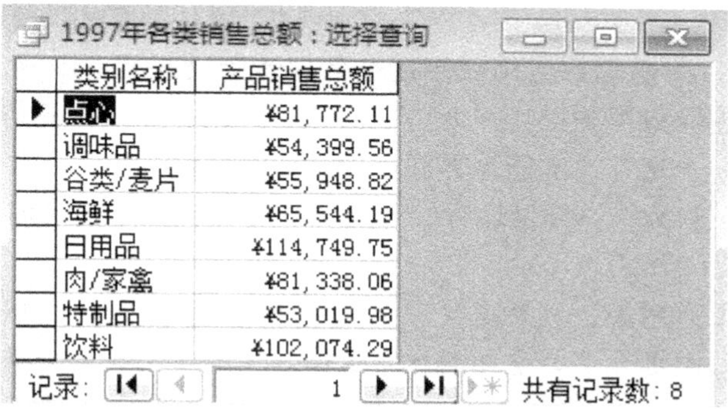

1997年各类销售总额：选择查询

类别名称	产品销售总额
点心	¥81,772.11
调味品	¥54,399.56
谷类/麦片	¥55,948.82
海鲜	¥65,544.19
日用品	¥114,749.75
肉/家禽	¥81,338.06
特制品	¥53,019.98
饮料	¥102,074.29

记录：1 共有记录数：8

图 8-5 “查询”对象窗口

在 Access 2003 中，根据对数据源操作方式不同，查询分为 5 种，包括选择查询、参数查询、交叉查询、操作查询和 SQL 特定查询。

1） 选择查询

选择查询是最常用，也是最基本的查询。它是根据指定的查询条件，从一个或多个表中获取数据并显示结果。还可以使用选择查询来对记录进行分组，并且对记录做总计、计数、平均值以及其他类型的总计计算。

2） 参数查询

参数查询是一种交互式查询，它利用对话框来提示用户输入查询条件，然后根据所输入的条件检索记录。

将参数查询作为窗体、报表和数据访问页的数据源，可以方便地显示和打印所需要的信息。例如，可以用参数查询为基础来创建某个班级的成绩统计报表。打印报表时，Access 2003 弹出对话框来询问报表所需显示的班级。在输入班级后，Access 2003 便打印该班级的成绩报表。

3）交叉表查询

使用交叉表查询可以计算并重新组织数据的结构，这样可以更加方便地分析数据。交叉表查询可以计算数据的统计、平均值、计数或其他类型的总和。

4）操作查询

操作查询是在一个操作中更改或移动许多记录的查询。操作查询有 4 种类型：删除、更新、追加与生成表。

（1）删除查询：删除查询可以从一个或多个表中删除一组记录。

（2）更新查询：更新查询可对一个或多个表中的一组记录进行全面更改。例如，可以将所有教师的基本工资增加 10％。使用更新查询，可以更改现有表中的数据。

（3）追加查询：追加查询可将一个或多个表中的一组记录追加到一个或多个表的末尾。

（4）生成表查询：生成表查询利用一个或多个表中的全部或部分数据创建新表。例如，在教学管理中，生成表查询用来生成不及格学生表。

5）SQL 特定查询

SQL（结构化查询语言）查询是使用 SQL 语句创建的查询。有一些特定 SQL 查询无法使用查询设计视图进行创建，而必须使用 SQL 语句创建。这类查询主要有 3 种类型：传递查询、数据定义查询、联合查询。

3. 窗体

窗体是用户与 Access 数据库应用程序进行数据传递的桥梁，其功能在于建立一个可以查询、输入、修改、删除数据的操作界面，以便让用户能够在最方便的环境中输入或查阅数据。窗体向用户提供一个交互式的图形界面，用于进行数据的输入、显示及应用程序的执行控制，如图 8-6 所示。在窗体中可以运行宏和模块，以实现更加复杂的功能。在窗体中也可以进行打印。

窗体中的信息主要有两类：一类是设计者在设计窗体时附加的一些提示信息，例如，一些说明性的文字或一些图形元素，这些信息对数据表中的每一条记录都是相同的，不随记录而变化。另一类是处理表或查询的记录，往往与所处理记录的数据密切相关，当记录变化时，这些信息也随之变化。可以设置窗体所显示的内容，还可以添加筛选条件来决定窗体中所要显示的内容。窗体显示的内容可以来自一个表或多个表，也可以是查询的结果。还可以使用子窗体来显示多个数据表，如图 8-7 所示。

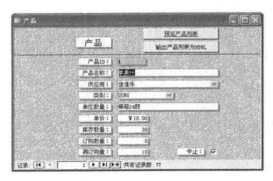

图 8-6　"窗体"对象窗口

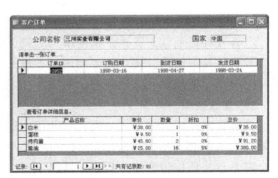

图 8-7　主子窗体

4. 报表

报表用于将选定的数据以特定的版式显示或打印，是表现用户数据的一种有效方式，其内容可以来自某一个表也可来自某个查询，如图 8-8 所示。在 Access 中，报表能对数据进行多重的数据分组并可将分组的结果作为另一个分组的依据，报表还支持对数据的各种统计操作，如求和、求平均值或汇总等，还可以包含子报表及图表数据、嵌入图像或图片来丰富数据显示。但报表只能查看数据，不能通过报表修改或输入数据。

5. 数据访问页

数据访问页也就是我们通常所说的网页。在 Internet 上，很多的信息都是以网页的形式来发布和传播的。Access2003 一个最突出的功能就是将 Access 数据库中的数据动态地提供给 Web 页。Web 页使得 Access 2003 与 Internet 紧密结合起来，如图 8-9 所示。

图 8-8　"报表"对象窗口

在 Access 2003 中用户可以直接建立 Web 页。通过 Web 页，用户可以方便、快捷地将所有文件作为 Web 发布程序存储到指定的文件夹，或将其复制到 Web 服务器上，以便在网络上发布信息。

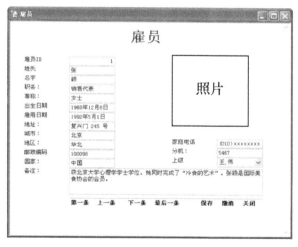

图 8-9　"数据访问页"对象窗口

6. 宏

宏是一个或多个命令的集合，用来简化一些经常性的操作。其中每个命令都可以实现特定的功能，通过将这些命令组合起来，可以自动完成某些经常重复或复杂的操作。用户可以设计一个宏来控制一系列的操作，当执行这个宏时，就会按这个宏的定义依次执行相应的操作。宏可以用来打开并执行查询、打开表、打开窗体、打印、显示报表、修改数据及统计信息、修改记录、修改数据表中的数据、插入记录、删除记录、关闭数据库等操作，也可以运

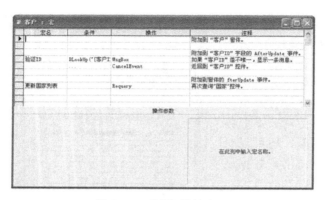

图 8-10　"宏"设计窗口

行另一个宏或模块。在 ACCESS 中，宏并不能单独执行，必须有一个触发器。而这个触发器通常是由窗体、页及其上面的控件的各种事件来担任的。宏有许多类型，它们之间的差别在于用户触发宏的方式。如果创建了一个 AutoKeys 宏，用户可以通过按下一个键顺序地执行宏。如果创建了一个事件宏，当用户执行一个特定操作时，如双击一个控件或右击窗体的主体时，Access 2003 就启动这个宏。如果创建了一个条件宏，当用户设置的条件得到满足时，条件宏就会运行。Access 2003 中的宏设计窗口如图 8-10 所示。

7. 模块

模块就是所谓的"程序"，用 Access 2003 所提供的 VBA（Visual Basic for Application）语言编写的程序段。VBA 程序设计使用的是现在流行的面向对象的程序设计方法。VBA 语言是 VB 的一个子集。模块有两种基本类型：类模块和标准模块。模块中的每一个过程都可以是一个函数过程或一个子程序。模块可以与报表、窗体等对象结合使用，以建立完整的应用程序。Access 虽然在不需要撰写任何程序的情况下就可以满足大部分用户的需求，但对于较复杂的应用系统而言，只靠 Access 的向导及宏仍然稍显不足。所以 Access 提供 VBA 程序命令，可以自如地控制细微或较复杂的操作。

VBA 开发环境分为"主窗口"、"模块代码"、"工程资源管理器"和"模块属性"这几部分。"模块代码"窗口用来输入"模块"内部的程序代码。"工程资源管理器"用来显示这个数据库中所有的"模块"。当我们用鼠标单击这个窗口内的一个"模块"选项时，就会在模块代码窗口上显示出这个模块的"VBA"程序代码。而"模块属性"窗口上就可以显示当前选定的"模块"所具有的各种属性。模块对象窗口如图 8-11 所示。

图 8-11　"模块"对象窗口

8.2 创建数据库

数据库对象是 Access 数据库管理系统最基本的容器对象，存储数据库应用系统中的其他数据库对象。它是一些关于某个特定主题或目的的信息集合，以一个单一的数据库文件（*.mdb）形式存储在磁盘中，具有管理本数据库中所有信息的功能。创建一个数据库对象是应用 Access 建立信息系统的第一步工作。

在 Access 中创建数据库，有三种方法：一是使用模板创建，模板数据库可以原样使用，也可以对它们进行自定义，以便更好地满足需要；二是先建立一个空数据库，然后再添加表、窗体、报表等其他对象，这种方法较为灵活，但需要分别定义每个数据库元素。无论采用哪种方法，都可以随时修改或扩展数据库。三是使用"根据现有文件新建数据库"命令，产生了现有数据库文件的一个复制副本。

8.2.1 使用模板创建数据库

为了方便用户的使用，Access 2003 提供了一些标准的数据框架，又称为"模板"。这些模板不一定符合用户的实际要求，但在向导的帮助下，对这些模板稍加修改，即可建立一个新的数据库。另外，通过这些模板还可以学习如何组织构造一个数据库。

Access 提供了种类繁多的模板，使用它们可以加快数据库创建过程。模板是随即可用的数据库，其中包含执行特定任务时所需的所有表、窗体和报表。通过对模板的修改，可以使其符合自己的需要。选择"文件"→"新建"，打开"新建文件"任务窗格，如图 8-12 所示。

图 8-12 "新建文件"任务窗格

图 8-13 Office Online 在线数据库模板模板

1. Office Online 模板

Office Online 模板可通过在线查找所需要的数据库模板。单击 Office Online 模板，出现如图 8-13 所示。

2. 本机上的模板

选择本机上的模板，出现如图 8-14 所示。选择相应的模板向导，根据向导提示选择数据库中的表和字段、查询、报表等内容，完成数据库的建立。

通过模板建立数据库虽然简单，但是有时候它根本满足不了实际的需要。一般来说，对数据库有了进一步了解之后，我们就不再去用向导创建数据库了。

图 8-14 本机上的模板

8.2.2　直接创建空数据库

通常情况下，用户都是先建立空数据库，其中的各类对象暂时没有数据，而是在以后的操作过程中，根据需要逐步建立起来。如图 8-15 所示。

图 8-15　空数据库窗口　　　　　　图 8-16　"根据现有文件新建"数据库窗口

8.2.3　根据现有文件新建数据库

Access 2003 提供了"根据现有文件新建数据库"的功能，如图 8-16 所示。新建的数据库与选中的现有数据库文件存放在同一文件夹中，但是它的文件名有一个统一的改变，即在原有主文件名后增加"1"，以示区别，这样就产生了现有数据库文件的一个复制副本。

8.2.4　打开数据库

对于已创建的数据库，Access 2003 提供 4 种打开方式：以共享方式打开、以独占方式打开、以只读方式打开和以独占只读方式打开。

以共享方式打开：选择这种方式打开数据库，即以共享模式打开数据库，允许在同一时间能够有多位用户同时读取与写入数据库。

以独占方式打开：选择这种方式打开数据库时，当有一个用户读取和写入数据库期间，其他用户都无法使用该数据库。

以只读方式打开：选择这种方式打开数据库，只能查看而无法编辑数据库。

以独占只读方式打开：如果想要以只读且独占的模式来打开数据库，则选择该选项。所谓的"独占只读方式"指在一个用户以此模式打开某一个数据库之后，其他用户将只能以只读模式打开此数据库，而并非限制其他用户都不能打开此数据库。

8.2.5　关闭数据库

选择"文件"→"关闭"，关闭数据库窗口。

8.3　创建数据表

建立了空的数据库之后，即可向数据库中添加对象，其中最基本的是表。表是关系数据库里最重要的数据对象，以字段和记录的形式存放着数据库里需要管理的数据，是存储数据的基本单元。因此创建数据库以后，接着首先就是创建表。

表以行、列的格式组织数据，每一行称为一条记录、每一列称为一个字段。字段中存放的信息种类很多，包括文本、数字、日期、货币、OLE 对象等，每个字段包含了一类信息，大部分表中都要设置关键字，用以唯一标识一条记录。

表的建立包括两部分，一部分是表的结构建立，另一部分是表的数据建立。简单表的创建有多种方法，使用向导、设计器、通过输入数据都可以建立表。最简单的方法是使用表向导，它提供了一些模板。

8.3.1　使用向导创建表

表向导提供两类表：商务表和个人表。商务表包括客户、雇员和产品等常见表模板；个人表包括家庭物品清单、食谱、植物和运动日志等表模板。在数据库窗口选择选择"表"对象→"新建"，打开"新建表"窗口，如图 8-17、图 8-18、图 8-19 所示。选择表向导，然后点击"确定"按钮，通过向导创建表有两种类型：商务表（如图 8-18 所示）和个人表（如图 8-19 所示）。

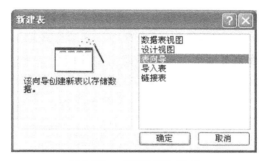

图 8-17　"新建表"窗口

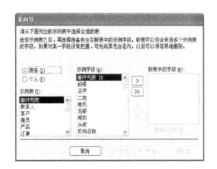

图 8-18　商务表

图 8-19　个人表

8.3.2　使用表设计器创建表

虽然向导提供了一种简单快捷的方法来建立表，但如果向导不能提供用户所需的字段，则用户还得重新创建。使用设计视图创建表是 Access 中最常用的方法之一，在设计视图中，用户可以为字段设置属性。

表设计器是一种可视化工具，用于设计和编辑数据库中的表。该方法以设计器所提供的设计视图为界面，引导用户通过人机交互来完成对表的定义。利用表向导创建的数据表在修改时也需要使用表设计器。

在表设计器中来设计表，主要涉及字段属性的设置。字段有一些基本属性（如字段名、数据类型、字段宽度及小数点位数），另外对于不同的字段，还会有一些不同的其他属性。

每一个字段的可用属性取决于为该字段选择的数据类型。在新建表中选择设计视图，如图8-20所示，确定打开表设计窗口如图 8-21 所示。

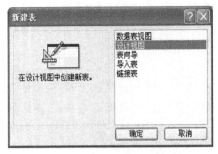

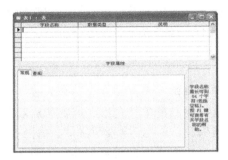

图 8-20　选择"设计视图"窗口　　　　图 8-21　表"设计视图"窗口

1. 字段名称

字段是通过在表设计器的字段输入区输入字段名和字段数据类型而建立的。表中的记录包含许多字段，分别存储着关于每个记录的不同类型的信息（属性）。每个字段应具有唯一的名字，称为字段名称。字段名中可以使用大写或小写，或大小写混合的字母。字段名最长可达 64 个字符，但是用户应该尽量避免使用过长的字段名。

字段名称的命名规则如下：

（1）长度为 1～64 个字符。

（2）可以包含字母、汉字、数字、空格和其他字符，但不能以空格开头。

（3）不能包含句号（.）、惊叹号（!）、方括号（[ ]）和重音符号（'）。

（4）不能使用 ASCII 为 0～32 的 ASCII 字符。

2. 数据类型

Access 提供了十种数据类型，如表 8-1 所示。

表 8-1　Access 数据类型

数据类型	适用范围	大小（byte）
文本	不必计算的数字，文本等	<＝255 字符
备注	长度不固定的文本	<＝64 000 字符
数字	用于计算的数字	1-8
日期/时间	日期及时间，可用于计算	8
货币	货币形式的值	8
自动编号	系统自动生成，用户无法操作	4
是|否	描述状态之一，如真/假等	1 位
OLE 对象	链接或嵌入对象，其他应用程序、声音图像等	1G
超级链接	保存超级链接，Web 地址、邮件地址等	
查阅向导	建立字段查阅或列出表中的值	

其中数字类型如表 8-2 所示。

表 8-2　Access 数字类型

字段大小	说明	小数位数	存储大小
整型	−32768 到 32787	没有	2 字节
长整型	−2，147，483，648 到 2，147，483，647	没有	4 字节
单精度型	取值范围： 负值 −3.402823E38 到 −1.401298E-45， 正值 1.401298E−45 到 3.402823E38	7	4 字节
双精度型	取值范围： 负值 −1.79769313486231E308 到 −4.94065645841247E-324 正值 4.94065645841247E-324 到 1.79769313486231E308	15	8 字节

对于某一具体数据而言，可以使用的数据类型可能有多种，例如电话号码可以使用数字型，也可使用文本型，但只有一种是最合适的。

使用 Access 2003 的数据类型时，需要注意以下几个问题：

（1）备注、超级链接和 OLE 对象字段不能进行索引。

（2）对数字、日期/时间、货币及是/否等数据类型，Access 提供了预定义显示格式，用户可以设置格式属性来选择所需要的格式。

（3）如果表中已经输入数据，在更改字段的数据类型时，修改后的数据类型与修改前的数据类型发生冲突，则有可能丢失一些数据。

3. 字段的常规属性（表 8-3）

表 8-3　字段的常规属性

字段属性	说明	备注
字段大小	"字段大小"属性指定文本型字段的长度（最多字符数），或数值型字段的类型和大小	如中文名字可设置为 10 字节
格式	"格式"属性指定应如何显示和打印字段	如将入学时间显示为短日期："2008-09-10"
输入掩码	"输入掩码"属性为字段的数据输入指定模式	如输入值的哪几位才能输入数字，什么地方必须输入大写字母等。可用"输入掩码向导"来编辑输入掩码
标题	"标题"属性为窗体或报表上使用的字段提供标签	一般情况不设，让它自动取这个字段的字段名，这样当在窗体上用到这个字段的时候就会把字段名作为它的标题来显示
默认值	"默认值"属性为所有新记录提供默认信息	在某些确定的情况下，可减少用户输入的数据量。如学生地址的默认值可设为"云南财经大学"
有效性规则	"有效性规则"属性在保存用户输入的数据之前验证数据	如可设置学生的出生日期必须小于当前的计算机系统日期

续表

字段属性	说明	备注
有效性文本	"有效性文本"属性在因数据无效而被拒绝时显示的消息	如显示："请输入正确的出生日期"
必填字段	"必填字段"属性将字段定义为填写记录所必需的数据	如学生必须有学号
允许空字符串	"允许空字符串"属性允许要填写的记录有不包含数据的字段	
索引	"索引"属性设置对该字段是否进行索引以及索引的方式	索引可以提高数据查询或排序的速度，但会使数据更新的速度变慢

4. 主关键字及索引

1）定义主关键字

在 Access 数据库中，每一个数据表一定包含有一个主关键字（主键），主键可以由一个或多个字段组成。主键有三种：单个字段、组合字段和自动编号。

定义主键的操作有两种方法：

方法 1：创建表时，系统提示创建主键，如果选"是"，系统自动创建一个"自动编号"字段作为主键。

方法 2：打开数据表设计视图，选择一个字段或按住 Ctrl 选择多个字段，指向选中字段，单击鼠标的右键，再单击"主键"命令（主键按钮），或使用"编辑"菜单中的"主键"命令，也可以设置主键。设置结束后，字段前显示一个钥匙。

2）建立字段索引

在数据表中，主关键字能够自动设置索引。对备注、超级链接和 OLE 对象等数据类型的字段不能设置索引。

建立索引的方法：

方法 1：打开数据表的设计视图，选择字段，在字段常规属性中选择索引选项，用于设置单字段索引。

方法 2：

第一步：打开表的设计视图

第二步：单击"🔲（索引）"按钮，打开索引对话框。

第三步：在"索引名称"中输入一个索引名称，在"字段列表"中选择字段，在"排列次序"中选择排序次序。

例 8.1 创建表 Student_info。

（1）使用表设计器创建表 Student_info 的表结构，如图 8-22 所示。

（2）选择"视图"→"数据表视图"，在 Student_info 表中输入数据，如图 8-23 所示。

图 8-22 Student_info 表的设计视图

图 8-23　Student _ info 表中记录

（3）设置 Student _ info 表主键"Student _ ID"字段。如图 8-24 所示。

图 8-24　设置主键"Student _ ID"字段

5. 设置输入掩码

用于设置字段的数据格式，并可以对输入的数值进行控制。主要用于文本、日期/时间、数字和货币（使用"输入掩码向导"只能用于文本和日期类型）等数据类型。

1）输入掩码的方法

方法 1：直接输入掩码。如学号必须输入 8 位数字，掩码为"00000000"，表示只能输入 8 个字符，系统默认显示 8 个"—"

方法 2：输入掩码向导（单击"输入掩码"后的"…"按钮）。如入学时间按"1999 年 9 月 1 日"格式输入。

2）Access 中的常用掩码字符（表 8-4）

表 8-4　Access 中的常用掩码字符

掩码字符	说明
0	数字（0 到 9，必选项；不允许使用加号［＋］和减号［－］）
9	数字或空格（非必选项；不允许使用加号和减号）
♯	数字或空格（非必选项；空白将转换为空格，允许使用加号和减号）
L	字母（A 到 Z，必选项）
?	字母（A 到 Z，可选项）
A	字母或数字（必选项）
a	字母或数字（可选项）
&.	任一字符或空格（必选项）
C	任一字符或空格（可选项）
． ，：；－｜	十进制占位符和千位、日期和时间分隔符。（实际使用的字符取决于 Microsoft Windows 控制面板中指定的区域设置。）
<	使其后所有的字符转换为小写
>	使其后所有的字符转换为大写
\	使其后的字符显示为原义字符。可用于将该表中的任何字符显示为原义字符（例如，\ A 显示为 A）
密码	将"输入掩码"属性设置为"密码"，以创建密码项文本框。文本框中键入的任何字符都按字面字符保存，但显示为星号（＊）

例 8.2　设置"Student ＿ ID"字段的输入掩码为 12 位的数字。如图 8-25 所示。

图 8-25　设置"Student ＿ ID"字段的输入掩码

6. 使用查阅向导

使用查阅向导可以简化数据的输入。表中的数据可以自行输入，也可以参照其他数据源中的字段。

例 8.3　在图 8-26 中，任课老师只有 ID 号，而不知到底是谁。这需要修改字段的显示特点，使它不显示实际内容，而显示另一个表中的查找值（任课老师名）。

图 8-26　class 表

图 8-27　class 表设计视图

（1）打开班级表数据表视图，切换到设计视图（图 8-27）。

（2）选中【任课老师 ID】字段的数据类型，打开【查阅】选项卡，可以看到当前显示的控件类型是文本框。打开【常规】选项卡。

（3）单击【任课老师 ID】字段数据类型的下三角按钮显示数据类型为"查阅向导"如图 4-28 所示，它不是一种数据类型，而只是一种查阅方式而已。

（4）系统开启查阅向导。

图 8-28　获取数值方式窗口

图 8-29　提供数值的表或查询窗口

（5）向导询问"请选择为查阅提供数值的表或查询"，我们选择"teacher"，如图 8-29 所示。

（6）向导显示 teacher 的所有字段，选择"任课老师 ID"和"姓名"，如图 8-30 所示。

（7）进入下一步，设置顺序，如图 8-31 所示。

（8）指定查问列中列的宽度，如图 8-32 所示。

（9）指定标签，如图 8-33 所示。

（10）显示结果。

图 8-30　选择字段窗口

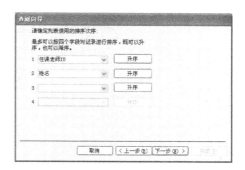

图 8-31　列表排序次序窗口

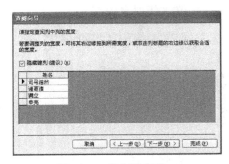 

图 8-32　指定列宽窗口　　　　　　　　图 8-33　指定标题窗口

8.3.3　通过输入数据建立表

Access 2003 还提供了一种通过输入数据建立表的方法。如果没有确定表的结构，但是手中有表所要存储的数据，可直接采用此方法建立表。输入数据创建表是指在空白数据表中添加字段名和数据，根据输入的记录自动指定字段类型。默认情况下，该表有 10 个字段，可增删，可重命名。

例 8.4　通过直接输入数据的方法创建一个部门情况表，表名为"Department"。

（1）在数据库窗口选择"表"→"通过输入数据"，选择输入数据建立表。如图 8-34 所示。

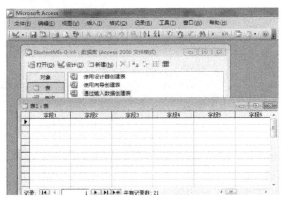

图 8-34　"通过输入数据"显示窗体

（2）直接输入数据，表名为"Department"。如图 8-35 所示。

	Department_ID	Department_Name	Telephone
▶	01	会计学院	62280011
	02	传媒学院	62280012
	03	外语学院	62289000
	04	服贸学院	62890230
	05	信息学院	62280015
	06	金融学院	62280016
	07	统数学院	62282367
	08	工商学院	67789234
	09	旅游学院	62280019
	10	管理学院	62280020
*			0

记录：⏮ ◀ 　1　▶ ⏭ ▶* 共有记录数：10

图 8-35　Department 表

8.4　数据的导入和导出

Access 最有用的功能之一是能够连接许多其他程序中的数据。在许多程序中，使用"另存为"命令可以将文档另存为其他格式，以便在其他程序中打开此文档。但是在 Access 中，"另存为"命令的使用方式有所不同。您可以将 Access 对象另存为其他 Access 对象，也可以将 Access 数据库另存为早期版本的 Access 数据库，但不能将 Access 数据库另存为诸如电子表格文件之类的文件。同样，也不能将电子表格文件另存为 Access 文件（.mdb），而应在 Access 中使用"文件→获取外部数据→导入"命令和"文件→导出"命令在其他文件格式之间导入或导出数据。

8.4.1　Access 可导入、链接或导出的数据类型

表 8-5 显示可在 Access 中导入、链接或导出的格式。

表 8-5　Access 中导入、链接或导出的格式

程序或格式	是否允许导入？	是否允许链接？	是否允许导出？
Microsoft Office Excel	是	是	是
Microsoft Office Access	是	是	是
ODBC 数据库（如 SQL Server）	是	是	是
文本文件（带分隔符或固定宽度）	是	是	是
XML 文件	是	否	是
PDF 或 XPS 文件	否	否	是
电子邮件（文件附件）	否	否	是
Microsoft Office Word	否但可以将 Word 文件另存为文本文件，然后导入此文本文件	否但可以将 Word 文件另存为文本文件，然后链接到此文本文件	是（可以导出为 Word 合并或格式文本）
Share Point 列表	是	是	是
HTML 文档	是	是	是
Outlook 文件夹	是	是	否但可以导出为文本文件，然后将此文本文件导入到 Outlook
dBase 文件	是	是	是

8.4.2　导入数据

例 8.5　将 Course_info.xls 文件导入为 Course_info 表。

（1）打开要导入数据的数据库。

（2）选择"文件→获取外部数据→导入"命令，单击"文件类型"下拉选项选择要导入的数据类型。如果源数据是 Microsoft Excel 工作簿，请选择"Microsoft Excel（*.xls）"。

（3）选择要导入的文件，例如，选择 Course_info.xls，如图 8-36 所示。单击要"导入"按钮。

（4）在弹出的"导入数据表向导"对话框中，选择合适的工作表，单击"下一步"按

钮，如图 8-37 所示。

图 8-36　　"导入"向导窗口

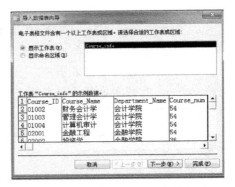

图 8-37　　单击"下一步"按钮

（5）确认要导入的 Excel 表的第一行是否包含列标题。如是，Access 将把列标题作为字段名。单击"下一步"，如图 8-38 所示。

（6）选择数据的保存位置。如选择"新表中"，将创建一个新的数据表；如选择"现有的表中"，则将导入的数据放入到一个现有的数据表中。这里选择"新表中"，并单击"下一步"，如图 8-39 所示。

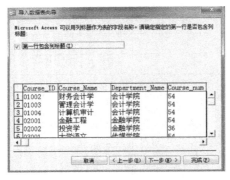

图 8-38　　确认列标题

图 8-39　　选择数据的保存

（7）选择要导入的字段及根据需要修改字段信息如图 8-40 所示，单击"下一步"。

（8）定义主键。选择"我自己选择主键"，可设置表的主键，如图 8-41 所示，单击"下一步"。

图 8-40　　选择要导入的字段

图 8-41　　定义主键

（9）输入导入的表名，如图 8-42 所示，单击"完成"按钮。

完成该向导之后，Access 会通知在导入过程中发生的任何问题。在某些情况下，Access 可能会新建一个称为"导入错误"的表，该表包含 Access 无法成功导入的所有数据。可以检查该表中的数据，以尝试找出未正确导入数据的原因。

8.4.3　将数据导出为其他格式

（1）打开要从中导出数据的数据库。

（2）在"数据库对象"窗口中，选择要从中导出数据的对象。可以从表、查询、窗体或报表对象中导出数据，但并非所有导出选项都适用于所有对象类型。

图 8-42　为导入表命名

（3）选择"文件"菜单中的"导出"命令，系统会弹出"导出"对话框，如图 8-43 所示。单击"保存类型"下拉选项选择要导出到的目标数据类型。例如，若要将数据导出为可用 Microsoft Excel 打开的格式，请选择"Microsoft Excel 97-2003"。

图 8-43　"导出"对话框

（4）在"导出"对话框中选择导出文件要放置的位置和文件名。然后单击"导出"按钮。

8.5　创建表之间的关联关系

数据库中的各表之间并不是孤立的，它们彼此之间存在或多或少的联系，这就是"表间关系"。这也正是数据库系统与文件系统的重点区别。在表之间创建关系，可以确保 Access 将某一表中的改动反映到相关联的表中。一个表可以和多个其他表相关联，而不是只能与另一个表组成关系对。

可以在包含类似信息或字段的表之间建立关系。在表中的字段之间可以建立 3 种类型的关系：一对一、一对多、多对多；而多对多关系可以转化为一对一和一对多关系。一对一关系存在于两个表中含有相同信息的相同字段，即一个表中的每条记录都只对应于相关表中的一条匹配记录。如雇员表和人力资源表。一对多关系存在于当一个表中的每一条记录都对应于相关表中的多条匹配记录时。如部门表和教师表。

8.5.1　表间的关联关系

在 Access 数据库中，数据表关联是指在两个数据表中相同域上的属性（字段）之间建立一对一、一对多或多对多联系，这个过程称为建立表间关系。通过定义数据表关联，用户可以创建能够同时显示多个数据表中数据的查询、窗体及报表等。

在表与表之间建立关系，不仅在于确立了数据表之间的关联，它还确定了数据库的参照完整性。即在设定了关系后，用户不能随意更改建立关联的字段。参照完整性要求关系中一张表中的记录在关系的另一张表中有一条或多条相对应的记录。

1. 关联字段的要求

（1）关联字段在一个数据表中是主关键字，在另一个相关联的数据表中的关联字段通常被称为外关键字。

（2）外关键字可以是数据表中的主键，也可以是多个候选关键字中的一个，也可以是普通字段。

（3）建立关联的字段的名称应相同。

（4）关联关系字段名称不同时，外关键字中的数据应与关联表中的主关键字段相匹配。即它们的数据类型必须相同，如果匹配的字段是数字类型，它们的字段大小必须相同。

（5）如下两种情况，关联关系字段的数据类型可以不一致：①自动编号字段与"字段大小"属性设置为"长整型"的数值字段相匹配。②自动编号字段与"字段大小"属性设置为"同步复制 ID"的数值字段相匹配。

2. 创建表间关联关系

在实体关系模型中有三种关系：一对一、一对多、多对多。

1）一对一关联关系

一对一关系是指一个对象 A 最多对应一个对象 B，从 B 角度看，也是一个对象 B 最多对应一个对象 A。比如说班主任（教师）和班级的关系，一个班主任最多管理一个班级，一个班级也最多只有一个班主任。

2）一对多关联关系

一对多关系是指一个对象 A 会对应多个对象 B，一个对象 B 只会对应一个对象 A。例如部门表 Department 对教师表 Teacher _ info。一个部门对应多个教师，一个教师只会对应一个部门。部门表 Department 作为主表，表中主键 Department _ ID 对应教师表 Teacher _ info 中的外键 Department _ ID。

3）多对多关联关系

多对多关系是指一个对象 A 对应多个对象 B，一个对象 B 也会对应多个对象 A。例如教师表 Teacher _ info 表对课程表 Course _ info 表。一个教师会教授多门课程，一门课程会有多个教师来教授。可以使用中间表来表示多对多的关系。我们建立课程成绩 Course _ Grade 中间表来实现教师表 Teacher _ info 表对课程表 Course _ info 表中多对多关联关系。

3. 关系选项的意义和作用

（1）参照完整性（参照完整性是一个规定系统，Access 2003 使用这个系统来确保相关表中记录之间关系的有效性，并且不会意外删除或更改相关数据）。

实施参照完整性的条件：来自于主表的匹配字段是主关键字或具有唯一的索引；相关的字段都有相同的数据类型，或是符合匹配要求的不同类型；两个表应该都属于同一个 Access 数据库。如果是链接表，它们必须是 Access 格式的表，不能对数据库中其他格式的链接表实施参照完整性。

实施参照完整性后，必须遵守下列规则：在相关表的外部关键字字段中，除空值（Null）外，不能有在主表的主关键字段中不存在的数据；如果在相关表中存在匹配的记录，不能只删除主表中的这个记录；如果某个记录有相关的记录，则不能在主表中更改主关键字；如果需要 Access 为某个关系实施这些规则，在创建关系时，请选择"实施参照完整性"。如果破坏了这个规则，系统会自动显示提示信息。

实施参照完整性的作用：不能在相关表的外键字段中输入不存在于主表主键中的值；如果在相关表中存在匹配的记录，也不能从主表中删除这个记录；如果主表中的一个记录有相关的记录，则不能在主表更改主键值。

（2）级联更新相关字段。选择此项后，当修改了主表中主键值时，系统会自动更新相关表中的外键值。

（3）级联删除相关记录。选择此项后，当删除了主表中的记录时，系统会自动删除所有与之相关联的相关表中的记录。

4. 联系类型

（1）只包含来自两个表的联接字段相等的行。（专门用于关系的自然联接，也称内联接）。

（2）左联接（又称左外部联接）：指包括左表中的所有记录和右表中联接字段值相等的记录。

（3）右联接（又称右外部联接）：指包括右表中的所有记录和左表中联接字段值相等的记录。

例 8.6　创建部门表 Department 与教师表 Teacher_info 表间关联关系。

（1）关闭所有打开的数据表（在已经打开的数据表之间，不能建立或修改关系。）

（2）单击"工具"菜单中的"关系"或"数据库"工具栏中的" （关系）"按钮。

（3）选择"显示表"把数据表添加到关系窗口中，如图 8-44 所示。

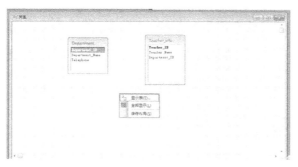

图 8-44　添加数据表

（4）建立关联（使用鼠标拖动）。

（5）在"关系"对话框中，可以设置"联接类型和参照完整性"，如图 8-45 所示，单击

"创建"。

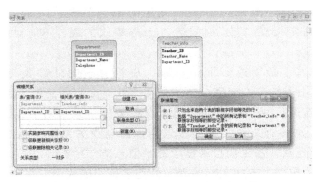

图 8-45　设置"联接类型和参照完整性"

（6）单击"关闭"按钮，将建立好的关系保存在数据库中，如图 8-46 所示。

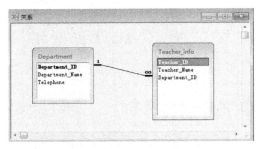

图 8-46　一对多关联关系

例 8.7　创建数据库 StudentMIS.dbf 中各表间关联关系，如图 8-47 所示。

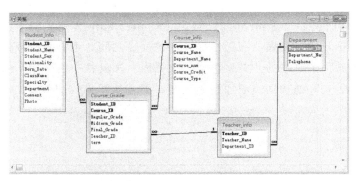

图 8-47　数据库 StudentMIS.dbf 中各表间关联关系

8.5.2　使用子数据表

有时在查看数据表中的信息时，用户可能想同时看到不同表中的关系记录。Access 2003 具有查看数据表视图中层次式的数据能力。可以在表设计中手工建立子数据表，或者让数据库根据表之间的关系自动确定子数据表。子数据表可以帮助用户浏览与数据源中某条记录相关的数据记录，而不是只查看数据源中的单条记录信息。

Access 数据库是关系型数据库，与其他的关系型数据库一样，也具有三种常用关系：

一对一关系、一对多关系和多对多关系。建立了一对一或一对多关系的表之间，一方中的表叫"主表"，另一个表叫"子表"；两表中相关联的字段，在主表中叫"主键"，在子表中称"外键"。

　　在建立了关系之后，打开表时，会发现最左侧多了一列"＋"，单击"＋"号，可以展开另一个数据表，如图 8-48 所示，这就是主表中关联的子表。如果子表中还有对应于它的子表，则还可以进一步一层层的展开。这种关系应用在窗体中便是主子窗体。

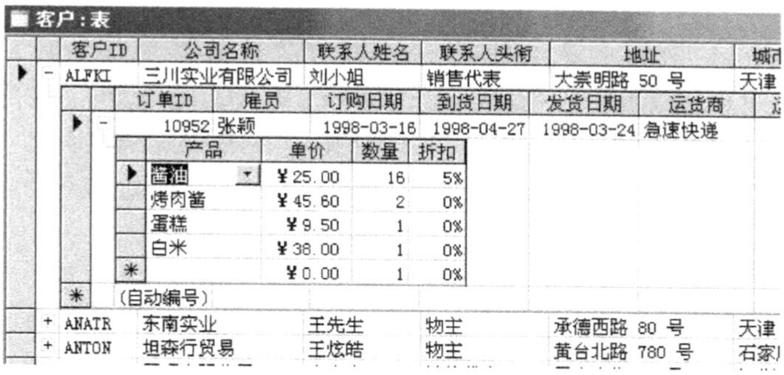

图 8-48　主子表

小　　结

　　Access 是微软公司推出的基于 Windows 的桌面关系数据库管理系统（RDBMS）。它提供了表、查询、窗体、报表、页、宏、模块 7 种用来建立数据库系统的对象。学习本章应掌握 Access 中创建数据库的方法，掌握创建表的三种方法。掌握在 Access 中使用"文件/获取外部数据/导入"命令和"文件/导出"命令在其他文件格式之间导入或导出数据。掌握在包含类似信息或字段的表之间建立关系的方法。

第9章 SQL 语句

本章内容概要

本章主要介绍 SQL 语句的概念特征和功能分类；数据查询语言 DQL 中的 LECT、FROM、WHERE、ORDERBY、GROUPBY 和 HAVING 等子句的应用；数据操作语言 DML 中的 NSERT、UPDATE 和 DELETE 等查询的应用；数据定义语言 DDL 中的 CREATE、ALTER 与 DROP 语句的基本操作方法。

9.1 SQL 概述

SQL 是结构化查询语言（Structured Query Language）的简称，是一种数据库查询和程序设计语言，可用于存取数据以及查询、更新和管理关系数据库系统。SQL 最早是 IBM 的圣约瑟研究实验室为其关系数据库管理系统 SYSTEM R 开发的一种查询语言，它的前身是 SQUARE 语言。自从 IBM 公司 1981 年推出以来，SQL 语言得到了广泛的应用。如今无论是像 Oracle、Sybase、DB2、Informix、SQL Server 这些大型的数据库管理系统，还是像 Visual Foxpro、PowerBuilder 这些 PC 上常用的数据库开发系统，都支持 SQL 语言作为查询语言。美国国家标准协会（ANSI）与国际标准化组织（ISO）已经制定了 SQL 标准，尽管不同的关系数据库使用的 SQL 版本有一些差异，但大多数都遵循 ANSI SQL 标准。

9.1.1 SQL 语言的发展

1974 年：SQL 语言由 Boyce 和 Chamberlin 提出来。

1975～1979 年：研制了著名的关系数据库管理系统原型 System R，同时实现了 SQL 这种查询语言，且该语言被关系数据库管理系统的早期商品化软件（如 ORACLE 等）所采用。

1986 年 10 月：由美国国家标准协会 ANSI 公布了 SQL 标准。

1987 年 6 月：国际标准化组织 ISO 正式采纳它为国际标准。

1989 年 4 月：ISO 提出了具有完整性特征的 SQL，并称之为 SQL89。

1992 年 11 月：ISO 于又公布了 SQL 的新标准，即 SQL92。

此后随着新版本 SQL99、SQL2000、SQL2008 和 SQL2012 的相继问世，SQL 语言进一步得到了广泛应用。

9.1.2 SQL 语言的特征

SQL 语言已经成为关系数据库通用的查询语言，其结构简洁，功能强大，简单易学，几乎所有的关系数据库系统都支持它。它具有以下主要特征：

（1）SQL 是一种一体化的语言。包括了数据定义、数据查询、数据操纵和数据控制等方面的功能，通过 SQL 语言可以完成有关数据库的所有操作。以前的数据库管理系统为数据查询、数据操纵、数据定义和数据控制等各类操作提供单独的语言，而 SQL 则将全部任务统一在一种语言中。

（2）SQL 语言是一种高度非过程化的语言。SQL 是高级的非过程化编程语言，允许用户在高层数据结构上工作。它不要求用户指定对数据的存放方法，也不需要用户了解具体的数据存放方式，所以具有完全不同底层结构的不同数据库系统，可以使用相同的 SQL 语言作为数据输入与管理的接口。即用户不需要一步步地告诉计算机"如何"去做，而只需要描述清楚要"做什么"即可。

（3）SQL 不要求用户指定对数据的存放方法。所有 SQL 语句都使用查询优化器，由它决定对指定数据存取的最快速度的手段。

（4）SQL 语言非常简洁。SQL 语言功能很强，但只有为数不多的几条命令，语法也非常简单，很接近英语自然语言，容易学习和掌握。它以记录集合作为操作对象，所有 SQL 语句接受集合作为输入，返回集合作为输出，这种集合特性允许一条 SQL 语句的输出作为另一条 SQL 语句的输入，所以 SQL 语句可以嵌套，这使他具有极大的灵活性和强大的功能，在多数情况下，在其他语言中需要一大段程序实现的功能只需要一个 SQL 语句就可以达到目的，这也意味着用 SQL 语言可以写出非常复杂的语句。

（5）SQL 语言既是自含式语言，又是嵌入式语言。作为自含式语言，它可以直接以命令方式交互使用；作为嵌入式语言，SQL 语句也可以嵌入到其他程序设计语言中，以程序方式使用。尽管 SQL 的使用方式不同，但 SQL 语言的语法结构基本上是一致的。这种以统一的语法结构提供两种不同使用方式的做法，为用户提供了极大的灵活性和方便性。现在很多数据库开发工具都将 SQL 语言直接融入到自身的语言之中，使用起来更方便。

（6）SQL 具有很大的通用型和灵活性。基于 SQL 的数据库产品能在不同计算机上运行，也支持在不同的操作系统上运行，还可以通过网络进行访问和管理。可以通过使用 SQL 产生不同的报表和视图，将数据库中的数据从用户所需的角度显示在用户面前供用户使用。同时，SQL 的视图功能也能提高数据库的安全性，并且能满足特定用户的需要。

9.1.3　SQL 语言的功能

SQL 是与数据库管理系统（DBMS）进行通信的一种语言和工具，将 DBMS 的组件联系在一起。可以为用户提供强大的功能，使用户可以方便地进行数据库的管理、数据的操作。通过 SQL 命令，程序员或数据库管理员（DBA）可以完成以下功能。

（1）建立数据库的表格，改变数据库系统环境设置。

（2）用户可自己定义所存储数据的结构，以及所存储数据各项之间的关系。

（3）用户可以向数据库中增加新的数据、删除旧的数据以及修改已有数据，有效地支持了数据库数据的更新。

（4）用户可以从数据库中按照自己的需要查询数据并组织使用它们，其中包括子查询、查询的嵌套、视图等复杂的检索。

（5）对用户访问数据、添加数据等操作的权限进行限制，以防止未经授权的访问，有效地保护数据库的安全。

（6）用户可以修改数据库的结构。可以定义约束规则，定义的规则将保存在数据库内部，可以防止因数据库更新过程中的意外或系统错误而导致的数据库崩溃。

9.1.4　SQL 语言的分类

SQL 语言可分为以下多种类别：

（1）DQL（数据查询语言），用来从数据库中获取数据和对数据进行排序。

（2）DML（数据操纵语言），用来插入、删除和修改数据库中的数据。

（3）DDL（数据定义语言），包括定义数据库、基本表、视图和索引。

（4）DCL（数据控制语言），用来管理对数据库和数据库对象的权限。

（5）CCL（通用命令语言），用来在数据库中进行高效率的搜索。它可以用来生成联机库等，需要在很短的时间内筛选大量记录的应用。

9.1.5　查询的概念

数据库的最大功能就是具有很强的查询和统计数据的能力。可以通过查询操作来根据给定的条件，从数据库的表中筛选出符合条件的记录，然后构成用户需要的数据集合。

用户在使用数据库的过程中，常常可能会查找一些自己感兴趣的信息。比如，教师希望通过学生信息管理系统看到自己所教授班级的学生名单，学生希望通过学生信息管理系统查看自己的考试成绩等等。但数据库中的数据一般都是存放在表中，简单的数据存放在一个表中，复杂的数据则会分解为多个相关或者不相关的表进行保存，而表的设计就要按照数据库的标准范式进行，也就是说，表的存储结构往往与用户所希望见到的数据格式是不同的。所以查询结果一般以工作表的形式显示，且该表与基本表有着非常相似的外观，但并不是一个基本表，而是符合所需查询条件的记录集，其内容是动态的，在符合查询条件的前提下，它的内容还会随着基本表而变化。

一般情况下，查询并不保存数据，它是在运行时从一个或多个表中取出数据进行运算产生结果，这个结果可以暂时保存在内存中。所以，在一个庞大的数据库中，如果每次要为了特定的目的而使用其中特定的记录时，就只有通过建立查询才能准确快捷地达到目的。因此，客户可以通过查询数据库，搜索到满足其所需条件的信息。在这一章中，我们主要学习SQL语言中的DQL（数据查询语言）和DML（数据库操纵语言）。

9.2　DQL 数据查询语言

数据查询是数据库的核心操作，数据查询语言（Data Query Language，DQL）是SQL语言中，负责进行数据查询而不会对数据本身进行修改的语句，这是最基本的SQL语句。DQL的主要功能是查询数据，本身核心指令为SELECT，为了进行精细的查询，加入了各类辅助指令。

9.2.1　DQL 数据查询的语句格式

SQL语言的数据查询只有一条SELECT语句，却是用途最广泛的一条语句，SELECT语句的一般格式为：

```
SELECT   [ALL|DISTINCT] < 目标列表达式 > [,< 目标列表达式 >]
FROM   < 表名或视图名 > [,< 表名或视图名 >]
[WHERE   < 条件表达式 > ]
[GROUP BY   < 列名 1> [HAVING   条件表达式表名]]
[ORDER BY   < 列名 2> [ASC/DESC]];
```

（其中，WHERE 子句、GROUP 子句、HAVING 子句、ORDER 子句均为可选项。）

注意：以上是一条完整的语句，书写时应写在一行之中，逗号在 SQL 中是元素的分隔符。

其功能是从基本表（或视图）中，根据 WHERE 子句中的条件表达式找出满足条件的记录，按所指定的目标列选出记录中的分量形成结果表。如果有 GROUP 子句，则按列名 1 并根据 HAVING 给定的内部函数以表达式分组，统计各组中数据，每组产生一个元组，再按目标列选出分量形成结果表。如果有 ORDER 子句，则应对结果表按列名 2 排序再显示。按其分组的列及排序的列均允许有多个，中间以逗号分隔。其中，列名 1，列名 2 为 FROM 子句中所指基本表或视图中的列名；如果 FROM 子句中指定多个表，且列名有相同的时，则列名应写为"表名．列名"的形式。

上述每一项可以是表达式，"目标列"允许使用 SQL 提供的库函数形成表达式。常用的函数如下

COUNT（列名）计算一列值的个数。

COUNT（＊）计算记录条数。

SUM（列名）计算某一列值的总和，该列必须为数值类型。

AVG（列名）计算某一列值的平均值，该列必须为数值类型。

MAX（列名）计算某一列值的最大值，该列必须为数值类型。

MIN（列名）计算某一列值的最小值，该列必须为数值类型。

若无 HAVING 子句，上述函数完成对全表统计，否则作分组统计。

DISTINCT 列名 1 ［，列名 2…］

表示在最终结果表中，取出的内容中相同的记录只留下一条。

在书写时，允许使用通配符"＊"、"?"。其中"＊"表示任意一字符串。"?"表示任意一个字符。

"基本表或视图"可以是以下形式的格式：

表名 1（或视图名 1）［别名 1］［，表名 2（或视图名 2）［别名 2］］…

在 SELECT 语句中"目标列"描述实现关系投影运算，条件表达式的描述实现选择运算，关于条件表达式的描述，后面将通过案例进行说明。利用 SELECT 语句还可实现其他各种关系运算。

9.2.2　DQL 数据查询语句的实用案例

1. SELECT 子句

SELECT 子句可以对所选择的列进行选择查询操作。利用选择列表（SELECT _ LIST）操作可以选择所查询的列，它可以由一组列名列表、星号、表达式、变量（包括局部变量和全局变量）等构成。

1）选择所有列

例 9.1　创建一个 SQL 查询，要求显示学生信息管理系统中 Stud 表的所有数据：

操作步骤：

（1）打开"学生信息管理系统"数据库中的查询对象，双击"在设计视图中创建查询"，或选择"新建"→"设计视图"。

（2）关闭"显示表"对话框，参见图 9-1。

（3）单击工具栏上的"切换视图"按钮，将视图改为 SQL 视图，如图 9-2 所示。

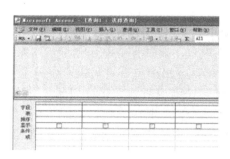

图 9-1　查询设计视图

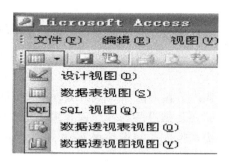

图 9-2　将视图改为 SQL 视图

（4）输入选择所有列的 SQL 语句，如图 9-3 所示。

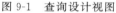

SELECT * FROM stud;

图 9-3　输入选择所有列的 SQL 语句

（5）单击工具栏上的"运行"按钮 ▮ ，即可得到所需选择所有列的查询结果，如图 9-4所示。

学号	姓名	性别	出生日期	班级	年级	联系电话
201105005905	罗山	男	1990/3/5	中华会展11-2	2011	15800001234
201105005908	王红艳	女	1992/1/23	中华会展11-2	2011	15800001235
201105005912	吴建雄	男	1992/2/3	中华会展11-2	2011	15800001236
201105005913	张月娘	女	1989/10/7	中华会展11-2	2011	15800001237
201105005917	李肖昆	男	1990/12/30	中华会展11-2	2011	15800001238
201105005919	刘炫志	女	1992/2/9	中华会展11-2	2011	15800001239
201105005923	杨红燕	男	1992/3/5	中华会展11-2	2011	15800001240
201105005927	朱江燕	女	1990/6/7	中华会展11-2	2011	15800001241
201105005930	张成	男	1991/3/9	中华会展11-2	2011	15800001242
201105005935	赵承芳	女	1990/4/8	中华会展11-2	2011	15800001243
201105005939	陈栋	男	1990/8/5	中华会展11-2	2011	15800001244
201105005941	李秋月	女	1990/6/22	中华会展11-2	2011	15800001245
201205005927	谢寿昆	男	1990/7/27	中华会展12-2	2012	15800001246
201205005930	赵佳	女	1990/1/23	中华会展12-2	2012	15800001247
201205005935	王希敏	男	1992/3/8	中华会展12-2	2012	15800001248
201205005939	伯自信	女	1992/3/7	中华会展12-2	2012	15800001249
201205005941	邱琼仙	男	1990/5/1	中华会展12-2	2012	15800001250
201205005943	付超	女	1991/2/12	中华会展12-2	2012	15800001251
201205005948	赵木	男	1988/11/23	中华会展12-3	2012	15800001252
201205005951	张飞云	女	1992/10/1	中华会展12-3	2012	15800001253
201205005953	孙莉娜	男	1990/12/2	中华会展12-3	2012	15800001254
201205005957	周南	女	1992/5/6	中华会展12-3	2012	15800001255
201205005958	段思懿	男	1992/2/9	中华会展12-3	2012	15800001256

图 9-4　选择所有列查询结果

在设计的过程中，可切换到数据表视图预览查询结果，如果预览到的结果不符合要求，再切换回 SQL 视图，修改 SQL 语句即可。

2）选择部分列并指定它们的显示次序

查询结果集合中数据的排列顺序与选择列表中所指定的列名排列顺序相同。

例 9.2　创建一个 SQL 查询，要求显示学生信息管理系统中 Stud 表的部分数据（学号，姓名，性别，联系电话）。

操作步骤：

（1）打开"学生信息管理系统"数据库中的查询对象，双击"在设计视图中创建查询"，或选择"新建"→"设计视图"。

（2）关闭"显示表"对话框，参见图 9-1。

（3）单击工具栏上的"切换视图"按钮，将视图改为 SQL 视图，如图 9-2 所示。

（4）输入选择部分列的 SQL 语句，如图 9-5 所示。

图 9-5　输入选择部分列的 SQL 语句

（5）单击工具栏上的"运行"按钮，即可得到所需选择部分列的查询结果，如图 9-6所示。

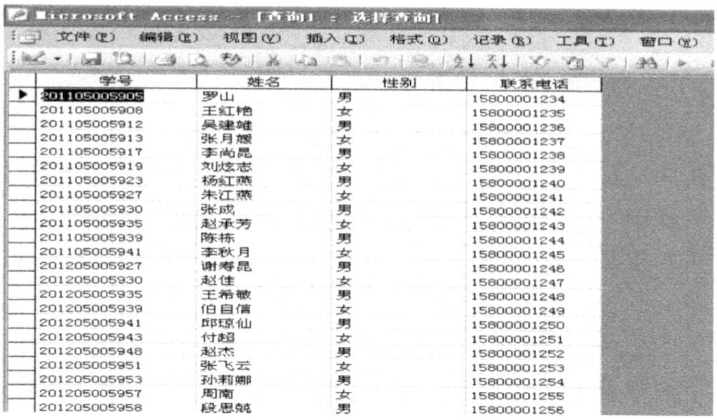

图 9-6　选择部分列查询结果

3）更改列标题

在选择列表中，可重新指定列标题，如果指定的列标题不是标准的标识符格式时，应使用引号定界符。

例 9.3　创建一个 SQL 查询，要求将学生信息管理系统中 Stud 表的列标"学号"、"姓名"和"性别"更改为"Student_ID"、"Student_Name"和"Student_Sex"。

操作步骤：

（1）打开"学生信息管理系统"数据库中的查询对象，双击"在设计视图中创建查询"，或选择"新建"→"设计视图"。

（2）关闭"显示表"对话框，参见图 9-1。

（3）单击工具栏上的"切换视图"按钮，将视图改为 SQL 视图，如图 9-2 所示。

（4）输入更改列标题的 SQL 语句，如图 9-7 所示。

图 9-7　输入更改列标题的 SQL 语句

（5）单击工具栏上的"运行"按钮 ！ ，即可得到所需更改列标题的查询结果，如图 9-8所示。

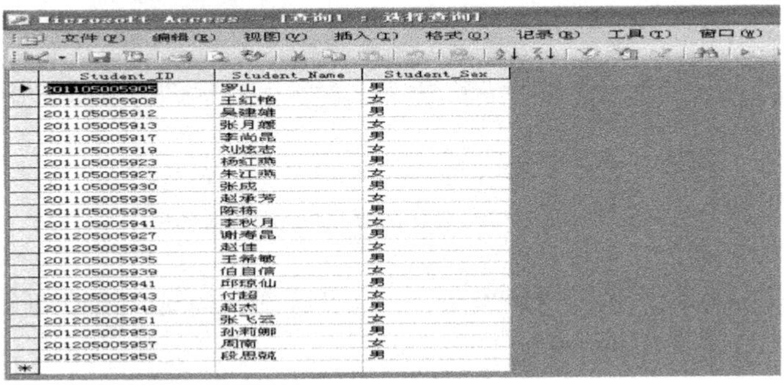

图 9-8　更改列标题查询结果

4）删除重复行

SELECT 语句中使用 ALL 或 DISTINCT 选项来显示表中符合条件的所有行或删除其中重复的数据行，默认为 ALL。使用 DISTINCT 选项时，对于所有重复的数据行在 SELECT 返回的结果集合中只保留一行。

例 9.4　创建一个 SQL 查询，要求删除学生信息管理系统中 Stud 表的班级字段的重复数据行。

操作步骤：

（1）打开"学生信息管理系统"数据库中的查询对象，双击"在设计视图中创建查询"，或选择"新建"→"设计视图"。

（2）关闭"显示表"对话框，参见图 9-1。

（3）单击工具栏上的"切换视图"按钮，将视图改为 SQL 视图，如图 9-2 所示。

（4）输入删除重复行的 SQL 语句，如图 9-9 所示。

图 9-9　输入删除重复行的 SQL 语句

（5）单击工具栏上的"运行"按钮 ！ ，即可得到所需删除重复行的查询结果，如图

9-10所示。

图 9-10　删除重复行查询结果

5）限制返回的行数

使用 TOP n［PERCENT］选项限制返回的数据行数，TOP n 说明返回 n 行，而 TOP n PERCENT 时，说明 n 是表示百分数，指定返回的行数等于总行数的百分之几。

例 9.5　创建一个 SQL 查询，要求查询学生信息管理系统中 Stud 表的前 2 条记录。

操作步骤：

（1）打开"学生信息管理系统"数据库中的查询对象，双击"在设计视图中创建查询"，或选择"新建"→"设计视图"。

（2）关闭"显示表"对话框，参见图 9-1。

（3）单击工具栏上的"切换视图"按钮，将视图改为 SQL 视图，如图 9-2 所示。

（4）输入限制返回行数的 SQL 语句，如图 9-11 所示。

图 9-11　输入限制返回行数的 SQL 语句

（5）单击工具栏上的"运行"按钮，即可得到所需限制返回行数的查询结果，如图 9-12 所示。

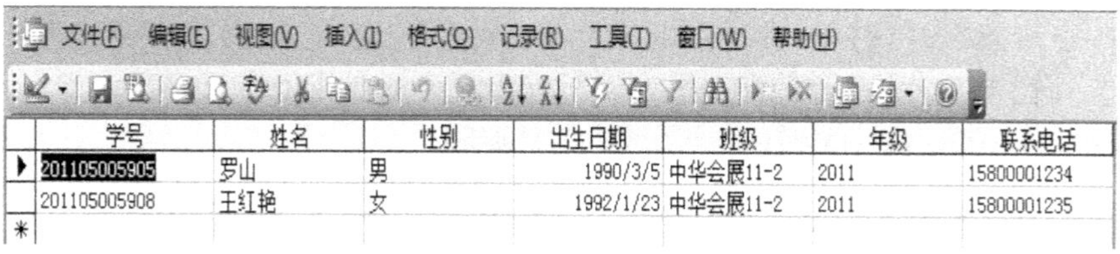

学号	姓名	性别	出生日期	班级	年级	联系电话
201105005905	罗山	男	1990/3/5	中华会展11-2	2011	15800001234
201105005908	王红艳	女	1992/1/23	中华会展11-2	2011	15800001235

图 9-12　限制返回行数查询结果

例 9.6　创建一个 SQL 查询，要求查询学生信息管理系统中 Stud 表的前 20％的记录。

操作步骤：

（1）打开"学生信息管理系统"数据库中的查询对象，双击"在设计视图中创建查询"，或选择"新建"→"设计视图"。

（2）关闭"显示表"对话框，参见图 9-1。

（3）单击工具栏上的"切换视图"按钮，将视图改为 SQL 视图，如图 9-2 所示。

（4）输入查询部分记录的 SQL 语句，如图 9-13 所示。

图 9-13　输入查询部分记录的 SQL 语句

（5）单击工具栏上的"运行"按钮，即可得到所需查询部分记录的结果，如图 9-14
所示。

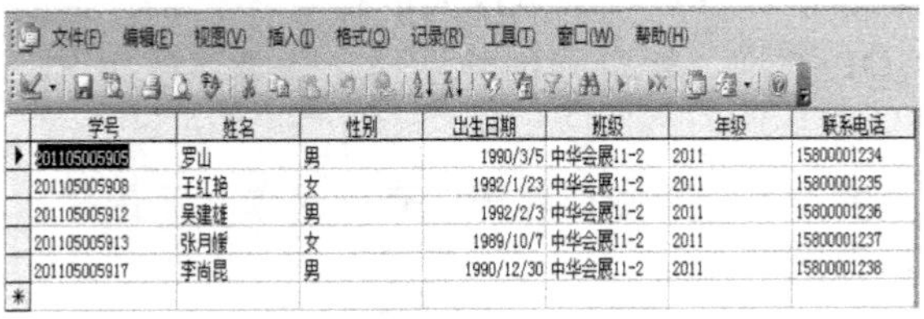

图 9-14　查询部分记录结果

2. FROM 子句

FROM 子句是指定 SELECT 语句查询及与查询相关的表或视图。在 FROM 子句中最
多可以指定 256 个表或视图，它们之间要用逗号分隔。

（1）在 FROM 子句同时指定多个表或视图时，如果选择列表中存在同名列，这时应使
用对象名限定这些列所属的表或视图。

例 9.7　创建一个 SQL 查询，要求查询学生信息管理系统中 Course 表和 Score 表的课
程编号与学号的相关信息。

操作步骤：

①打开"学生信息管理系统"数据库中的查询对象，双击"在设计视图中创建查询"，
或选择"新建"→"设计视图"。

②关闭"显示表"对话框，参见图 9-1。

③单击工具栏上的"切换视图"按钮，将视图改为 SQL 视图，如图 9-2 所示。

④输入 FROM 子句的 SQL 语句，如图 9-15 所示。

图 9-15　输入 FROM 子句的 SQL 语句

⑤单击工具栏上的"运行"按钮，即可得到所需 FROM 子句的查询结果，如

图9-16 所示。

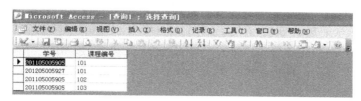

图 9-16　FROM 子句查询结果

（2）SELECT 不仅能从表或视图中检索数据，它还能够从其他查询语句所返回的结果集合中查询数据。

例 9.8　创建一个 SQL 查询，要求在学生信息管理系统的 Q _ score 查询结果中查询"大学语文"成绩在 90 分以上的学生。

操作步骤：

①打开"学生信息管理系统"数据库中的查询对象，双击"在设计视图中创建查询"，或选择"新建"→"设计视图"。

②关闭"显示表"对话框，参见图 9-1。

③单击工具栏上的"切换视图"按钮，将视图改为 SQL 视图，如图 9-2 所示。

④输入从其他查询语句所返回的结果集合中查询数据的 SQL 语句，如图 9-17 所示。

图 9-17　输入从其他查询语句所返回的结果集合中查询数据的 SQL 语句

⑤单击工具栏上的"运行"按钮　，即可得到所需输入从其他查询语句所返回的结果集合中查询数据的结果，如图 9-18 所示。

图 9-18　从其他查询语句所返回的结果集合中查询数据的结果

3. 使用 WHERE 子句设置查询条件

在 SELECT 查询语句中使用 WHERE 子句设置查询条件，可以过滤掉不需要的数据行。

例 9.9　创建一个 SQL 查询，要求查询学生信息管理系统的 Stud 表中 2011 年级学生情况。

操作步骤：

①打开"学生信息管理系统"数据库中的查询对象，双击"在设计视图中创建查询"，或选择"新建"→"设计视图"。

②关闭“显示表”对话框，参见图 9-1。

③单击工具栏上的“切换视图”按钮，将视图改为 SQL 视图，如图 9-2 所示。

④输入 WHERE 子句的 SQL 语句，如图 9-19 所示。

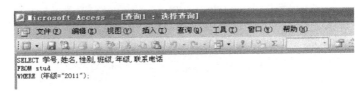

图 9-19　输入 WHERE 子句的 SQL 语句

⑤单击工具栏上的“运行”按钮，即可得到所需 WHERE 子句的查询结果，如图 9-20 所示。

学号	姓名	性别	班级	年级	联系电话
201105005905	罗山	男	中华会展11-2	2011	15800001234
201105005908	王红艳	女	中华会展11-2	2011	15800001235
201105005912	吴建雄	男	中华会展11-2	2011	15800001236
201105005913	张月娥	女	中华会展11-2	2011	15800001237
201105005917	李尚昆	男	中华会展11-2	2011	15800001238
201105005919	刘炫志	女	中华会展11-2	2011	15800001239
201105005923	杨红燕	男	中华会展11-2	2011	15800001240
201105005927	朱江燕	女	中华会展11-2	2011	15800001241
201105005930	张成	男	中华会展11-2	2011	15800001242
201105005935	赵承芳	女	中华会展11-2	2011	15800001243
201105005939	陈栋	男	中华会展11-2	2011	15800001244
201105005941	李秋月	女	中华会展11-2	2011	15800001245

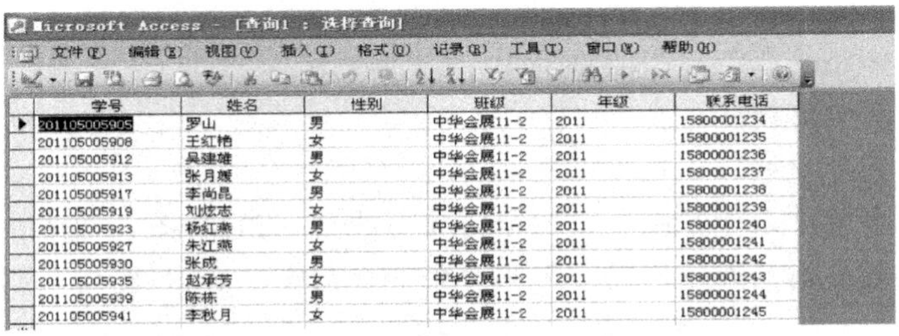

图 9-20　WHERE 子句的查询结果

在 WHERE 子句中可以包括以下各种条件运算符：

比较运算符（大小比较）：>、>=、=、<、<=、<>等

范围运算符（表达式值是否在指定的范围）：BETWEEN…AND…、NOT BETWEEN…AND…

列表运算符（判断表达式是否为列表中的指定项）：IN（项 1，项 2……）、NOT IN（项 1，项 2……）模式匹配符（判断值是否与指定的字符通配格式相符）：LIKE、NOT LIKE

空值判断符（判断表达式是否为空）：IS NULL、NOT IS NULL

逻辑运算符（用于多条件的逻辑连接）：AND、OR 、NOT

4. 使用 ORDER BY 子句对查询结果排序

在 SELECT 查询语句中可以使用 ORDER BY 子句对查询返回的结果按一列或多列排序，也可以根据表达式进行排序。

例 9.10　创建一个 SQL 查询，要求按出生日期降序年级升序查询学生信息管理系统的 Stud 表中学生的基本情况。

操作步骤：

①打开“学生信息管理系统”数据库中的查询对象，双击“在设计视图中创建查询”，或选择“新建”→“设计视图”。

②关闭“显示表”对话框，参见图 9-1。

③单击工具栏上的“切换视图”按钮，将视图改为 SQL 视图，如图 9-2 所示。

④输入 ORDER BY 子句的 SQL 语句，如图 9-21 所示。

图 9-21　输入 ORDER BY 子句的 SQL 语句

⑤单击工具栏上的“运行”按钮 ，即可得到所需 ORDER BY 子句的查询结果，如图 9-22 所示。

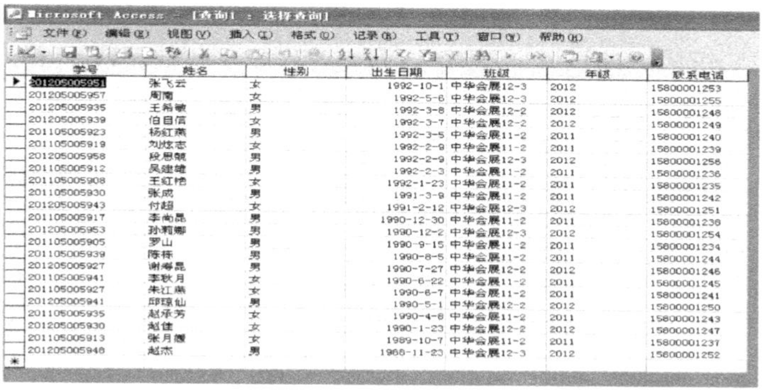

图 9-22　ORDER BY 子句的查询结果

5. GROUP BY 子句和 HAVING 子句

在 SQL 的语法中，GROUP BY 子句和 HAVING 子句通常用于对数据进行汇总。GROUP BY 子句指明要按照哪几个字段来分组，而将记录分组后，则用 HAVING 子句过滤这些记录。

例 9.11　根据学生信息管理系统中的查询 Q＿score 查询“大学语文”的平均成绩高于 90 分的同学信息。

操作步骤：

①打开“学生信息管理系统”数据库中的查询对象，双击“在设计视图中创建查询”，或选择“新建”→“设计视图”。

②关闭“显示表”对话框，参见图 9-1。

③单击工具栏上的“切换视图”按钮，将视图改为 SQL 视图，如图 9-2 所示。

④输入 GROUP BY 子句和 HAVING 子句的 SQL 语句，如图 9-23 所示。

图 9-23　输入 GROUP BY 子句和 HAVING 子句的 SQL 语句

⑤单击工具栏上的"运行"按钮 ，即可得到所需 GROUP BY 子句和 HAVING 子句的查询结果，如图 9-24 所示。

图 9-24　GROUP BY 子句和 HAVING 子句的查询结果

9.3　DML 数据操纵语言

DML 数据操作语言是 SQL 语言中的一个子集，主要用于修改数据库的数据。它常用的语句有以下三种：INSERT（插入）、UPDATE（更新）和 DELETE（删除）。

9.3.1　INSERT（插入）语句

使用 SQL 中的 INSERT 语句可以将一行记录插入到指定的一个表中。通过 INSERT 语句，系统将试着把这行记录值填入到相应的列中，这些记录值将按照创建表时定义的顺序排列。但是如果记录中的某一列的类型和原来创建的表不符时（如将一个字符串填入到类型为数字的列中），系统将拒绝此次操作并返回一个错误信息。如果 SQL 拒绝了这一列值的填入，记录中其他各列的值也不会填入。系统将会被恢复（或称之为回退）到此操作之前的状态。INSERT 语句的语法格式如下：

Insert into table［（column｛，column｝）］

Values（columnvalue［｛，columnvalue｝］）；

其中：table 为要插入记录的表名，columnvalue 为相关字段名。

例 9.12　在表 Stud 中插入如表 9-1 学生信息表（1）所示记录：

表 9-1　学生信息表（1）

学号	姓名	性别	出生日期	班级	年级	联系电话
201105005959	吴鑫鑫	男	1992-3-9	中华会展 12-3	2012	13354698798

操作步骤：

①打开"学生信息管理系统"数据库中的查询对象，双击"在设计视图中创建查询"，或选择"新建"→"设计视图"。

②关闭"显示表"对话框，参见图 9-1。

③单击工具栏上的"切换视图"按钮，将视图改为 SQL 视图，如图 9-2 所示。

④输入 INSERT（插入）语句的 SQL 语句，如图 9-25 所示。

图 9-25　输入 INSERT 的 SQL 语句

图 9-26　INSERT 语句执行对话框

⑤单击工具栏上的"运行"按钮，系统提示如图 9-26 所示 INSERT 语句执行对话框。

⑥单击"是（Y）"，并保存此查询，在表对象中打开 Stud 即可得到所需 INSERT 语句执行结果，如图 9-27 所示。

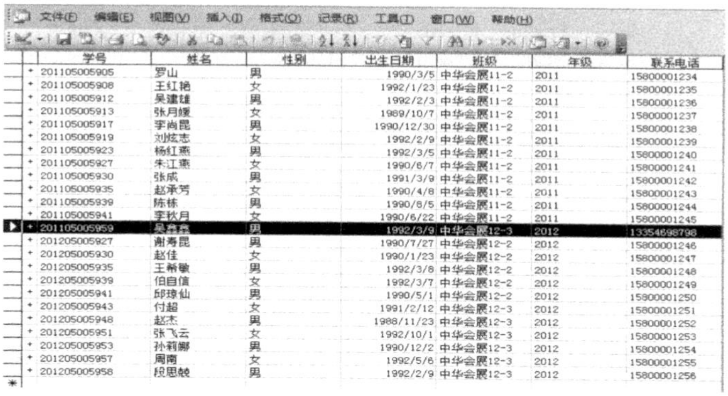

图 9-27　INSERT 语句执行结果

注意：所有的整形十进制数可以不用引号引起来，而字符串和日期类型的值都需要用引号来区别。对于日期类型，还必须使用 SQL 的标准日期格式（yyyy-mm-dd），但如果在系统中进行了其他定义，以可接受其他的格式。

例 9.13　在表 Stud 中插入如表 9-2 学生信息表（2）所示记录：

表 9-2　学生信息表（2）

学号	姓名	性别	出生日期	班级	年级	联系电话
201105005960	刘芯芯	女	1993-1-20	null	null	13604591787

（此记录的班级和年级的值为 null）

操作步骤：

①打开"学生信息管理系统"数据库中的查询对象，双击"在设计视图中创建查询"，或选择"新建"→"设计视图"。

②关闭"显示表"对话框，参见图 9-1。

③单击工具栏上的"切换视图"按钮，将视图改为 SQL 视图，如图 9-2 所示。

④输入要插入有空值记录的 SQL 语句，如图 9-28 所示。

图 9-28　输入要插入有空值记录的 SQL 语句

图 9-29　插入有空值记录执行对话框

⑤单击工具栏上的"运行"按钮，系统提示如图 9-29 所示插入有空值记录执行对

话框。

⑥单击"是（Y）"，并保存此查询，在表对象中打开 Stud 即可得到所需插入有空值记录的结果，如图 9-30 所示。

图 9-30　插入有空值记录的执行结果

注意：在未列出的列中将自动填入缺省值，如果没有设置缺省值则填入 null。

9.3.2　UPDATE（更新）语句

在现实中使用数据库时大部分数据都要进行某种程度的修改，SQL 中的 UPDATE 语句就是用于改变数据库中的现存数据的。这条语句虽然有一些复杂的选项，但因为在大多数情况下，这条语句的高级部分很少使用，所以 UPDATE 语句通常只是用来改变指定行中的数据，利用 UPDATE 语句可以从表中删除旧的数据行并插入新行。UPDATE 语句可以同时更改一个或多个表中的数据。它也可以同时更改多个字段的值，该语句的语法格式如下：

```
Update [table_name] Set [column_name] = [value]
Where [search_condition]
```

其中，[table_name] 为表的名称，该表包含了要修改值的列；[column_name] 为要修改数据的列的名称；[value] 为要输入到列中的新值；[search_condition] 为搜索准则，限定表内被修改的行数，若不指定搜索准则，SQL 会用新值修改表内的所有行。

例 9.14　在表 Stud 中将 2011 级男生的年级改为"11 级"。

操作步骤：

①打开"学生信息管理系统"数据库中的查询对象，双击"在设计视图中创建查询"，或选择"新建"→"设计视图"。

②关闭"显示表"对话框，参见图 9-1。

③单击工具栏上的"切换视图"按钮，将视图改为 SQL 视图，如图 9-2 所示。

④输入 UPDATE（更新）语句的 SQL 语句，如图 9-31 所示。

图 9-31　输入 UPDATE 的 SQL 语句

图 9-32　UPDATE 语句执行对话框

⑤单击工具栏上的"运行"按钮，系统提示如图 9-32 所示 UPDATE 语句执行对话框。

⑥单击"是（Y）"，并保存此查询，在表对象中打开 Stud 即可得到所需 UPDATE 语句执行结果，如图 9-33 所示。

图 9-33　UPDATE 语句执行结果

9.3.3　DELETE（删除）语句

在数据库的使用过程中，大量过时或冗余的数据需要进行删除，SQL 中的 DELETE 语句就可以提供删除功能。DELETE 语句用来删除表中的一个或多个记录，使用 DELETE 并加入 WHERE 子句中的条件进行删除操作，可以删除满足相关条件的记录，若不加入 WHERE 子句中的条件则会全部删除。DELETE 子句的语法格式如下：

```
DELETE [Table.* ]
FROM Table
WHERE Criteria= '查询的字';
```

其中：Table 参数用于指定从其中删除记录的表的名称。Criteria 参数为一个表达式，用于指定哪些记录应该被删除的表达式。使用 DELETE 语句时，只有数据会被删除，表的结构以及表的所有属性仍然保留，例如字段属性及索引。

例 9.15　在表 Stud 中删除 2011 年级的记录。

操作步骤：

①打开"学生信息管理系统"数据库中的查询对象，双击"在设计视图中创建查询"，或选择"新建"→"设计视图"。

②关闭"显示表"对话框，参见图 9-1。

③单击工具栏上的"切换视图"按钮，将视图改为 SQL 视图，如图 9-2 所示。

④输入 DELETE（删除）语句的 SQL 语句，如图 9-34 所示。

图 9-34　输入 DELETE 的 SQL 语句

图 9-35　DELETE 语句执行对话框

⑤单击工具栏上的"运行"按钮，系统提示如图 9-35 所示 DELETE 语句执行对

话框。

⑥单击"是（Y）"，并保存此查询，在表对象中打开 Stud 即可得到所需 DELETE 语句执行结果，如图 9-36 所示。

图 9-36　DELETE 语句执行结果

9.3.4　其他常用 SQL 查询

1. 联合查询

SQL 中的 UNION 运算符可以把两个或两个以上的 SELECT 语句的查询结果集合合并成一个结果集合显示，即执行 UNION（联合）查询。在使用 UNION 运算符时，须保证每个联合查询语句的选择列表中都有相同数量的表达式，并且每个查询选择表达式都应具有相同的数据类型，或是可以自动将它们转换为相同的数据类型。在自动转换时，对于数值类型，系统会将低精度的数据类型转换为高精度的数据类型。且联合查询结果的列标题为第一个查询语句的列标题，在定义列标题时必须对第一个查询语句进行定义，要对联合查询结果排序时，也必须使用第一查询语句中的列名、列标题或者列序号。

UNION 语句的语法格式为：

```
SELECT_STATEMENT
UNION [ALL] SELECT STATEMENT
[UNION [ALL] SELECT STATEMENT][...n]
```

其中：SELECT STATEMENT 表示待联合的 SELECT 查询语句。ALL 选项表示将所有行合并到结果集合中，在不指定该项时，被联合查询结果集合中的重复行将只保留一行。在包括多个查询的 UNION 语句中，其执行顺序是自左至右，使用括号可以改变这一执行顺序。

例 9.16　将学生信息管理系统中的查询 Q_score_1 和查询 Q_score_2 进行联合查询。

操作步骤：

①打开"学生信息管理系统"数据库中的查询对象，双击"在设计视图中创建查询"，或选择"新建"→"设计视图"。

②关闭"显示表"对话框，参见图 9-1。

③单击工具栏上的"切换视图"按钮，将视图改为 SQL 视图，如图 9-2 所示。

④输入联合查询的 SQL 语句，如图 9-37 所示。

图 9-37　输入联合查询的 SQL 语句

⑤单击工具栏上的"运行"按钮 ，即可得到所需联合查询的结果，如图 9-38 所示。

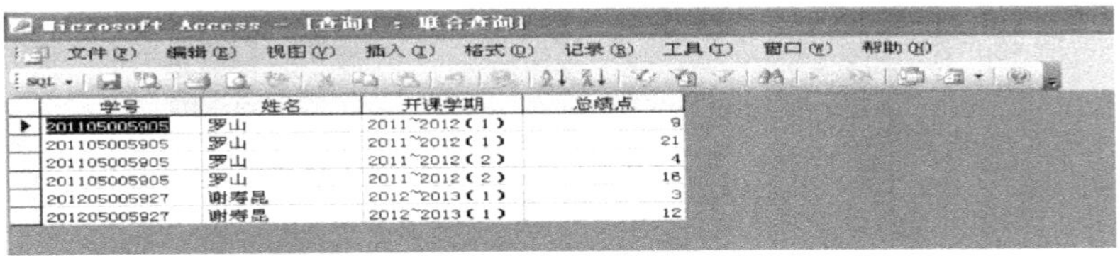

图 9-38　联合查询结果

2. 生成表查询

在数据库的查询操作中，可以使用 INTO 子句创建一个新表，并将查询结果直接插入到新表中，但用户必须在要创建新表的数据库中拥有 CREATE TABLE 的权限。

例 9.17　将学生信息管理系统中 Stud 表的"学号"、"姓名"、"性别"和"联系电话"等信息插入到新表 Stud-dh。

操作步骤：

①打开"学生信息管理系统"数据库中的查询对象，双击"在设计视图中创建查询"，或选择"新建"→"设计视图"。

②关闭"显示表"对话框，参见图 9-1。

③单击工具栏上的"切换视图"按钮，将视图改为 SQL 视图，如图 9-2 所示。

④输入生成表查询的 SQL 语句，如图 9-39 所示。

图 9-39　输入生成表查询的 SQL 语句

图 9-40　生成表查询执行对话框

⑤单击工具栏上的"运行"按钮 ，系统提示如图 9-40 所示生成表查询执行对话框。

⑥单击"是（Y）"，并保存此查询，在表对象中打开 Stud-dh 即可得到所需生成表查询结果，如图 9-41 所示。

图 9-41　生成表查询结果

3. 连接查询

连接是关系数据库模型的主要特点，也是它与其他类型数据库管理系统有所区别的一个重要标志，通过连接运算符（INNER JOIN）可以实现对多个表的查询。在关系数据库管理系统中，建立表时各数据之间的关系可以不必确定，可把一个实体的所有信息存放在一个表中，当需要检索数据时，就通过连接操作查询出存放在多个表中的不同实体的信息。连接操作有很大的灵活性，可以在任何时候增加新的数据类型，还可以为不同实体创建新的表后通过连接进行查询。

例 9.18　将学生信息管理系统中的表 course 和表 score 进行连接查询。

操作步骤：

①打开"学生信息管理系统"数据库中的查询对象，双击"在设计视图中创建查询"，或选择"新建"→"设计视图"。

②关闭"显示表"对话框，参见图 9-1。

③单击工具栏上的"切换视图"按钮，将视图改为 SQL 视图，如图 9-2 所示。

④输入连接查询的 SQL 语句，如图 9-42 所示。

SELECT score.学号, course.课程编号, course.课程名称, course.学分, score.分数, score.开课学期
FROM course INNER JOIN score ON course.课程编号 = score.课程编号;

图 9-42　输入连接查询的 SQL 语句

⑤单击工具栏上的"运行"按钮，即可得到所需连接查询的结果，如图 9-43 所示。

图 9-43　连接查询结果

9.4　DDL 数据定义语言

数据定义语言 DDL（Data Definition Language），是用于描述数据库中要存储的现实世界实体的语言。集中负责数据结构与数据库对象定义，包括定义数据库、基本表、视图和索引，如结构定义、操作方法定义等。由 CREATE、ALTER 与 DROP 三个语法所组成。

9.4.1　CREATE 语句

CREATE 语句负责数据库对象的建立，如数据表、数据库索引、预存程序、用户函数、触发程序或是用户自定型等对象，都可以使用 CREATE 语句来建立。但为了各式数据库对象的不同，CREATE 通常有很多的参数，如：CREATE TABLE（创建一个数据库表）、CREATE INDEX（创建数据表索引）、CREATE PROCEDURE（创建存储程序）、CREATE FUNCTION（创建用户函数）、CREATE VIEW（创建视图）和 CREATE TRIGGER（创建触发程序）等等，都是用来建立不同数据库对象的指令。

CREATE 语句的基本语法如下：

CREATE TABLE table _ name

（

column _ name datatype［NULL NOT NULL］

［IDENTITY（SEED，INCREMENT）］，

column _ name datatype...

）

［ON {filegroup} DEFAULT］

参数说明：table _ name：表的名称。

column _ name：表中列的名称。

Datatype：列的数据类型。

NULL NOT NULL：是否允许为空值。

IDENTITY：自动产生唯一系统值的列。

SEED：IDENTITY 的初始值。

INCREMENT：增量，可为负值。

ON {filegroup} DEFAUL：指出可将文件创建在哪一个文件组上。

例 9.19　使用 CREATE 语句创建学生信息管理系统中的 stud _ 1 表，表的详细设计如表 9-3 所示。

表 9-3　stud _ 1 表

列名称	数据类型	长度	是否可为空值
学号	字符型	12	否
姓名	字符型	10	否
性别	字符型	2	否
班级	字符型	8	否
年级	字符型	4	否
联系电话	字符型	11	否

操作步骤：

①打开"学生信息管理系统"数据库中的查询对象，双击"在设计视图中创建查询"，或选择"新建"→"设计视图"。

②关闭"显示表"对话框，参见图 9-1。

③单击工具栏上的"切换视图"按钮，将视图改为 SQL 视图，如图 9-2 所示。

④输入 CREATE 语句的 SQL 语句，如图 9-44 所示。

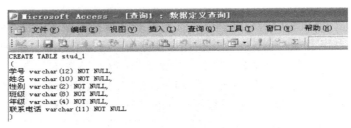

图 9-44 输入 CREATE 语句的 SQL 语句

⑤单击工具栏上的"运行"按钮 ![运行按钮]，然后关闭并保存该 CREATE 语句查询为"数据定义查询（CREATE）"对象，如图 9-45 所示。

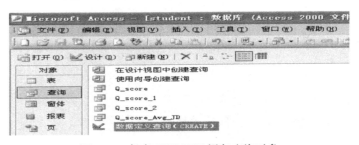

图 9-45 保存 CREATE 语句查询对象

⑥打开"学生信息管理系统"数据库中表对象"stud_1"的设计视图，即可得到所需 CREATE 语句查询结果，如图 9-46 所示。

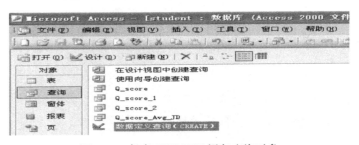

图 9-46 CREATE 语句查询结果

9.4.2 ALTER 语句

ALTER 语句可用来修改数据库对象，如修改表、视图、索引、触发器的定义等。由于 ALTER 只需要修改数据库对象的局部，因此不需要定义完整的数据库对象参数，可以根据要修改的内容来决定使用的参数。

ALTER 语句的基本语法如下：

```
ALTER TABLE table_name
ALTER COLUMN column_name datatype [NULL NOT NULL]
```

例 9.20 使用 ALTER 语句修改学生信息管理系统中的 stud_1 表的姓名列，将列定义的长度修改为 12。

操作步骤：

①打开"学生信息管理系统"数据库中的查询对象，双击"在设计视图中创建查询"，或选择"新建"→"设计视图"。

②关闭"显示表"对话框，参见图 9-1。

③单击工具栏上的"切换视图"按钮，将视图改为 SQL 视图，如图 9-2 所示。

④输入 ALTER 语句的 SQL 语句，如图 9-47 所示。

图 9-47 输入 ALTER 语句的 SQL 语句

⑤单击工具栏上的"运行"按钮 ，然后关闭并保存该 ALTER 语句查询为"数据定义查询（ALTER）"，如图 9-48 所示。

图 9-48 保存 ALTER 语句查询对象

⑥打开"学生信息管理系统"数据库中表对象"stud_1"的设计视图，即可得到所需 ALTER 语句查询结果，如图 9-49 所示。

图 9-49 ALTER 语句查询结果

9.4.3 DROP 语句

DROP 语句则是删除数据库对象的指令，并且只需要指定要删除的数据库对象名称即可，在 DDL 语法中算是最简单的。

DROP 语句的基本语法如下：

```
ALTER TABLE table_name
DROP COLUMN column_name datatype
```

例 9.21 使用 DROP 语句删除学生信息管理系统中的 stud_1 表中的年级列。

操作步骤：

①打开"学生信息管理系统"数据库中的查询对象，双击"在设计视图中创建查询"，或选择"新建"→"设计视图"。

②关闭"显示表"对话框，参见图 9-1。

③单击工具栏上的"切换视图"按钮，将视图改为 SQL 视图，如图 9-2 所示。

④输入 DROP 语句的 SQL 语句，如图 9-50 所示。

图 9-50 输入 DROP 语句的 SQL 语句

⑤单击工具栏上的"运行"按钮 ，然后关闭并保存该 DROP 语句查询为"数据定义查询（DROP）"，如图 9-51 所示。

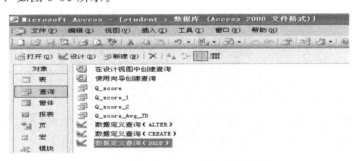

图 9-51 保存 DROP 语句查询对象

⑥打开"学生信息管理系统"数据库中表对象"stud_1"的设计视图，即可得到所需 DROP 语句查询结果，如图 9-52 所示。

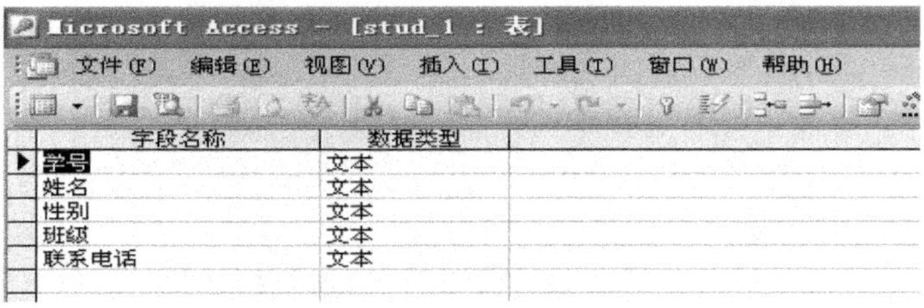

图 9-52 DROP 语句查询结果

若要在表中新增列的话，还可使用 ADD 语句进行新增列的操作。

ADD 语句的基本语法如下：

ALTER TABLE table_name

ADD COLUMN column_name datatype [NULL NOT NULL]

例 9.22　使用 ADD 语句为学生信息管理系统中的 stud_1 表新增两列：列名称为出生日期，数据类型为日期型，允许为空；列名称备注，数据类型为字符型，长度为 30，允许为空。

操作步骤：

①打开"学生信息管理系统"数据库中的查询对象，双击"在设计视图中创建查询"，或选择"新建"→"设计视图"。

②关闭"显示表"对话框，参见图 9-1。

③单击工具栏上的"切换视图"按钮，将视图改为 SQL 视图，如图 9-2 所示。

④输入 ADD 语句的 SQL 语句，如图 9-53 所示。

图 9-53　输入 ADD 语句的 SQL 语句

⑤单击工具栏上的"运行"按钮 ，然后关闭并保存该 ADD 语句查询为"数据定义查询（ADD）"，如图 9-54 所示。

图 9-54　保存 ADD 语句查询对象

⑥打开"学生信息管理系统"数据库中表对象"stud_1"的设计视图，即可得到所需 ADD 语句查询结果，如图 9-55 所示。

图 9-55　ADD 语句查询结果

　　注意：在为表中新增列时，必须允许新增列为空，否则会出现已有数据行的那些新增列的值为空与新增列不允许为空相矛盾，而导致新增列的操作失败。

　　除以上 DQL 数据查询语言、DML 数据操纵语言、DDL 数据定义语言的操作外，我们还可以使 DCL 数据控制语言来管理对数据库和数据库对象的权限，CCL 通用命令语言来在数据库中进行高效率的搜索。

小　　结

　　通过对这一章的学习后，应该掌握 SQL 语句的概念特征和功能分类；掌握 DQL 数据查询语言中 SELECT、FROM、WHERE、ORDER BY、GROUP BY 和 HAVING 等子句的具体应用；掌握 DML 数据操纵语言 INSERT、UPDATE 和 DELETE 等查询的应用方法以及 DDL 数据定义语言的基本操作方法。其中重点是 SQL 语句的概念特征和功能分类；难点是各种 SQL 语句的具体操作方法。

第 10 章　数据库的安全

本章内容概要

数据库系统中存储着大量的信息，在数据库的日常使用中，数据库中的数据还需要不断地进行维护、更新、备份、安全管理等。本章将介绍 Access 2003 数据库安全措施，包括：设置数据库密码，用户级安全设置，数据库编码/解码，数据存储安全等内容及相关知识。

10.1　数据库安全性保护

用 Access 建立一个数据库后，其默认状态是对用户开放所有数据库操作（如查询、修改和删除等）权限，这样会对数据库带来一定影响，严重的情况还可能会毁掉整个数据库。在这种情况下，就需要采取一些措施来保护数据库的安全。

数据库安全性保护指的是如何保护一个数据库避免遭受未授权访问和恶意破坏等的机制和性能。

10.2　数据库安全措施

Access 有各种不同的策略来控制数据库及其对象（不包括 Access 项目文件）的访问级别，按照安全级别由低到高可以分为：编码/解码、在数据库窗口中显示或隐藏对象、使用启动选项、使用密码、使用用户级安全机制等。

其中设置数据安全性的两种传统方法是：设置数据库密码和用户级安全机制。设置数据库密码的方法，只适用于打开数据库。使用用户级安全机制可以保护数据库对象，限制用户访问或更新数据库的某一部分，还可以将数据保存为 MDE 文件，以防止删除数据库中可编辑的 Visual Basic for Application 代码和对窗体、报表、模块的设计与修改，保护数据访问及多用户环境下的安全机制等。

10.3　设置数据库密码

最简单易用的保护方法是为打开的数据库设置密码。添加密码后，所有用户都必须先输入正确的密码后才可以打开数据库。所以在对数据库加密之前，最好先为数据库复制，进行备份，并将其存放在安全的地方。

对数据库进行加密操作，将会压缩数据库文件，并使其无法通过工具程序或字处理程序解密。数据库的解密是加密的反过程，解密后将不再限制用户对数据库的访问。

10.3.1　对已建立学生管理系统进行加密

（1）启动 Access，单击"文件"→"打开"命令，从中选定要加密的数据库，单击"打开"按钮的下拉箭头，在下拉列表中选择"以独占方式打开"，如图 10-1 所示。

（2）在打开的数据库中，单击菜单"工具"→"安全"→"设置数据库密码"命令。

（3）系统弹出图 10-2 所示的"设置数据库密码"对话框。输入要设置的密码，并在

"验证"文本框中再次输入以确认。然后单击"确定"按钮。

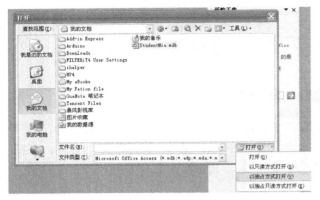

图 10-1　　"打开"对话框

图 10-2　　"设置数据库密码"对话框

10.3.2　撤销数据库的打开密码

若要撤销数据库的密码，需要"以独占方式打开"该数据库，原理与设置密码相同。单击"工具"→"安全"→"撤销数据库密码"命令。在此对话框中输入当前的数据库密码，然后单击"确定"按钮。下次启动该数据库时就可以发现，数据库密码已被撤销。

10.4　用户级安全

为数据库设置密码后，所有用户都必须先输入密码，才可以打开数据库。但是，一旦打开了数据库，则不再有其他任何安全机制。

保护数据库最灵活和最广泛的方法是采用用户级安全机制。Access 2003 使用 Microsoft Jet 数据库引擎来存储和检索数据库的对象。Jet 数据库引擎使用基于工作组的安全模型（即用户级安全性）来判断使用数据库的对象，并保护数据库所包含对象的安全。所谓用户级的安全机制，即预先定义若干用户或用户组，并定义各用户或用户组对数据库内各对象的访问权限，如是否对某些表、查询、窗体、报表等对象拥有查看、编辑、删除等权利。当某用户以自己的用户名和密码打开数据库后，该用户只能按照预先定义好的权限对某些对象进行相应的操作。

此机制是通过建立数据库中敏感数据和对象的访问级别来保护数据库的安全。Access 2003 提供了"设置安全机制向导"，可以很方便地设置用户级安全。使用用户级安全机制有两个原因：一是为了防止用户无意地更改应用程序所依赖的表、查询、窗体和宏而破坏应用程序；二是保护数据库中的敏感数据。

默认情况下，共享的 Access 2003 数据库有两个组，即管理员组和用户组。管理员组几乎拥有对数据库的一切权力（主要为"所有权"、"管理权"、"修改权"和"读取权"），用户组通常只有运行、输入等权力，也可以定义其他组。

10.4.1　设置用户与组的账户

无论何时启动 Microsoft Access，Jet 数据库引擎都要查找工作组信息文件（默认名称为 system.mdw，也可以使用扩展名 .mdw 任意命名）。工作组信息文件包含组合用户信息

（包括密码），这些信息决定了不同用户打开数据库的权限，以及不同用户对数据库中对象的使用权限。单个对象的权限存储在数据库中，这样就可以赋予一个组的用户使用特定表的权限，而赋予另一个组的用户查看报表的权限，但不能修改、编辑报表的内容。

工作组信息文件包括内置组（管理员组和用户组）以及一个通用用户账户：

（管理员），该账户具有管理数据库及包含对象的权限（无限制）。也可以使用菜单命令（"工具"菜单中的"安全"子菜单）或通过VBA 代码添加新的组和用户。新建用户账户的操作步骤：

（1）打开需要设置安全性的数据库，选择"工具"→"安全"→"用户与组账户"菜单，弹出"用户与组账户"对话框，如图 10-3 所示。

（2）在"用户"选项卡中，单击"新建"按钮，弹出"新建用户和组"对话框，输入用户名称和个人 ID，完成新建用户的操作。如果用户想要修改登陆密码，可以切换到"更改登陆密码"选项卡，完成密码修改。新建一个组和新建

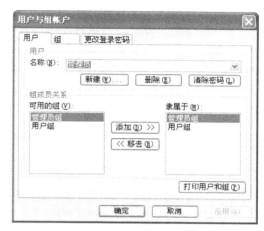

图 10-3　"用户与组账户"对话框

一个用户的操作步骤基本相同。切换到"组"选项卡，就可以对组进行新建和删除了。

10.4.2　设置用户与组的权限

对数据库中对象的权限可以是显式的（直接分配给用户账户）或隐式的（从用户所属的组继承），也可以是两者的结合。Microsoft Access 在权限问题上使用"最少限制"规则，即用户的权限包括显式和隐式权限的总和。有鉴于此，通常最好不要为用户账户分配显式权限，而应创建具有不同权限的组，然后将用户分配给具有适当权限的组，这样会减少数据库管理方面的混乱。设置用户与组的权限的操作步骤：

（1）打开数据库，选择"工具"→"安全"→"用户与组权限"菜单，弹出"用户与组权限"对话框，如图 10-4 所示。

（2）在"权限"选项卡中，设置用户与组的权限，如图 10-4 所示。

（3）切换到"更改所有者"选项卡，更改"用户列表"对象的所有者，如图 10-5 所示。

图 10-4　"权限"选项卡

图 10-5　"更改所有者"选项卡

（4）单击"确定"按钮，完成用户与组权限的设置。

10.4.3　设置和使用安全机制

　　为保证数据的安全，Access 提供了比在数据库中设置密码更强大的保护措施：使用"设置安全机制向导"来设置数据库的安全性。通常用户级的安全机制设置比较复杂，但利用 Access 提供的"设置安全机制向导"可以简化设置操作。它可帮助用户指定权限，创建用户账户和组账户。在运行该向导后，可以针对某个数据库及其中已有的表、查询、窗体、报表和宏，手动在工作组中指定、修改或删除用户账户和组账户的权限。也可以设置 Microsoft Access 分配给在数据库中新建的表、查询、窗体、报表和宏的默认权限。用户级安全机制的操作步骤：

图 10-6　设置安全机制向导的第一步-确定信息文件

　　（1）以"共享"方式打开数据库。
　　（2）单击"工具"→"安全"→"设置安全机制向导"菜单启动设置安全机制向导，如图 10-6 所示。选择"新建工作组信息文件"单选按钮，在 Access 中的工作组信息文件中保存着用户级安全机制下的工作组成员的账户、用户的密码等信息，一个工作组信息文件可以供多个数据库使用，使用同一个工作组信息文件中定义的用户和用户组来实现各自数据库的权限控制。
　　（3）单击"下一步"，打开"设置安全机制向导"的第二个对话框，设置工作组信息文件的位置及文件名、工作组 ID，这里采用默认设置即可。
　　（4）单击"下一步"，打开"设置安全机制向导"的第三个对话框，设置需要安全机制保护的数据库对象，如图 10-7 所示。

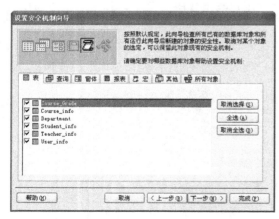

图 10-7　设置安全机制向导的第三步-确定要保护的数据库对象

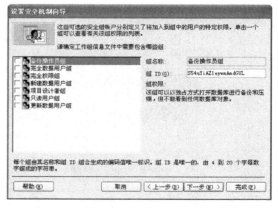

图 10-8　设置安全机制向导的第四步-确定信息文件中的组

　　（5）单击"下一步"，打开"设置安全机制向导"的第四个对话框，设置工作组信息文件中包含哪些组，如图 10-8 所示。

　　工作组是多用户环境下的一组用户，用户级安全机制将用户组分为备份操作员组、完全数据库用户组、完全权限组、新建数据用户组、项目设计者组、只读用户组及更新数据用户组，当用户选中某一用户组后，在对话框的右侧会显示该用户组的具体权限说明。

　　需要注意的是，工作组分为管理员组和用户组。管理员组拥有所有的权限，用户组则根据需要针对不同的用户授予适当的权限。在对话框中提到的用户组包括了所有用户，如果授予用户组某些权限，则所有用户都会具有这些权限，不能针对某个用户。这里不再为用户组分配权限，而是使用如下方法，建立用户并使其加入特定的用户组而获得特定的权限。

　　（6）单击"下一步"，打开"设置安全机制向导"的第五个对话框，确定是否授予用户组某些权限，如图 10-9 所示。

　　（7）单击"下一步"，打开"设置安全机制向导"的第六个对话框，添加用户信息，指定用户名和密码，在本例中添加一个用户名为 User1，密码为 123 的用户，点击 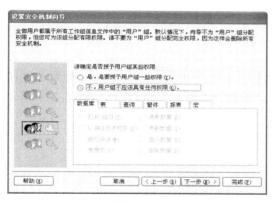 将该用户添加到列表(A) 按钮，将该用户添加到用户列表中，如图 10-10 所示。

图 10-9　"设置安全机制向导"的第五个对话框-用户组授权

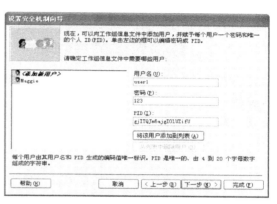

图 10-10　"设置安全机制向导"的第六个对话框-添加用户

　　（8）单击"下一步"，打开"设置安全机制向导"的第七个对话框，向工作组添加用户，如图 10-11 所示。

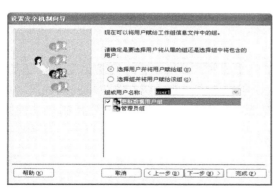

图 10-11　"设置安全机制向导"的第七个对话框-将用户添加到组

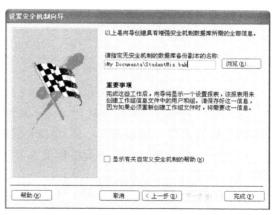

图 10-12　设置安全机制向导"的第八个对话框-结束向导

　　(9) 单击"下一步"，打开"设置安全机制向导"的第八个对话框，指定无安全机制的数据库备份文件的名称，如图 10-12 所示，为安全起见，将原来没有设置安全机制的数据库进行备份。

　　(10) 最后，单击"完成"按钮，结束用户级安全机制的设置操作，屏幕上将会显示"设置安全机制向导报表"，通过向导设置的数据库密码和用户信息都保存在该报表中，可打印或导出报表，并保存在比较安全的地方。

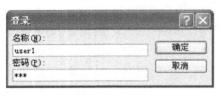

图 10-13　　"登陆"对话框

　　(11) 关闭数据库，返回到 Windows 桌面，在桌面将显示该数据库的快捷方式 .mdb，双击鼠标，弹出"登陆"对话框，输入登陆的信息，如图 10-13 所示，进入数据库后则按设置的用户组权限完成相应的操作。需要注意的是在完成用户级安全机制设置后，不能直接打开原数据库，只能通过快捷方式打开，否则系统提示出错信息。

10.5　数据库编码/解码

　　为了防止数据库文件被 Access 以外的其他软件，如文字处理等软件打开，使数据库结构暴露，可以对数据库文件进行编码处理。编码后的数据库在 Access 中使用时，并不能增强安全性。

10.5.1　编码

　　(1) 打开要进行编码的数据库，确保有"独占"打开的权限，即操作者是数据库的所有者或"管理组"成员。

　　(2) 选择"工具"→"安全"→"编码"→"解码数据库"选项，出现"数据库编码后另存为"对话框，选择要保存的文件夹，定义文件名，单击"保存"，完成对数据库的编码。

10.5.2　解码

　　解码是编码的逆过程。打开已编码的数据库，单击"工具"→"安全"→"编码/解码数据库"选项即可完成解码。

10.6　生成 MDE 文件

　　通过将数据库文件转换为 MDE 文件，可以完全保护 Access 中的代码免受非法访问。将 .mdb 文件转换为 MDE 文件时，Access 将编译所有模块，删除所有可编辑的源代码，然后压缩目标数据库。原始的 .mdb 文件不会受到影响。新数据库中的 VBA 代码仍然能运行，但不能查看或编辑。数据库将继续正常工作，仍然可以升级数据和运行报表。具体操作步骤为：

　　在"工具"→"数据库实用工具"→"生成 MDE 文件"并选择被转换的数据库和转换后数据库的存放位置和文件名即可生成 MDE 文件。生成 MDE 文件主要是保护 VBA 代码中的敏感代码。

10.7　设置"启动"选项

可使用启动选项指定一些设置，如启动
窗体（数据库打开时自动打开的窗体）、数据库应用程序标题和图标。还可隐藏"数据库"
窗口和某些菜单，从而屏蔽某些数据库的操作。在新数据库中，只有用户更改了"启动"对
话框中的默认设置后，才存在启动属性。如图 10-14 所示。

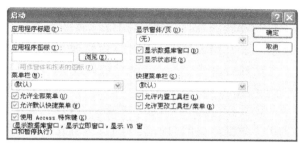

图 10-14　设置"启动"对话框

10.8　数据存储安全

数据库的错误操作或一些意外灾难，都可以使数据库中的宝贵数据损坏或丢失，带来无
法弥补的损失。为了避免这些情况，应该加强对数据库存储的安全管理。

在 Access 2003 中数据存储安全管理措施有"备份/恢复数据库"和"压缩和修复数据
库"等等。

一般情况下，备份数据库应保存在其他位置；文件名默认为"原数据库名 _ 当前日期
.mdb"。数据库重新自动打开，备份结束。

在备份数据库时应该注意，如果数据库应用了用户级安全机制，"工作组信息文件"也
应同时备份；如果有数据访问页文档，则需要单独备份，因为这类文档是单独存放的。

为确保实现最佳性能，应该定期压缩和修复 Microsoft Access 文件。压缩数据库文件可
以重新组织文件在磁盘上的存储方式，减少文件的存储空间，提高了读取效率，优化了数据
库的性能。

在对数据库文件压缩之前，Access 会对文件进行错误检查，一旦检测到数据库损坏，
Access 会给用户发送一条消息，要求修复数据库。修复数据库文件可以修复数据库中的表、
窗体、报表或模块的损坏以及打开特定报表、窗体或模块所需的信息。

小　　结

本章从数据访问安全角度介绍了"数据库密码管理"、"用户及安全机制"、"数据库编
码/解码"、"生成 MDE 文件"和"设置启动选项"等安全机制；从数据存储安全角度介绍
了"备份/恢复数据库"、"压缩和修复数据库"等安全机制的具体实现方法。在实际应用中，
往往需要多种安全机制同时使用才能提高数据的安全性，得到一个更加安全的数据库。

第 11 章　Visual Basic 数据库编程

本章内容概要

Visual Basic 是一种可视化的、面向对象和采用事件驱动方式的高级程序设计语言。它具有较强的数据库管理功能，能利用数据控件和数据库管理窗口，实现编辑和访问多种数据库系统。在本章内容中，主要对 Data 控件、ADO 控件、API、图形图像与多媒体编程、文件系统控件及应用程序打包等原理与方法进行分析，并结合相关实例深入浅出介绍在应用程序中，可以直接访问相应的数据库，如 Microsoft Access、FoxPro 和 Paradox 等，并提供面向对象的库操作指令、多用户数据库访问的加锁机制及网络数据库等编程技术。

11.1　使用 Data 控件访问数据库

11.1.1　数据控件认识

数据控件（Data）是 VB 访问数据库最常用的工具之一，它是一种方便地访问数据库中数据的方法，使用数据控件（Data）无须编写代码就可以对 VB 所支持的各种类型的数据库执行大部分数据访问操作。

数据控件（Data）属于 VB 的内部控件（图 11-1），可以直接在标准工具箱中找到它。并且在应用中不编写任何代码就可以对数据库进行访问，从而大大简化了数据库的编程。此外也可以把 Data 控件和 VisualBasic 代码及 SQL 语言结合起来创建完整的应用程序，为数据处理提供高级的编程控制。

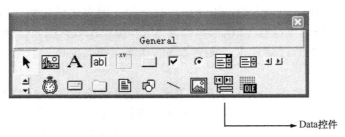

图 11-1　VB 的 Data 控件

在数据库处理中，在同一工程甚至同一窗体中可以添加多个 Data 控件，让每个控件连接到不同数据库或同一数据库的不同表，以实现多表访问，但是每个 Data 控件只能访问一个数据库。这要求在设计阶段要为 Data 控件指定它所要访问的数据库，而且在运行其间不可以更改。

使用 Data 控件可以访问多种数据库，包括 Microsoft Access、Microsoft FoxPro 等。也可以使用 Data 控件访问 Microsoft Excel 及标准的 ASCII 文本文件。此外，Data 控件还可以访问和操作远程的开放式数据库连接（ODBC）数据库，如 Microsoft SQL Server 及 Oracle

等。从访问实现而言，Data 控件通过使用 Microsoft 的 Jet 数据库引擎来实现数据访问，这与 Microsoft Access 所用的数据库引擎相同。

11.1.2　Data 控件的主要属性

当在某项工程上加载 Data 控件时，产生（图 11-2）Data 控件，根据应用管理与控制，其主要属性分析如下。

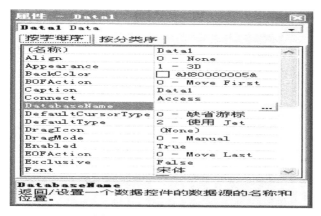

图 11-2　Data 控件的属性

1）Connect 属性

Connect 属性用来指定该数据控件所要链接的数据库格式，默认值为 Access，其他还包括 dBASE、FoxPro、Excel 等，其可识别的数据库包括：MDB 文件、DBF 文件、DB 文件、DF 文件和 ODBC 数据库。

2）DatabaseName 属性

DatabaseName 属性是用于确定数据控件使用的数据库的完整路径。如果链接的 Access 数据库，就可单击按钮定位 . mdb 文件。例如，选择 "C：\ xqwygl. mdb" 数据库文件（小区物业管理）。

3）RecordSource 属性

RecordSource 属性用于指定数据控件所链接的记录来源，可以是数据表名，也可以是查询名。在属性窗口中单击下拉箭头在列表中选出数据库中的记录来源。

4）RecordSetType 属性

RecordSetType 属性用于指定数据控件存放记录的类型，包含表类型记录集、动态集类型记录集和快照类型记录集，默认为动态集类型。主要包括如下记录集：

表类型记录集（Table）：包含实际表中所有记录，这种类型可对记录进行添加、删除、修改、查询等操作，直接更新数据。其 VB 常量为 VbRSTypeTable，值为 0。

动态集类型记录集（Dynaset）：可以包含来自于一个或多个表中记录的集合，即能从多个表中组合数据，也可只包含所选择的字段。这种类型可以加快运行的速度，但不能自动更新数据。其 VB 常量为 VbRSType Dynaset，值为 1。

快照类型记录集（Snapshot）：与动态集类型记录集相似，但这种类型的记录集只能读不能更改数据。其 VB 常量为 VbRSType Snapshot，值为 2。

5）BOFAction 和 EOFAction 属性

在程序运行时，用户可以通过单击数据控件的指针按钮来前后移动记录。BOFAction
属性是指示当用户移动到表开始时的动作，EOFAction 指示在用户移动到结尾时的动作。

BOFAction 属性值为 0（MoveFirst）是将第一条记录作为当前记录；为 1（BOF），则
将当前定位在第一条记录之前（即记录的开头），同时，记录集的 BOF 值为 True，并触发
数据控件的 Validate 事件。

EOFAction 属性值为 0（Move Last）是将最后一条记录作为当前记录；为 1（EOF）
将当前定位在第一条记录之前（即记录的末尾），同时，记录集的 EOF 值为 True，并触发
数据控件的 Validate 事件；为 2（AddNew）时，若 RecordSetType 设置为 Table Dynaset，
则移动到记录末尾并自动添加一条新记录，此时可对新记录进行编辑，当再次移动记录指针
时新记录被写入数据库，否则显示不支持"AddNew"操作的提示。

要使关联控件能被数据库约束，即让关联控件显示表内容，必须对控件的两个属性进行设置：

6）DataSource 属性

通过指定一个有效的数据控件连接一个数据库。

7）DataField 属性

设置数据库有效的字段。

11.1.3 Data 控件的主要事件

在设计控制中，Data 控件的主要事件如下：

1）Reposition 事件

Reposition 事件是当某一个新记录成为当前记录之后触发。利用该事件对当前记录的数
据内容进行计算。

触发该事件有以下几种原因：

（1）单击数据控件的某个按钮，进行了记录的移动。

（2）使用 Move 方法群组。

（3）使用 Find 方法群组。

（4）其他可改变当前记录的属性或方法。

2）Validate 事件

Validate 事件与 Reposition 事件不同，是当某一记录成为当前记录之前，或是在
Update、Delete、Unload 或 Close 操作之前触发。事件的定义如下：

Private Sub Data1 _ Validate（Action As Integer ，Save As Integer）

其中，

Action：用来指示引发这种事件的操作，其设置值如表 11-1 所示。

Save：用来指定被连接的数据是否已修改。

表 11-1　Validate 事件的 Action 参数

常数	值	描述
vbDataActionCancel	0	当 Sub 退出时取消操作
vbDataActionMoveFirst	1	MoveFirst 方法
vbDataActionMovePrevious	2	MovePrevious 方法

续表

常数	值	描述
vbDataActionMoveNext	3	MoveNext 方法
vbDataActionMoveLast	4	MoveLast 方法
vbDataActionAddNew	5	AddNew 方法
vbDataActionUpdate	6	Update 操作（不是 UpdateRecord）
vbDataActionDelete	7	Delete 方法
vbDataActionFind	8	Find 方法
vbDataActionBookmark	9	Bookmark 属性已被设置
vbDataActionClose	10	Close 的方法
vbDataActionUnload	11	窗体正在卸载

11.1.4　Data 控件的主要方法

1）Refresh 方法

如果 DatabaseName、ReadOnly、Exclusive 或 Connect 属性的设置值发生改变，可以使用 Refresh 方法打开或重新打开数据库，以更新数据控件的集合内容。

2）UpdateRecord 方法

当约束控件的内容改变时，如果不移动记录指针，则数据库中的值不会改变，可通过调用 UpdateRecord 方法来确认对记录的修改，将约束控件中的数据强制写入数据库中。

3）UpdateControls 方法

UpdateControls 方法可以从数据控件的记录集中再取回原先的记录内容，即恢复原先值。当在与数据控件绑定的控件中修改了记录内容，可以用 UpdateControls 方法使这些控件显示恢复原来的值。

4）Close 方法

Close 方法主要用于关闭数据库或记录集，并将该对象设置为空。一般来说，在关闭之前要使用 Update 方法更新数据库或记录集中的数据，以保证数据的正确性。

例 11.1　利用 Data 控件及文本框显示 Student 表中的记录信息。

首先，在窗体上放置一名为 Data1 的 Data 控件，并设置 DatabaseName 为指定的 Access 数据库和 RecordSource 属性设置为"Student"，接着放置几个用于显示字段值的文本框，把它们的 DataSource 属性设置为"Data1"，DataField 属性设置为有关的字段。程序运行结果如图 11-3 所示。

图 11-3　程序运行结果

11.2　使用 ADO 控件访问数据库

11.2.1　ADO 控件认识

在 VB 中要开发数据库程序，可以使用"数据库访问对象"。随着 Visual Basic 的发展，在 VB6.0 中共有 3 种可以使用的数据库访问对象：

(1) ADO（ActiveX Data Object）ActiveX 数据对象

(2) RDO（Remote Data Objects）远程数据对象

(3) DAO（Data Access Objects）数据访问对象

其中，ADO（ActiveX Data Objects）数据访问接口是 Microsoft 处理数据库信息的最新技术。它是一种 ActiveX 对象，采用了被称为 OLE DB 的数据访问模式，是数据访问对象 DAO、远程数据对象 RDO 和开放数据库互连 ODBC 三种方式的扩展。ADO 对象模型（图 11-4）定义了一个可编程的分层对象集合，主要由三个对象成员 Connection（连接）、Command（命令）和 RecordSet（记录集）对象，以及几个集合对象 Errors（错误）、Parameters（参数）和 Fields（字段）等所组成。

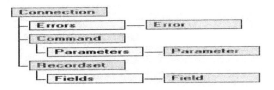

图 11-4　ADO 对象模型

11.2.2　ADO 控件的添加方法

Visual Basic 中可用的数据访问接口的每一种都分别代表了数据访问技术的不同发展阶段。最新的是 ADO，它是比 RDO 和 DAO 更加简单，然而更加灵活的对象模型。目前，通常使用 ADO 作为数据访问接口（图 11-5）。

图 11-5　ADO 数据存取控件　　　　　　图 11-6　添加新部件

ActiveX 数据对象拥有与其对应的可视化控件 ADO Data 控件（ADODC）。可视化的 ADODC 具有"向前"和"向后"等按钮，因此易于使用。ADO 数据控件并非 VB 的标准控件，使用之前先要将 ADODC 加入工具箱。

右键单击工具箱空白处，选择"部件（O）…"命令如图 11-6 所示。系统弹出"部件"窗口（图 11-6），从"控件"选项卡中找到"Microsoft ADO Data Control 6.0（OLEDB）"，（图 11-7）选中并单击"确定"按钮。于是，工具箱（图 11-8）中将出现 ADO 控件图标 。

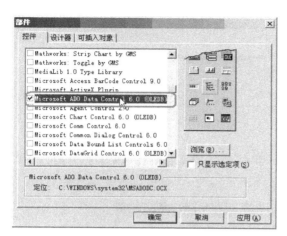

　　　　　图 11-7　添加 ADO 控件　　　　　　　　　　　图 11-8　ADO 控件

11.2.3　ADO 数据控件的使用方法

从上面操作可见，在使用 ADO 据控件前，必须先通过"工程/部件"菜单命令选择"Microsoft ADO Data control6.0（0LE DB）"选项，将 ADO 数据控件添加到工具箱。它与 Visual Basic 的内部数据控件的操作方式很相似，它允许使用 ADO 数据控件的基本属性快速地创建与数据库的连接。

1. ADO 数据控件的基本属性

1）ConnectionString 属性（表 11-2）

ADO 控件没有 DatabaseName 属性，它使用 ConnectionString 属性与数据库建立连接。该属性包含了用于与数据源建立连接的相关信息其属性带有 4 个参数，如表 11-2 所示。

表 11-2　ConnectionString 属性参数

参数	描述
Provide	指定连接提供者的名称
FileName	指定数据源所对应的文件名
RemoteProvide	在远程数据服务器打开一个客户端时所用的数据源名称
Remote Server	在远程数据服务器打开一个主机端时所用的数据源名称

2）RecordSource 属性

RecordSource 确定具体可访问的数据，这些数据构成记录集对象 RecordSet。该属性值可以是数据库中的单个表名，一个存储查询，也可以是使用 SQL 查询语言的一个查询字符串。

3）ConnectionTimeout 属性

用于数据连接的超时设置，若在指定时间内连接不成功显示超时信息。

4）MaxRecords 属性

例 11.2　定义从一个查询中最多能返回的记录数。

在设计中，ADO 数据控件的主要方法和事件与 Data 控件的方法和事件一样，ADO 数据控件连接数据库的一般过程。

（1）先在窗体上放置一个 ADO 数据控件（图 11-9）。

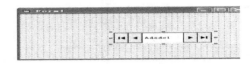

图 11-9　ADO 数据控件调用

（2）在 ADO 属性窗口（图 11-10）中单击 ConnectionString 属性右边的"…"按钮，从对话框中选择连接数据源的方式，通过如下步骤实现 ADO 数据控件连接数据库：

图 11-10　ADO 属性窗口

①可以使用连接字符串：单击"Build（生成）"按钮，通过选项设置系统自动产生连接字符串；

②然后使用 Data Link 文件实现通过一个连接文件来完成，应用使用 ODBC 数据资源（图 11-11）；

图 11-11　ODBC 数据资源

③在下拉列表中选择某个创建好的数据源名称作为数据来源（DSN）对远程数据库进行控制（图 11-12）。

图 11-12　选择某个创建好的数据源名称

（3）在 ADO 属性窗口中单击 RecordSource 属性右边的"…"按钮，在"命令类型"中选择"2-adCmdTable"，在"表或存储过程名称"中选择所需要的表（图 11-13）。

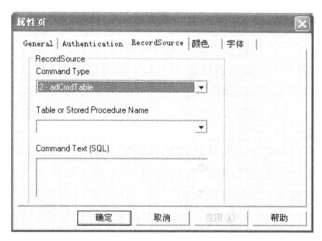

图 11-13　选择"2-adCmdTable"以及所需要的表

以上（2）、（3）可以合并成一步：在 ADO 控件上单击右键，从快捷菜单中选择 ADODC 属性，直接在属性页对话框中进行所有设置。

2. ADO 新增绑定控件

随着 ADO 对象模型的引入，VB 除了保留以往的一些绑定控件外，还提供了一些新的成员（表 11-3）来连接不同数据类型的数据。引用这些新成员，可在 VB 的"工程"菜单"部件"命令中添加。

表 11-3　新增 ADO 绑定控件

控件名称	部件名称	常用属性
DataGrid	Microsoft DataGrid Control 6.0（OLE DB）	DataSource
DataCombo	Microsoft DataList Controls 6.0（OLE DB）	DataField、DataSource、ListField、RowSource、BoundColumn
DataList		
MSChart	Microsoft Chart Control 6.0（OLE DB）	DataSource

11.2.4　ADO 的对象引用方法

要想在程序中使用 ADO 对象，必须先为当前工程引用 ADO 的对象库。引用方式是执行工程菜单的引用命令，启动引用对话框，在清单中选取"Microsoft ActiveX Data Object 6.0 Library"选项。

1. ADO 的主要对象

1）Connection 对象

通过"连接 Connection 对象"可以使应用程序与要访问的数据源之间建立起通道，连接是交换数据所必需的环境。对象模型使用 Connection 对象使连接要领具体化，用于通过 OLE DB 建立对数据源的链接，一个 Connection 对象负责数据库管理系统的一条链接。

2）Command 对象

Command 对象通过已建立的连接发出访问数据源"命令"，以某种方式来操作数据源数据。一般情况下，"命令"可以在数据源中添加、删除或更新数据，或者在表中以行的格式检索数据。对象模型用 Command 对象来体现命令概念。使用 Command 对象可使 ADO 优化命令的执行。

3）RecordSet 对象

如果命令是在表中按信息行返回数据的查询结果（按行返回查询），则这些行将会存储在本地 RecordSet 对象中。通过记录集 RecordSet 可实现对数据库的修改操作。RecordSet 对象用于从数据源获取数据。在获取数据集之后，RecordSet 对象能用于导航、编辑、增加及删除其记录。RecordSet 对象的指针经常指向数据集当前的单条记录。

2. ADO 辅助对象

1）Errors 对象

Errors 对象集包含零个或多个 Error 对象。Error 对象包含发生在现有 Connection 对象上的最新错误信息。ADO 对象的任何操作都可能产生一个或多错误，且错误随时可在应用程序中发生，通常是由于无法建立连接、执行命令或对某些状态的对象进行操作。对象模型以 Error 对象体现错误。当错误发生时，一个或多个的 Error 对象被放入 Connection 对象的 Errors 对象集。

2）Parameters 对象

通常，命令需要的变量部分（即"参数"）可以在命令发布之前进行更改。例如，可重复发出相同的数据检索命令，但每一次均可更改指定的检索信息。参数对于函数活动相同的可执行命令非常有用，这样就可知道命令是做什么的，但不必知道它如何工作，可以用

Parameter 对象来体现参数概念。Parameters 对象集包含零个或多个 Parameter 对象。Parameter 对象表示与参数化查询或存储过程的参数和返回值相关的参数。某些 OLE DB 提供者不支持参数化查询和存储过程，就不会产生 Parameter 对象。

3）字段对象（Field）

一个记录行包含一个或多个"字段"，每一字段（列）都分别有名称、数据类型和值，其对象模型以 Field 对象体现字段。利用 ADO 可以方便地访问数据库，其一般步骤如下：

（1）建立连接：连接到数据源；

（2）创建命令：指定访问数据源的命令，同时可带变量参数或优化执行；

（3）执行命令（一般为 SQL 语句）；

（4）操作数据：如果这个命令使数据按表中行的形式返回记录集合，则将这些行存储在易于检查、操作或更改的缓存中；

（5）更新数据：适当情况下，可使用缓存行的内容来更新数据源的数据，结束操作：断开连接。

例 11.3　用 ADO 控件连接 Access 数据库（图 11-14）：使用 Access 建立名称为"xqwygl. mdb"小区物业收费管理的数据库，使用 ADO 对象控件设计相关的缴费记录单（图 11-15）。

图 11-14　小区物业收费管理数据库与相关数据表　　　图 11-15　缴费记录单设计界面

实现的程序代码：

（1）标准模块代码。

```
Private Sub Refresh_sfjl()
  Dim TmpSource As String
  Dim TmpSch As String
  If Check1.Value = 1 Then
    TmpSch = ""
  Else
    If Len(Trim(dco_jfnd.Text)) > 0 Then
      TmpSch = " where jfnd= '" + Trim(dco_jfnd.Text) + "'"
      If Len(Trim(DCo_yzxm.Text)) > 0 Then
      TmpSch = TmpSch + " And yzxm= '" + Trim(DCo_yzxm.Text) + "'"
        If Len(Trim(DCo_wybh.Text)) > 0 Then
          TmpSch = TmpSch + " and wybh= '" + Trim(DCo_wybh.Text) + "'"
        End If
      End If
```

```
        End If
    End If
    TmpSource =  "SELECT wybh As 物业编号, yzxm As 业主姓名,sfxm As 收费项目," _
        + "sfdw As 收费单位,jzmj AS 建筑面积,sfdj As 单价,jfnd As 缴费年度," _
        + " dmtcf As 地面停车费,scqxf As 水池清洗费,zj As 物管费总计," _
        + "sfrq as 收费日期,sfy as 收费员,dy as 已打印否 " _
        + " FROM sfjl " + TmpSch _
        + " ORDER BY jfnd,wybh,yzxm "
    Adodc1.ConnectionString = Conn
    Adodc1.RecordSource = TmpSource
    Adodc1.Refresh
    Set DataGrid1.DataSource = Adodc1
    DataGrid1.Columns(0).Width = 1000
    DataGrid1.Columns(1).Width = 1000
    DataGrid1.Columns(2).Width = 1700
    DataGrid1.Columns(3).Width = 1400
    DataGrid1.Columns(4).Width = 1000
    DataGrid1.Columns(5).Width = 700
    DataGrid1.Columns(6).Width = 1000
    DataGrid1.Columns(7).Width = 1200
    DataGrid1.Columns(8).Width = 1200
    DataGrid1.Columns(9).Width = 1200
    DataGrid1.Columns(10).Width = 1600
    DataGrid1.Columns(11).Width = 800
    DataGrid1.Columns(12).Width = 1000
    SqlStmt = "SELECT sum(zj)  FROM sfjl " + TmpSch
    Dim rstemp As New ADODB.Recordset
    Set rstemp = QueryExt(SqlStmt)
    Txt_hj.Text = Format(Trim(rstemp.Fields(0)), "0.00")
    rstemp.Close
End Sub
```

（2）窗体 Form _ Load（）事件代码。

```
Private Sub Form_Load()
    '装入 sfjl 表的缴费年度、业主姓名和物业编号信息
    Ado_jfnd.ConnectionString = Conn
    Ado_jfnd.RecordSource = "Select Distinct jfnd From sfjl Order By jfnd"
    Ado_jfnd.Refresh
    Set dco_jfnd.RowSource = Ado_jfnd
    dco_jfnd.ListField = "jfnd"
    dco_jfnd.BoundColumn = "jfnd"
    Ado_yzxm.ConnectionString = Conn
    Ado_yzxm.RecordSource = "Select Distinct yzxm From sfjl Order By yzxm"
    Ado_yzxm.Refresh
    Set DCo_yzxm.RowSource = Ado_yzxm
```

```
    DCo_yzxm.ListField = "yzxm"
    DCo_yzxm.BoundColumn = "yzxm"
    Ado_wybh.ConnectionString = Conn
    Ado_wybh.RecordSource = "Select Distinct wybh From sfjl Order By wybh"
    Ado_wybh.Refresh
    Set DCo_wybh.RowSource = Ado_wybh
    DCo_wybh.ListField = "wybh"
    DCo_wybh.BoundColumn = "wybh"
'设置为全部信息,下拉框不可用
    dco_jfnd.Enabled = False
    DCo_yzxm.Enabled = False
    DCo_wybh.Enabled = False
    Check1.Value = 1
    Refresh_sfjl
End Sub
```

（3）"选择缴费年度"事件代码。

```
Private Sub dco_jfnd_Click(Area As Integer)
    Refresh_sfjl
End Sub
```

以下不再一一说明,可在验证中实现。

以上 ADO 访问数据库技术虽然灵活、方便,但不能以可视化方式实现,为此在实际管理中,常用上面所介绍的 ADO 的数据控件来实现以 ADO 方式访问数据库。

11.3　API 编程

11.3.1　API 的认识

API 实质就是一系列的底层函数,是系统提供给用户用于进入操作系统核心,进行高级编程的途径。通过在 Visual Basic 应用程序中声明外部过程就能够访问 Windows API（以及其他的外部 DLLs）。在声明了过程之后,调用它的方法与调用 Visual Basic 自己的过程相同。

VB 专业版在 VB 目录的 \ Winapi 子目录下,用几个文件提供了关于 API 的信息。在 Win32api.txt 文件中包含了 32 位 Windows API 函数中用到的函数和类型的结构声明以及全局常量的值。用户可以用 VB 本身带的外接程序"API 浏览器"来方便地使用 Win32api.txt 。

11.3.2　API 函数的加载

在应用 API 函数前,先要对 API 函数进行加载,其加载过程包括如下步骤:

（1）打开 VB,在 VB 顶部的菜单上点击:"外接程序"｜"外接程序管理器…",打开"外接程序管理器"对话框（图 11-16）;

图 11-16　打开外接程序管理器

（2）在"可用外接程序"里选中"VB 6 API Viewer "（图 11-17）；

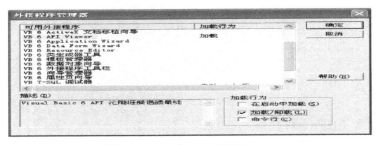

图 11-17　加载 vb 6 API Viewer

（3）再在"加载行为"中把"在启动中加载"和"加载/卸载"两个选项前打上钩。点击"确定"关闭对话框；

（4）再次打开"外接程序"里边就出现了"API 浏览器"（图 11-18）；

图 11-18　打开 API 浏览器

（5）打开"API 浏览器"后，单击菜单上的"文件"，选择"加载文本文件…"，打开"选择一个 API 文本文件"对话框（图 11-19）；

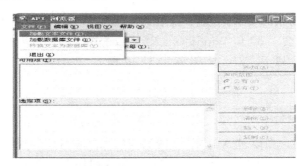

图 11-19　加载文本文件

（6）选择"WIN32API. TXT"，点击"打开"（图 11-20）。

图 11-20　打开 WIN32API. TXT

这样，就可以查看 API 函数的声明、常数定义和数据类型了。

11.3.3　API 的应用实例

例 11.4　使一个窗体始终保持在屏幕的最上面。

可以通过调用 Windows 的 API 函数：SetWindowPos 达到我们的要求。操作步骤如下：

（1）启动 VB6 建立一个新工程，在该工程中添加一个模块（Moudel），在该模块中用上述的"API 浏览器"添加如下的该 API 函数的函数声明和常量声明部分：

```
'API 函数声明
Declare Function SetWindowPos Lib "user32" Alias "SetWindowPos" (ByVal hwnd As Long,
ByVal hWndInsertAfter As Long, ByVal x As Long, ByVal y As Long, ByVal cx As Long, ByVal cy
As Long, ByVal wFlags As Long) As Long
'常量声明
Global Const SWP_HIDEWINDOW = &H80
Global Const SWP_NOACTIVATE = &H10
Global Const SWP_NOCOPYBITS = &H100
Global Const SWP_NOMOVE = &H2
Global Const SWP_NOOWNERZORDER = &H200
Global Const SWP_NOREDRAW = &H8
Global Const SWP_NOREPOSITION = SWP_NOOWNERZORDER
Global Const SWP_NOSIZE = &H1
Global Const SWP_NOZORDER = &H4
Global Const SWP_SHOWWINDOW = &H40
Global Const HWND_BOTTOM = 1
Global Const HWND_BROADCAST = &HFFFF&
Global Const HWND_DESKTOP = 0
Global Const HWND_NOTOPMOST = - 2
Global Const HWND_TOPMOST = - 1
Global Const HWND_TOP = 0
Global Const Flags= SWP_NOMOVE Or SWP_NOSIZE
```

这里以"SWP _"开头的常量是表示窗体所具有的风格，这些常量可以通过 VB 中的 "OR"操作符组合在一起。而以"HWND _"开头的常量表示窗体在桌面上的位置。

（2）函数调用的方法。

Dim Success as Long

SuccesS＝SetwindowPos（me. HWnd. HWND＿TOPMOST，0，0，0，0，FLAGS）

若 Success 返回的值不等于零则表示调用成功。

比如在某个窗体的 Load 事件中加入上述的两行代码，就可以达到使该窗体始终位于屏幕最上面的目的。

11.4　图形图像与多媒体编程

11.4.1　VB 多媒体程序设计的认识

Visual Basic 是功能非常强大的多媒体开发工具，能够很灵活的操作图形、声音、动画、影像等多媒体素材。用 VB 开发多媒体的方法有很多，主要有以下四种：自行编写程序代码实现，使用对象连接嵌入 OLE2.0，调用 API 有关多媒体的函数，使用第三方 VB 控件开发商制作的多媒体控件 VBX。

11.4.2　VB 图形图像处理方法

在用 VB 编程时，有时需要将窗体或图片框上的绘图结果形成一个定制的图形文件保存起来，以便以后浏览或修改。这一功能可用 VB 本身的 SavePicture 语句来完成。SavePicture 语句将窗体、图像控件或图片框中的图形图像保存到磁盘上的一个文件中，这些图像可以是使用画图方法（Line，Circle，Pset）设计出来的，也可以存储那些通过设置窗体或图片框的图片属性或者通过 PaintPicture 方法或 LoadPicture 函数载入的图像。这些载入的图像可以是 BMP、ICO 或 WMF 图形文件。

SavePicture 语句的语法格式如下：

SavePicture picture，stringexpression

参数 picture 为窗体或图片框的 picture 或 image 属性；参数 strngexpression 为保存的文件名。

例 11.5　定制图像文件。

（1）创建一个新的项目文件，在 Forml 中加入一个图像控件 Picturel，将 Picturel 的 AutoRedraw 属性设置为 True。

（2）在 Form＿Load（）事件中，加入如下代码：

```
Private Sub Form_Load()
  Dim CX As Integer
  Dim CY As Integer
  Dim Limit As Integer
  Dim Radius As Integer
  CX＝1000
  CY＝1000
  For Radius＝0 To Limit
      Picturel.Circle(CX,CY),Radius,RGB(Rnd* 255,Rnd* 255,Rnd* 255)
  Next Radius
  SavePicture Picturel. Image,"c:\custom. bmp"
End Sub
```

执行此程序就会把图片框 Picturel 上的图像保存在 C 盘根目录下 custom. bmp 图像文件

中。最后需要指出的是：在使用 SavePicture 语句之前，必须先将窗体或图片框的 AutoRedraw 属性设为 True，否则保留的将是一张空图。使用 Image 属性保存的用画图命令（如 Line，Cirele，Pset 或 Print）画出来的图形总是以 BMP 文件格式保存。但在程序设计时如果使用窗体或图片框的 Picture 属性载入或在程序运行时通过 LoadPicture 函数载入的图像，使用 SavePicture 语句存储时，存储的文件格式同其载入前的文件格式一样（如 ICO 格式等）。

11.4.3　VB 动画设计

VB 的动画的制作原理很简单，由两个基本部分组成：一是物体相对于屏幕的运动，即屏幕级动画；二是物体内部的运动，即相对符号的动画。制作动画的基本制作思路是：首先绘制几幅相近但又有细微变化的图片，然后每隔一段很短的时间就依次显示其中一幅，由于人眼视觉暂留，就能看到连贯的动画效果。

VB 动画设计所能接收的单幅图片文件的格式有四种，即 *.Bmp、*.Ico、*.Wmf 和 *.Dib。其中 *.Bmp 文件的来源最广，不但可以使用 Windows 环境下的各种绘图软件来绘制，也可以使用 Windows 所提供的现成的位图文件，或者用彩色扫描仪扫入等等。其主要控制方法包括：

1. 控件的移动

采用控件的移动技术可实现屏幕级动画，而控件移动方式又可分两种：一是在程序运行过程中，随时更改控件的位置坐标 Left、Top 属性，使控件出现动态；二是对控件调用 MOVE 方法，产生移动的效果。这里的控件可以是命令按钮、文本框、图形框、图像框、标签等。

2. 利用动画按钮控件

VB 的工具箱中专门提供了一个动画按钮控件（Animated Button Control）进行动画设计，该工具在 Windows \ system 子目录下以 Anibuton.vbx 文件存放，用时可加入项目文件中，它将多幅图像装入内存，并赋予序号，通过定时或鼠标操作进行图像的切换，通过这种方法可实现相对符号的动画。控件的有关属性介绍如下：

（1）Picture 和 Frame 属性：Picture 属性可装入多幅图像，由 Frame 属性作为控件中多幅图像数组的索引，通过选择 Frame 值来指定访问或装入哪一幅图像，这里 Picture 属性可装入 .bmp、.ico 和 .wmf 文件。

（2）Cycle 属性：该属性可设置动画控件中多幅图像的显示方式。

（3）PictDrawMode 属性：该属性设置控件的大小与装入图像大小之间的调整关系。

（4）Speed 属性：表示动态切换多幅图的速度，以毫秒（ms）为单位，一般设置小于 100 范围内。

（5）Specialop 属性：该属性在程序运行时设置，与定时器连用，来模拟鼠的 Click 操作，不需用户操作触发，而由系统自动触发进行动态图的切换。

3. 利用图片剪切换控件

该控件也提供了在一个控件上存储多个图像或图标信息的技术，它保存 Windows 资源并可快速访问多幅图像，该控件的访问方式不是依次切换多幅图，而是先将多幅图放置在一个控件中，然后在程序设计时利用选择控件中的区域，将图动态剪切下来放置于图片框中进行显示，程序控件每间隔一定时间剪切并显示一幅图，这样便可产生动画效果。该工具以 Picelip.VBX 文件存于 Windows \ system 子目录中，需要时可装入项目文件中。此控件有关属性介绍如下：

（1）Rows Cols 属性：规定该控件总的行列数。

（2）Picture 属性：装入图像信息，仅能装入位图.bmp 文件。

（3）Clip X、Clip Y 属性：指定要剪切图位于控件中的位置，左上角坐标。

（4）ClipWidth、ClipHeight 属性：表示剪切图的大小，即指定剪切区域。

（5）Clip 属性：设计时无效，执行时只读，用于返回（3）、（4）两项指定的图像信息。

（6）Grahiceell 属性：该属性为一个数组，用于访问 Picture 属性装入图像中的第一个图像元素。

（7）Stretch X、Stretch Y 属性：设计时无效，执行时只读，在将被选中图像装入拷贝时定义大小显示区域，单位为像素（Pixels）。

例 11.6　在图片上平滑移动文字。

在很多电影及游戏的结尾，你可以看到文本在图片上平滑地卷到屏幕的上方（如电影的版权声明等），在 VB 中，可以使用以下步骤及方法实现此"特技"：

（1）新建一工程文件，缺省创建 Form1。

（2）在 Form1 上放置 Picture Box 控件 Picture1，选择背景图片。

（3）选择 Picture1（即以它为一个容器），在上面放置 Label 控件 Label1，设置 Label1 的 BorderStyle 属性为 0（透明——即在控件后的背景色和任何图片都是可见的），设置 Caption 为待移动的字符串。

（4）在 Form1 上放置 Timer 控件 Timer1，设置 Enabled 属性为 True，设置 Interval 为 100，在 Timer1 的 Timer 事件中加入以下程序：

```
iStep= 20
Label1.Top= Label1.Top - iStep
```
Interval 决定图形移动速度;iStep 决定图形移动的平滑程度。

（5）在 Form _ Load 事件中加入以下程序。

```
Lable1.Top = Picture1.ScaleHeight
```

到此，可以实现文字在图形上的平滑移动。本例产生的效果是由下向上移动，如果将程序稍加改变，就可以实现由下到上，由左到右，由右到左等"特技"效果。

11.4.4　其他常用的 VB 多媒体控件

1. MCI. VBX 的应用

VB 的多媒体控件 MCI（Media control interface）包括一套控制音频和视频设备但具有与设备无关的命令，用它来进行多媒体设计是很方便的。在使用 MCI 之前必须安装好多媒体设备如声卡、CD—ROM 等以及这些设备的驱动程序，否则 MCI 将不能正常的使用。

1）MCI 控件的安装

MCI 控件在 VB 不同版本中的安装方法是不一样的。一般情况下 MCI 控制在启动 VB 之后并没有加入到工具箱中（TOOLBOX），需要自己动手安装它。在 VB6.0 中，应用以下步骤进行安装：

（1）打开"工程"下的"部件"（图 11-21）。

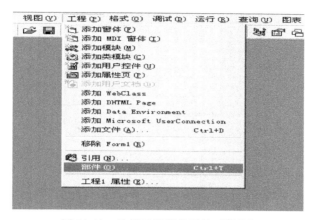

图 11-21　选择工程菜单下的"部件"

（2）勾选"Microsoft Multimedia Control 6.0"（图 11-22）。

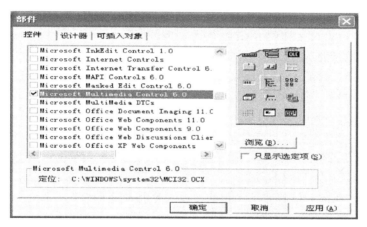

图 11-22　选择"Microsoft Multimedia Control6.0"

（3）在工具栏上调用相应的工具（MMCtontrol）（图 11-23）。

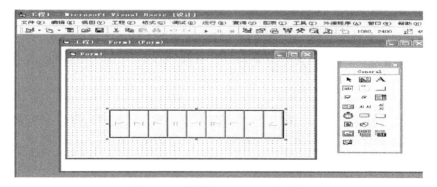

图 11-23　调用 MMCtontrol 工具

（4）进行 MMCtontrol 属性和事件设置（图 11-24）。

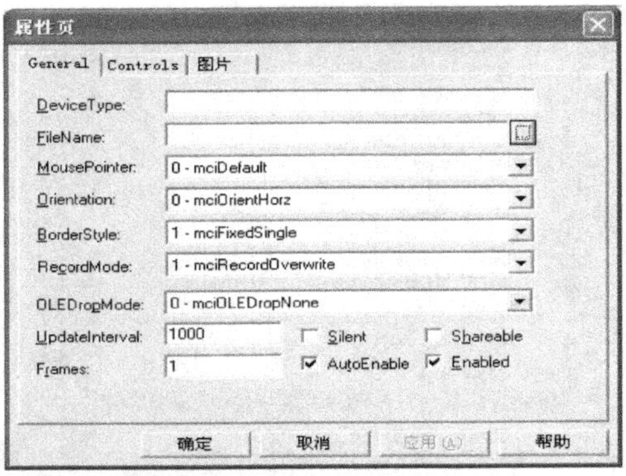

图 11-24　MMCtontrol 属性设置

2）MCI 的属性和事件

MCI 提供许多关于 MCI 控件方面的属性和事件。

（1）常用的属性有。

Button visible 决定该按钮在 MCI 控件中是否可见。

Command 要执行的 MCI 命令，如 Open Close Play Stop Eject 等。

Device Type 要打开的 MCI 设备类型，如动画播放设备、MIDI 序列发生器、激光视盘机、WAV 文件播放器、录像机等。

Filename 使用 Open 命令打开或 Save 命令保存的文件名。

Length 确定一个文件或 CD 唱片的长度。

Track 指定特定的轨道，供 Tracklength 和 Trackposition 使用。

Tracks 当前 MCI 设备的轨道数。

Tracklength 在当前时间格式下，传回 Track 所指轨道的时间长度。

Trackposition 在当前时间格式下，传回 Track 所指轨道的起始位置。

Visible 决定在运行时刻多媒体 MCI 控件是否可见。

（2）常用的事件有。

Buttonclick 当用户在多媒体 MCI 控件的按钮上按下或释放鼠标时产生该事件，每一个 Buttonclick 事件缺省执行一个 MCI 命令。

Buttoncompleted 当多媒体 MCI 控件按钮激活的 MCI 命令完成后发送。

Statusupdate 这个事件可监测目前多媒体设备的状态信息，比如用滚动条来表示当前轨道的位置。

例 11.7　编写一个 CD 播放器。

在 MCI 调入 Toolbox 之后，双击 MCI 工具，将会在 Form 中出现 9 个按钮，用鼠标移动这些按钮至合适的位置，然后双击 Form 窗体，把下面的代码加入到事件中：

```
Sub Form_Load()
    MMControl1.DeviceType= "CDaudio" 'MCI 设备类型为 CD 唱片
    MMControl1.Command= "open" '打开设备
End Sub
Sub Form_Unload(Cancel As Integer)
```

第 11 章　Visual Basic 数据库编程　　　　　　　　　　・ 231 ・

```
    MMControl1.Command= "close" '退出时关闭 MCI 设备
End Sub
```

保存文件后，在 CD 驱动器中放入一张 CD 唱片，然后运行，按钮中 Prev、Next、Play、Eject 四个按钮变黑（有效状态），一个 CD 播放器就完成了。

2. 控件 Windows Media Play

（1）加载控件 Windows Media Play（图 11-25）。

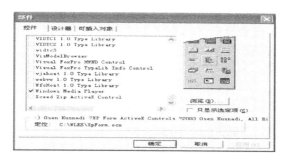

图 11-25　加载控件 Windows Media Play

启动 VB 后，在"工程"菜单中选择"部件"，在"部件"对话框加载控件 Windows Media Play（图 11-25），加入到工具箱中相关的图标。

（2）调用控件 Windows Media Play（图 11-26）。

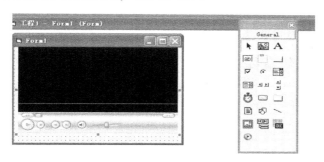

图 11-26　调用 Windows Media Play 控件

在工程界面设计中，直接调用 Windows Media Play，并将其置于合适位置。

（3）设置媒体播映内容（图 11-27）。

 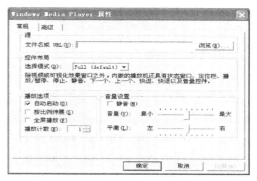

图 11-27　Windows Media Play 属性设置　　　图 11-28　Windows Media Play 属性窗口

（4）Windows Media Play 控件属性、方法（图 11-28）。

基本属性

URL：String；指定媒体位置，本机或网络地址；

uiMode：String；播放器界面模式，可为 Full，Mini，None，Invisible；

playState：integer；播放状态，1＝停止，2＝暂停，3＝播放，6＝正在缓冲，9＝正在连接，10＝准备就绪；

enableContextMenu：Boolean；启用/禁用右键菜单；

fullScreen：boolean；是否全屏显示；

[controls] wmp. controls //播放器基本控制；

controls. play；播放；

controls. pause；暂停；

controls. stop；停止；

controls. currentPosition：double；当前进度；

controls. fastForward；快进；

controls. fastReverse；快退；

controls. next；下一曲；

controls. previous；上一曲；

settings. autoStart：Boolean；是否自动播放。

用户可根据播放需要在 Windows Media Play 属性或 Windows Media Play 属性窗口中设置 URL，以调用播放的源文件。

11.5　文件系统编程

11.5.1　文件系统控件

文件系统控件主要实现用于显示关于磁盘驱动器、目录和文件的信息，自动从操作系统获取一切信息以及可访问此信息，或是判断每个控件通过其属性显示的信息。

常用操作如下：

1. 显示出 ＊. frm

只需在窗体上绘制一个文件列表，设置其 Pattern 属性为 ＊. frm。运行时，可用下列代码指定 Pattern 属性：

File1. Pattern ＝ "＊. FRM"

2. 驱动器列表框

驱动器列表框是下拉式列表框，在缺省时在用户系统上显示当前驱动器。当该控件获得焦点时，用户可输入任何有效的驱动器标识符，或者单击驱动器列表框右侧的箭头。用户单击箭头时将列表框下拉以列举所有的有效驱动器。若用户从中选定新驱动器，则这个驱动器将出现在列表框的顶端。可用代码检查 Drive 属性来判断当前选择的驱动器。应用程序也可通过下述简单赋值语句指定出现在列表框顶端的驱动器：

Drive1. Drive ＝ "c：\ "

驱动器列表框显示可用的有效驱动器。从列表框中选择驱动器并不能自动地变更当前的工作驱动器；然而可用 Drive 属性在操作系统级变更驱动器，这只需将它作为 ChDrive 语句的参数：

ChDrive Drive1. Drive

3. 文件列表框

文件列表框在运行时显示由 Path 属性指定的包含在目录中的文件。可用下列语句在当前驱动器上显示当前目录中的所有文件：

File1. Path = Dir1. Path

然后，可设置 Pattern 属性来显示这些文件的子集——例如，设置为 ＊.frm 后将只显示这种扩展名的文件。Pattern 属性也接受由分号分隔的列表。例如，下列代码行将显示所有扩展名为 .frm 和 .bas 的文件：

File1. Pattern = "＊.frm；＊.bas" Visual Basic 支持 ? 通配符。例如，??? .txt 将显示所有文件名包含三个字符且扩展名为 .txt 的文件。

4. 使用文件属性

文件列表框的属性也提供当前选定文件的属性（Archive、Normal、System、Hidden 和 ReadOnly）。可在文件列表框中用这些属性指定要显示的文件类型。System 和 Hidden 属性的缺省值为 False。Normal、Archive 和 ReadOnly 属性的缺省值为 True。

例如，为了在列表框中只显示只读文件，直接将 ReadOnly 属性设置为 True 并把其他属性设置为 False：

File1. ReadOnly = True

File1. Archive = False

File1. Normal = False

File1. System = False

File1. Hidden = False

当 Normal = True 时将显示无 System 或 Hidden 属性的文件。当 Normal =False 时也仍然可显示具有 ReadOnly 和/或 Archive 属性的文件，只需将这些属性设置为 True。注意：不使用 attribute 属性设置文件属性。应使用 SetAttr 语句设置文件属性。缺省时，在文件列表框中只突出显示单个选定文件项。要选定多个文件，应使用 MultiSelect 属性。

5. 使用文件系统控件的组合

如果使用文件系统控件的组合，则可同步显示信息。例如，若有缺省名为 Drive1、Dir1 和 File1 的驱动器列表框、目录列表框和文件列表框，则事件可能按如下顺序发生：

（1）用户选定 Drive1 列表框中的驱动器。

（2）生成 Drive1 _ Change 事件，更新 Drive1 的显示以反映新驱动器。

（3）Drive1 _ Change 事件过程的代码使用下述语句，将新选定项目（Drive1. Drive 属性）赋予 Dir1 列表框的 Path 属性：

```
Private Sub Drive1_Change ()
    Dir1.Path =  Drive1.Drive
End Sub
```

（4）Path 属性赋值语句生成 Dir1 _ Change 事件并更新 Dir1 的显示以反映新驱动器的当前目录。

（5）Dir1＿Change 事件过程的代码将新路径（Dir1.Path 属性）赋予 File1 列表框的
File1.Path 属性：

```
Private Sub Dir1_Change ()
   File1.Path =  Dir1.Path
End Sub
```

（6）File1.Path 属性赋值语句更新 File1 列表框中的显示以反映 Dir1 路径指定。

在具体设计中，用到的事件过程及修改过的属性与应用程序使用文件系统控件组合的方式有关。

11.5.2　文件系统对象编程的应用

文件对象模型包含在一个称为 scripting 的类型库中，此类型库位于 scrrun.dii 文件中。如果还没有引用此文件，从"工程"菜单的"引用"对话框选择"Microsoft Scripting Runtime"项（图 11-29），然后就可以使用"对象浏览器"来查看其对象、集合、属性、方法、事件以及它的常数（图 11-30）。

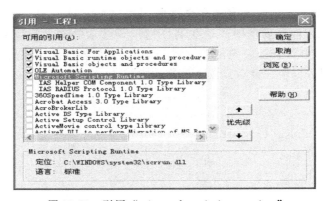

图 11-29　引用"microsoft scripting runtime"

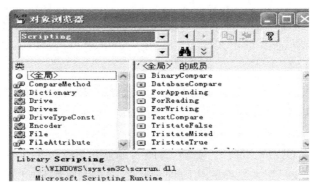

图 11-30　视图菜单中的"对象浏览器"

VB 文件系统的另一个功能是文件系统对象（File System Object，FSO）模型，该模型提供了一个基于对象的工具来处理文件夹和文件。

1. 文件系统对象模型的作用

文件对象模型使应用程序能够创建、改变、移动和删除文件夹，或者检测是否存在指定的文件夹。也可获取关于文件夹的信息，诸如名称、创建日期或最近修改日期等等。

另外，文件对象模型也使得对文件的处理变得更加简单。在处理文件时，首要目标就是以一种可以有效利用空间和资源、并且易于存取的格式来存储数据。需要能够创建文件、插入和修改数据，以及输出（读）数据。虽然可以将数据存储在诸如 jet 或 sql 这样的数据库中，但是这样做将在应用程序中加入相当数量的额外开支。

2. 文件系统对象

文件对象模型包括这些对象：

drive 允许收集关于系统所用的驱动器的信息，诸如驱动器有多少可用空间，其共享名称是什么，等等。请注意，一个"驱动器"并不一定是一个硬盘。它可以是 cd-rom 驱动器、一个 ram 盘，等等。而且，驱动器不一定是和系统物理地连接；也可以通过一个 lan 进行逻辑地连接。

folder 允许创建、删除或移动文件夹，并向系统查询文件夹的名称、路径等。

files 允许创建、删除或移动文件，并向系统查询文件的名称、路径等。

filesystemobject 该组的主要对象，提供一整套用于创建、删除、收集相关信息，以及通常的操作驱动器、文件夹和文件的方法。与本对象相关联的很多方法复制了其他对象中的方法。

textstream 允许您读和写文本文件。

3. 文件系统对象编程

文件对象模型编程包括三项主要任务：

一是使用 createobject 方法，或将一个变量声明为 filesystemobject 对象类型来创建一个 filesystemobject 对象；二是对新创建的对象使用适当的方法；三是访问该对象的属性。

（1）创建 filesystemobject 对象。

第一步是创建一个 filesystemobject 对象以便进行处理。可以通过如下两种方法完成：

将一个变量声明为 filesystemobject 对象类型：

dim fso as new filesystemobject

使用 createobject 方法来创建一个 filesystemobject 对象：

set fso = createobject（"scripting. filesystemobject"）

在上面的语法中，scripting 是类型库的名称，而 filesystemobject 则是想要创建一个实例的对象的名称。

（2）使用适当的方法。

下一步就是使用该 filesystemobject 对象的适当方法。例如，如果想要创建一个新对象，既可以使用 createfolder 方法也可以使用 createtextfile 方法（fso 对象模型不支持创建或删除驱动器）。如果想要删除对象，可以使用 filesystemobject 对象的 deletefile 和 deletefolder 方法，或者 file 和 folder 对象的 delete 方法。使用适当的方法，还可以复制、移动文件和文件夹。

（3）访问已有的驱动器、文件和文件夹。

要访问一个已有的驱动器、文件或文件夹，请使用 filesystemobject 对象中相应的

"get"方法：

　　getdrive

　　getfolder

　　getfile

　　例如：dim fso as new filesystemobject，fil as file

　　set fil = fso.getfile（" c：\ test.txt"）

11.6　应用程序打包

　　用 VB 编写的软件一般使用 VB 附带的打包和展开向导进行打包处理，然后在未安装 VB 的计算机上安装后才能在正常运行。

　　使用 VB 开发软件的最后一项工作就是打包应用程序生成安装包，利用 VB 本身提供的打包程序可以实现打包，但是如果软件中包含了其他非 VB 的文件，打包程序不能将这些文件也添加进来。

11.6.1　利用 VB 的"打包和展开向导"向导

1. 首先利用 VB 的"打包和展开向导"进行打包

　　在 VB 的"外接程序"菜单里选择"外接程序管理器"命令（图 11-31），在"外接程序管理器"对话框中选择"打包和展开向导"：选中"加载行为"中的"加载/卸载"选项，点击"确定"关闭"外接程序管理器"对话框（图 11-32）。

图 11-31　打开外接程序管理器

　　再在 VB 的"外接程序"菜单里选择"打包和展开向导"，在"向导"对话框中选择"打包"功能：在接下来的对话框中选择"编译"功能，生成 .exe 文件；"选择包类型"为"标准安装包"；指定包的存储位置（图 11-33）。

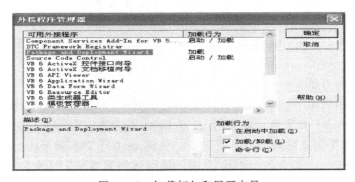

图 11-32　加载打包和展开向导

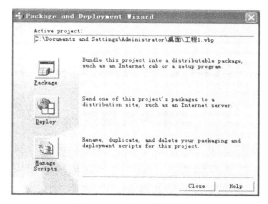

图 11-33 打包设置界面

打包结束，并闭 VB。

2. 利 WinRar 制作安装包

将生成的包文件夹和软件中所需的所有文件放在一个文件夹中，并用 Winrar 对该文件夹进行压缩：选择建立"自解压文件"；在高级选项里，设定解压的目标文件夹（如 C:）和解压完成后自动执行包文件中的 setup.exe 文件；完成压缩。

经过以上两步生成的压缩包，在解压后会自动进行安装，实现软件的安装。

图 11-34 安装 Setup Factory7

11.6.2 利用 Setup Factory7 安装程序制作软件

目前，在 VB6 实现打包制作中，常常应用 Setup Factory 实现。而今，Setup Factory 7 是一个强大的安装程序制作工具，它提供了安装制作向导界面，可以快速地生成专业性质的安装程序，如图 11-34。

小   结

本章主要是系统地介绍了 Data 控件、ADO 控件的应用，基于 API、图形图像与多媒体编程、文件系统控件的原理与方法进行分析，并结合相关小区管理实例进行分析了相关的通过应用程序访问相应的数据库等编程技术及实现方法，还较全面地介绍了 VB 的"打包和展开向导"向导及基于 VB6 的 Setup Factory 7 安装程序制作工具的应用方法，较全面地实现了相关数据库编程的集成。

第12章　数据文件访问及菜单界面设计

本章内容概要

本章主要学习文件分类及访问、通用对话框、菜单界面的设计制作。

数据文件是存储在计算机外存储器上，用文件名标识的数据集合，操作系统也是以文件为单位进行数据管理。文件是个极其重要的概念，学习在 VB 中，如何使用传统方法对文件进行读写访问的处理技术，对应用程序设计者十分必要。

菜单界面也叫用户界面，是应用程序与用户之间的交互界面。应用程序开发者，首先要与用户充分沟通，设计一个实用、简单、美观的菜单界面：是单窗体界面还是多重窗体，界面需要哪些主菜单、下拉菜单和弹出式菜单，需要怎样的对话框和工具栏按钮，然后编写其事件过程代码实现之。所以，菜单界面设计的学习对于应用程序开发者而言，十分重要。

12.1　文件分类及访问

通过前几章的学习我们知道，要将数据永久保存，只能将其保存在外存储器的文件或数据库中。

根据文件的内容可将文件分为程序文件（如：.exe，.frm 等）和数据文件（如：.txt，.doc 等）；根据存储信息可分为 ASCII 文件和二进制文件；根据访问模式可分为顺序文件、二进制文件和随机文件。

一般来说，文件访问流程由三部分组成：首先要打开文件，然后进行读写操作，最后要关闭文件。

打开文件时，系统为该文件在内存中开辟了一个数据存储区域，称为文件缓冲区。每个文件缓冲区都有一个编号，称为文件号，对该文件的所有操作都是通过其文件号进行的。文件号可在程序中指定，也可使用函数 FreeFile（）自动获得。

文件的访问操作有读/写两类：读操作是将存放在外存上的文件中的数据，读入到内存中的文件缓冲区，然后再提交给变量供程序使用；写操作是先将数据写入文件缓冲区暂存，待文件缓冲区满了或文件关闭时，再一次性将内存缓冲区中的数据输出到外存的文件中。

文件访问操作结束后一定要关闭文件，才能彻底完成对文件的读写操作，否则，有部分数据仍在文件缓冲区时，就会发生数据丢失。

按访问模式分类，VB 可访问顺序、二进制和随机三类文件，分别对应着三种访问操作：

1. 顺序文件及操作

顺序文件就是要求按照顺序进行访问的文件，读写时从头到尾按顺序地读写，不可以乱序读写，不可以同时进行读、写两种操作。VB 中的顺序文件本质上就是文本文件，因为所有类型的数据写入顺序文件前都被转换为文本字符，它具有行结构，每行的长度通常不同，但每一行的结束都有回车和换行两个字符。

VB 中读写顺序文件所用的主要语句和函数如表 12-1 所示。

表 12-1　访问顺序文件的有关语句和函数（更多内容参考 MSDN）

语句功能	语句或函数格式	描述
打开文件	Open 文件名［For 模式］As［♯］文件号	文件名：指定需打开的文件名 模式：用于指定文件访问的方式。Append—从文件末尾添加；Input—顺序输入；Output—顺序输出。 文件号：介于 1～511 的整数，与打开的文件相关联，所有当前使用的文件号都必须唯一
写文件	Write ♯ 文件号，［输出列表］	按紧凑格式将输出列表数据写入顺序文件中
	Print ♯ 文件号，［输出列表］	按标准格式将输出列表数据写入顺序文件中
读文件	Input ♯ 文件号，变量列表	从已打开的顺序文件中读出数据赋值给变量
	Line Input ♯ 文件号，字符变量	从已打开的顺序文件中读出一行数据赋值给字符变量
关闭文件	Close ♯ 文件号	若省略文件号，则关闭所有打开的文件
其他	LOF（文件号）	返回 Open 语句打开的文件的字节数
	EOF（文件号）	判断是否到达顺序文件的结尾，是返回 True，否返回 False
	FreeFile（）	返回一个整型数，表示程序中未被使用的文件号

注意：读/写顺序文件，必须要完成三个步骤：打开文件（Open），读/写文件，关闭文件（Close），特别是不要忘记关闭文件。如果文件名指定的文件不存在，那么，在用 Append、Output 打开文件时，可以建立新文件；如果已存在，在用 Output 打开该文件时，写入的数据会覆盖掉原来的数据。在 Input 模式下打开文件，如果文件不存在，会产生“File Not Fount”的错误，如果存在，可以用不同的文件号打开同一个文件，但如果存在的文件已经用 Append、Output 模式打开，在关闭前则不能用不同的文件号重复打开。

例 12.1　建构如图 12-1 的窗体，实现单击“添加人员”按钮，则将输入的工号、姓名、性别、年龄信息添加到 c:\ person. txt 文件中。单击“显示并计算”按钮，可将文件中的数据显示在 text4 文本框中，计算出员工的平均年龄。

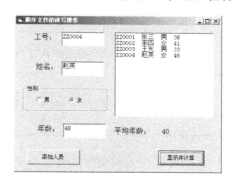

图 12-1　顺序文件读写操作窗口

```
Private Sub Command1_Click()
    Open "c:\person. txt" For Append As # 1 '用 append 模式在 C 盘建立或打开文件 person. txt
     Write # 1, Text1. Text, Text2. Text, IIf(Option1. Value, "男", "女"), Val(Text3. Text)'将窗体控件上的数据,依次按紧凑格式写入打开的顺序文件中
    Close # 1 '关闭文件
End Sub
Private Sub Command2_Click()
    Open "c:\person. txt" For Input As # 1'用 input 模式打开 C 盘上的文件 person. txt
    Dim gh$ , xm$ , xb$
    Dim nl%, sum%, count%
```

```
        Text4.Text = ""
        Do While Not EOF(1)'未到文件结尾之前,都要执行循环体语句
            Input # 1, gh, xm, xb, nl'从打开文件中读出一条记录的工号、姓名、性别、年龄数据依次赋
值给变量 gh, xm, xb, nl
            sum = sum + nl
            count = count + 1
            Text4.Text = Text4.Text & gh & "　" & xm + "　" & xb & "　" & nl & vbCrLf'将四个变
量中的数据赋值给 text4 的 text 并回车换行,多行显示(text4 的 MultiLine 属性要设置为 true)
        Loop
        Label5.Caption = sum / count
        Close # 1'关闭文件
    End Sub
```

2. 二进制文件及操作

与顺序文件不同,二进制文件访问的单位是字节,文件打开后,可以同时进行读写。文件刚打开时,文件指针指向第一个字节,以后随文件处理命令的执行而移动。相关语句参见表 12-2。

表 12-2　访问二进制文件的有关语句（更多内容参考 MSDN）

语句功能	语句格式	描述
打开文件	Open 文件名 For Binary As ♯ 文件号	用 Binary 模式建立或打开指定文件名的文件
写文件	Put［♯］文件号，［位置］，变量名	将变量中一个字节的数据写入打开文件的指定位置处,如果忽略位置,则从当前位置处写入一个字节
读文件	Get［♯］文件号，［位置］，变量名	从已打开的文件中将一个字节从指定位置读入变量中,如果忽略位置,则表示从文件指针当前位置处读出一个字节

关闭文件与关闭顺序文件完全相同。

例 12.2　编写一个复制文件的程序,实现将 C:\Person.dat 复制为 C:\Person.bak。

```
Dim vsr As Byte
Dim No1,No2 As Integer
No1= FreeFile
Open"C:\person.dat"For Binary As # No1    '打开源文件
No2= FreeFile
Open"C:\person.bak"For Binary As # No2    '打开目标文件
Do While Not EOF(No1)
    Get # 1,,var'从源文件读出一个字节放入变量 var
    Put # 2,,var'将变量 var 中的一个字节写入目标文件
Loop
Close # No1'关闭源文件
Close # No2'关闭目标文件
```

除了表 12-1 中的三个函数外,VB 还编写了许多常用的语句函数,供开发者直接调用,如:
（1）Kill 语句——用于从磁盘中删除文件。

格式：Kill PathName

（2）FileCopy（）函数——用于复制、移动文件。

格式：FileCopy（source，destination）

例如，要把一个源文件"C：\ person. dat"复制到目标文件"D：\ person. dat"

```
Dim SFile,DFile As string
SFile= "C:\person.dat"
DFile= "D:\person.dat"
FileCopy(SFile,DFile)
```

若要移动，则先复制后删除。

12.2　通用对话框

VB 提供的通用对话框不是标准控件，是一种 ActiveX 控件，位于 Microsoft Common Dialog Control 6.0（sp3）部件中，需要使用"工程/部件"命令加载到工具箱中。通用对话框仅用于应用程序与用户之间进行信息交互，用户可用它在窗体上创建如表 12-3 所示的 6 种标准对话框，分别为：打开（Open）、另存为（Save As）、颜色（Color）、字体（Font）、打印机（Printer）、帮助（Help），它仅仅是输入输出的界面，不能真正实现打开文件、存储文件、设置颜色、设置字体、打印等操作，欲实现这些功能还需要编程才能实现。

在设计状态下，工具箱中选择通用对话框后在窗体上画出的图标可见，默认的名称属性为 CommonDialogI（I 为 1，2，3…），不能调整其大小（与计时器控件类似），程序运行时消失，直到程序中使用其 Action 属性或 Show 方法去激活，则会调出所缴活的对话框。

1. 通用对话框常用的基本属性和方法

1）Action 属性和 Show 方法

表 12-3　通用对话框对应的 Action 属性和 Show 方法

通用对话框类型	Action 属性	Show 方法
打开（Open）文件对话框	1	ShowOpen
另存为（Save As）对话框	2	ShowSave
颜色（Color）对话框	3	ShowColor
字体（Font）对话框	4	ShowFont
打印机（Printer）对话框	5	ShowPrinter
帮助（Help）对话框	6	ShowHelp

注：Action 属性不能在属性窗口设置，只能在程序中赋值，用于调出相应的对话框。

2）DialogTitle 属性

DialogTitle 属性是通用对话框的标题属性。

3）CancelErroe 属性

该属性返回或设置一个值，该值指示当选取"取消"按钮时是否出错。当该属性设置为 True 时，无论何时选取"取消"按钮，均产生 32755（cdlCancel）号警告错误。设置为 False（缺省值）时不会出现警告错误。

也可以在其属性页对话框（图 12-2）中设置相应的属性。

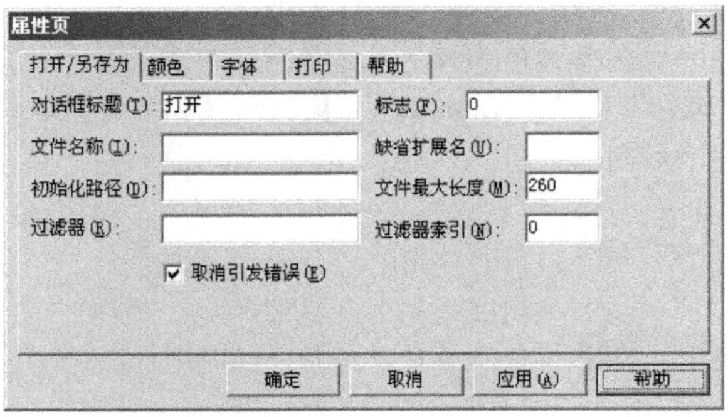

图 12-2　通用对话框控件的属性页窗口

2. 打开/另存为对话框的常用属性

（1）FileName（文件名称）——返回或设置要打开或保存的文件的路径和文件名。

（2）Filter（过滤器）——返回或设置在对话框的文件类型列表框中所显示的过滤器。Filter 的属性值由一对或多对文本字符串组成，其格式如下：

［窗体.］对话框名.Filter＝描述符 1｜过滤器 1｜描述符 2｜过滤器 2…

如果省略窗体，则为当前窗体。例如：

CommonDialog1.Filter＝All Files｜（＊.＊）｜Word 文档（＊.doc）｜（＊.doc）｜文本文档（＊.txt）｜（＊.txt）

执行该语句后，可以在文件类型列表框中选择要显示的文件类型。

（3）FilterIndex（过滤器索引）——返回或设置"打开"或"另存为"对话框中一个缺省的过滤器。例如：

CommonDialog1.FilterIndex＝2

执行该语句后，在文件类型列表框中的缺省值就是上例中的"Word 文档"。

（4）InitDir——设置对话框的初始文件路径。

例 12.3　在窗体上画一个名称为 CommonDialog1 的通用对话框，一个名称为 Text1 的文本框，一个名称为 Command1、标题为"保存文档"的命令按钮。单击命令按钮时，打开一个保存文件的通用对话框。该窗口的标题为"保存文件"，缺省文件名为"SaveFile"，在文件类型列表框中显示文本文档（＊.txt）。单击保存文件对话框中的"保存 S"按钮时，可将 Text1 文本框中的字符保存到所指定的文本文件中。

```
Private Sub Command1_Click()
  CommonDialog1.FileName = "savefile"'设置缺省文件名
  CommonDialog1.Filter = "All File(*.*)|*.*|文本文档(*.txt)|*.txt|Word文档(*.doc)|*.doc" '设置过滤器
  CommonDialog1.FilterIndex = 2'设置过滤器索引
  CommonDialog1.DialogTitle = "保存文件" '设置通用对话框标题
  CommonDialog1.Action = 2'调出打开/另存为对话框
  Open CommonDialog1.FileName For Output As # 1打开文件以写入数据
  Print # 1, Text1.Text'将文本框中文本数据写入文件
  Close # 1
```

```
End Sub
```

3. 颜色对话框的常用属性

在应用程序中需要使用调色板选择颜色或自定义颜色时，可以使用颜色对话框。其主要的属性是 Color，它返回或设置选定的颜色。

例 12.4　在例 12.3 的窗体上，再添加一个名称为 Command2，标题为"文本框前景颜色"的按钮，编写其单击事件过程，打开颜色对话框设置文本框的前景颜色。

```
Private Sub Command2_Click()
  CommonDialog1.Action = 3'打开颜色对话框
  Text1.ForeColor = CommonDialog1.Color'设置文本框的前景颜色
End Sub
```

4. 字体对话框的常用属性

（1）Flags——返回或设置"字体"对话框的选项。

在显示"字体"对话框前，必须先将 Flags 属性设置为下列 VB 常数之一：

cdlCFScreenFonts——&H1，屏幕字体

cdlCFPrinterFonts——&H2，打印机字体，或 cdlCFBoth——&H3，包括屏幕字体和打印机字体。否则，会发生字体不存在的错误。

（2）Color——选定的字体颜色。要使用此属性必须先将 Flags 属性设置为 cdlCFEffects。

（3）FontBold——是否选定为加粗。

（4）FontItalic——是否选定为斜体。

（5）FontName——字体的名称。

（6）FontSize——字体的大小。

（7）FontStrikeThru——给选定的字符加删除线。要使用此属性必须先将 Flags 属性设置为 cdlCFEffects。

（8）FontUnderLine——给选定的字符加下画线。要使用此属性必须先将 Flags 属性设置为 cdlCFEffects。

例 12.5　如图 12-3 所示，在例 12.4 的窗体上，再添加一个名称为 Command3，标题为"字体设置"的按钮，编写其单击事件过程，打开字体对话框设置文本框的字体效果。

图 12-3　记事本设计视图窗口

```
Private Sub Command3_Click()
With CommonDialog1
.CancelError = True
On Error GoTo errorhandler'用户单击"取消",可进行错误处理
.Flags = cdlCFBoth Or cdlCFEffects'对 Flags 属性赋值
.ShowFont
Text1.ForeColor = .Color'按用户选择的字体样式对文本框中字符进行设置
Text1.FontBold = .FontBold
Text1.FontItalic = .FontItalic
Text1.FontName = .FontName
```

```
Text1.FontSize = .FontSize
Text1.FontStrikethru = .FontStrikethru
Text1.FontUnderline = .FontUnderline
End With
errorhandler:
   Exit Sub
End Sub
```

12.3   菜单设计

功能复杂的应用程序,一般要设计一个主窗体,将功能类似的命令放在一组菜单或工具栏里。它们代表程序的各项命令,通过对它们的执行来完成各项功能。常用软件中的打开、保存、新建文件等功能都是通过菜单或工具栏中图标按钮来执行,所以菜单、工具栏已经成为窗体界面不可缺少的组成部分。例如,设计制作一个如图 12-4、图 12-5 所示的简易记事本的菜单系统。这个记事本应用程序具有典型的用户界面,它有下拉式菜单、弹出式菜单和工具栏,也使用了打开/保存文件、字体和颜色通用对话框。

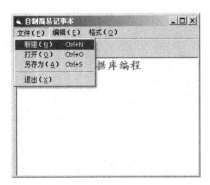

图 12-4   自制简易记事本窗口

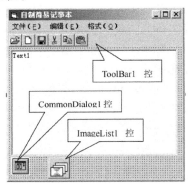

图 12-5   自制简易记事本设计视图窗口

下拉式菜单和弹出式菜单,可用菜单编辑器设计好主菜单及其下拉子菜单,然后还需要编写其相应的事件过程代码来实现相应的功能。工具栏上的命令图标按钮,可用 ToolBar 和 ImageList 控件来建构,然后还是需要编写图标按钮的事件代码实现相应功能。下面分别给予介绍。

12.3.1   用菜单编辑器制作菜单

单击"工具/菜单编辑器"命令、菜单编辑器工具按钮或快捷键 Ctrl+E,都可以打开图 12-6 所示的菜单编辑器窗口。

在菜单编辑器中可以为应用程序创建自定义菜单并定义其属性:

(1)标题——使用该选项可以输入菜单名或命令名,这些名字出现在菜单条或菜单之中。如果想在菜单中建立分隔符条,则应在标题框中键入一个连字符(—)。为了能够通过键盘访问菜单项,可在一个字母前插入 & 符号。在运行时,该字母带有下划线(& 符号是不可见的),按 ALT 键和该字母就可访问菜单或命令。如果要在菜单中显示 & 符号,则应在标题中连续输入两个 & 符号。

(2)名称——为菜单项设置的控件名称,用于访问代码中的菜单项。它不会出现在菜单

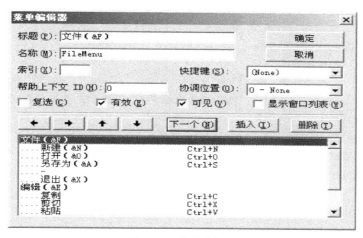

图 12-6　菜单编辑器

中。每一个菜单项都必须有一个名称，即便是分隔符条也如此。

（3）快捷键——允许为每个命令选定快捷键。

（4）复选（Checked）——允许在菜单项的左边设置复选标记。通常用它来指出切换选项的开关状态。

（5）有效（Enabled）——此选项可决定是否让菜单项对事件做出响应，而如果希望该项失效并模糊显示出来，可清除复选框对勾。

（6）可见（Visible）——将此菜单项显示在菜单上，否则不显示。

关于菜单编辑器更多的属性，可参看 MSDN。弹出式菜单也是使用菜单编辑器，在菜单编辑器中所设计的菜单，都可以用 PopupMenu 方法在指定的对象单击右键显示，使用形式如下：

　　［对象］. PopupMenu 菜单名称 ［，标志，x，y］

在菜单编辑器中设计的菜单项，若不希望出现在窗口顶部的主菜单中，可将可见复选框对勾去掉，或其 Visible 属性设置为 False。下面通过例 12.6 来说明下拉式菜单及弹出式菜单的制作。

例 12.6　设计图 12-4 简易记事本中的文件、编辑主菜单及其下拉子菜单，并编程实现编辑下拉子菜单的功能和在窗体 Form1 上"编辑"主菜单的弹出式菜单。

解：按照图 12-6 所示，在菜单编辑器中设计主菜单及其子菜单，其中各菜单标题与名称属性的对应如下：文件：FileMenu；新建：FileNew；打开：FileOpen；另存为：FileSaveAs；分隔符－：mnuline；编辑：editmenu；复制：editcopy；剪切：editcut；粘贴：editpaste；退出：fileexit。下面是复制、剪切、粘贴、退出四个菜单项的单击事件代码。

```
Option Explicit
Dim s As String '通用区声明一个字符型变量 S
Private Sub editmenu_Click() '编辑菜单中剪切、复制菜单项的有效性设置
  If Text1.SelLength >  0 Then
    editcut.Enabled =  True
    editcopy.Enabled =  True
```

```
    Else
      editcut.Enabled = False
      editcopy.Enabled = False
    End If
  End Sub
  Private Sub editcopy_Click()      '复制文本框中字符的两种方法:剪贴板法,字符型变量法
    Clipboard.Clear
    Clipboard.SetText Text1.SelText   '剪贴板法
    's = Text1.SelText       '变量法
    editpaste.Enabled = True
  End Sub
  Private Sub editcut_Click() '剪切文本框中字符的两种方法
    Clipboard.Clear
    Clipboard.SetText Text1.SelText
    's = Text1.SelText
    Text1.SelText = ""
    editpaste.Enabled = True
  End Sub
  Private Sub editpaste_Click() '粘贴文本框中字符的两种方法
    Text1.SelText = Clipboard.GetText
    'Text1.SelText = s
  End Sub
  Private Sub fileexit_Click()'退出菜单项单击事件代码
    End
  End Sub
  Private Sub Form_MouseUp(Button As Integer, Shift As Integer, X As Single, Y As
Single)
    If Button = 2 Then   '如果在窗体 Form1 上单击右键
       Form1.PopupMenu editmenu   '显示"编辑"弹出式菜单
    End If
  End Sub
```

12.3.2　工具栏设计

　　一般而言，工具栏上的每一个图标按钮，在下拉式菜单中都有对应的菜单项命令，都代表了用户最常用的命令或函数。制作工具栏图标命令按钮的控件是 ToolBar 和 ImageList。它们是 ActiveX 控件，在 Microsoft Windows Common Control 6.0 组件中，可通过"工程/部件"命令将其加载到 VB 工具箱中。

　　有了 Toolbar 控件，将其拖放到窗体中，右键单击之，打开属性页窗口（图 12-7，图 12-8 所示），就可以通过将 Button 对象添加到 Buttons 集合中来创建工具栏。对每个 Button 对象都可在图像列表中添加来自于某个 ImageList 控件的文本或位图图像，或者，二者皆可添加进来，并设置属性来更改其状态和样式。在设计时可在 Toolbar 控件的属性页内，用"按钮"选项卡上的插入按钮菜单和删除按钮菜单插入 Button 对象，并从 Buttons 集合中删除 Button 对象。在运行时也可用 Buttons 集合的 Add 方法添加 Button 对象。

图 12-7 ToolBar1 属性页通用选项卡

图 12-8 ToolBar1 属性页按钮选项卡

图 12-9 ImageList1 属性页与 ToolBar 控件中的图标按钮

　　ImageList 控件包含 ListImage 对象的集合，该集合中的每个对象都可以通过其索引或关键字被引用。ImageList 控件不能独立使用，只是作为一个便于向其他控件提供图像的资料中心。在将它绑定到第二个控件之前，按照您希望的顺序将全部需要的图像插入到图像列表（ListImage）中。一旦 ImageList1 被绑定到第二个控件（如 toolbar1），您就不能再删除图像了，并且也不能将图像插入到 ListImages 集合中间。但是您可以在集合的末尾添加图像。

　　一旦 ImageList 与某个 Windows 通用控件相关联，就可以在过程中用 Index 属性或 Key 属性的值来引用 ListImage 对象了。可以使用 ListImage 对象集合中的位图（.bmp）、光标（.cur）、图标（.ico）、JPEG（.jpg）或 GIF（.gif）文件。可以在设计时或运行时添加或删除图像。ListImage 对象具有标准的集合对象属性：Key 和 Index。它还具有标准的方法，例如 Add、Remove 和 Clear。我们通过例题 12.7 来说明创建工具栏的方法。

　　例 12.7　在例 12.6 基础上创建如图 12-5 所示的工具栏命令按钮。

　　解：用"工程/部件"命令将 Microsoft Windows Common Control 6.0 组件加载到 VB 工具箱中，如图 12-5 所示分别从 VB 工具箱中拖放出 ToolbBar1、ImageList1 控件。

　　首先要在 ImageList1 中添加 ListImage 对象，然后绑定到 Toolbar1 上，设置 ToolBar1 上的索引与图像的对应关系。请按照以下步骤执行：

　　（1）在 ImageList 控件上单击右键并单击"属性"打开属性页对话框，单击"图像"选项卡，如图 12-9 左部。

　　（2）单击"插入图片"显示"选择图片"对话框，从 C：\ Program Files \ Microsoft Visual Studio \ COMMON \ Graphics \ Bitmaps \ TlBr _ W95 中找到如图 12-9 左部图像列

表框所示图片插入。注意：可以选择多个位图或图标文件。

（3）在 ToolBar1 控件上单击右键并单击"属性"打开属性页对话框，单击"通用"选项卡，如图 12-7 从"图像列表"下拉选项中选择"ImageList1"绑定。

（4）如图 12-8 在 ToolBar1 属性页"按钮"选项卡中，设置 ToolBar1 中的命令按钮"索引（I）"与"图像（G）"的对应值，若需要工具按钮提示则在"工具提示文本（E）"中输入相应提示字符。设置好一对"索引"、"图像"的对应值，单击"插入按钮（N）"即可看到在工具栏中插入了一个图标按钮。单击"删除按钮（R）"可删除工具栏中最后一个图标按钮。

（5）按图 12-9 所示的顺序，图 12-8 中索引-图像对应值为 1~6（打开），2~5（新建），3~2（保存），4~4（剪切），5~3（复制），6~1（粘贴）。并输入相应的工具提示文本。六个按钮设置好后单击确定按钮。

（6）编写 Toolbar1 _ ButtonClick 事件代码：

```
Private Sub Toolbar1_ButtonClick(ByVal Button As MSComctlLib.Button)
    Select Case Button.Index    '此处 Index 的值就是图 12-8 中"索引(I)"处设置的值
        Case 1
            Call FileOpen_Click  '打开菜单项的单击事件过程
        Case 2
            Call FileNew_Click   '新建菜单项的单击事件过程
        Case 3
            Call FileSaveAs_Click   '另存为菜单项的单击事件过程
        Case 4
            Call editcut_Click   '剪切菜单项的单击事件过程
        Case 5
            Call editcopy_Click  '复制菜单项的单击事件过程
        Case 6
            Call editpaste_Click  '粘贴菜单项的单击事件过程
    End Select
End Sub
```

12.3.3　多重窗体设计

前面所设计制作的应用程序界面都是单个窗体，而复杂的一些应用程序要用多个窗体才能完成设计的功能，这就需要进行多重窗体设计。多重窗体包含多窗体界面和多文档界面（MDI）。

多窗体界面可以在一个工程中包含多个窗体，每个窗体都单独显示，完成一个或多个设计的功能，例如应用案例中的"小区收费管理系统"就是多窗体界面应用程序。每个窗体相互独立，可通过在主窗体（FrmMain.frm）上设计菜单系统调用各个窗体。

多文档界面（MDI）允许在单个窗体容器中包含多个窗口，可同时处理多个文档，每个文档都显示在各自的子窗体中，子窗体包含在父窗体中，父窗体为子窗体提供工作空间，每个子窗体空间都在父窗体范围之内。最小化父窗体时，所有子窗体也被最小化，只有父窗体的图标显示在任务栏上；子窗体最小化时，其图标显示在父窗体中，而不是任务栏上。如 Microsoft Excel 等应用软件。添加窗体时，若选择"添加 MDI 窗体"菜单项，所添加的窗体就是 MDI 窗体（默认名称为 MDIForm1），一个应用程序中只能有一个 MDI 窗体；其他的窗体若要成为其子窗体，只要将它们的 MDIChild 属性设置为 True 即可。

窗体的常用操作、语句和方法：

（1）设置启动窗体。

启动窗体是程序开始运行时首先启动的窗体。

系统默认的是 Form1，若要选择已有的其他窗体，可在如图 12-10 所示的工程属性对话框（"工程/工程 1 属性"命令打开）中设置启动窗体。

图 12-10　工程/属性对话框

（2）Load/Unload 语句。

Load 语句是把一个窗体装入内存。执行该语句后，装入的窗体并未显示，但可以引用窗体中的控件及各种属性。Unload 语句则相反，是从内存中删除指定的窗体。语句形式为：

Load 窗体名称

Unload 窗体名称

（3）Show/Hide 方法。

Show 方法用来显示并加载一个窗体。其形式为

［object］.Show［style］［，ownerform］

"object"缺省时为当前窗体。style 为 1，则窗体是模式的——用户只能操作该窗体，要操作其他窗体必须关闭该窗体。style 为 0，则窗体是非模式的——可以对其他窗体进行操作。Ownerform——对于标准的 Visual Basic 窗体，使用关键字 Me。

Hide 方法用来将窗体暂时隐藏，并未从内存删除。其形式如下：

［object］.Hide

小　　结

通过本章的学习，应学会顺序文件、二进制文件的读写操作，通用对话框的使用，下拉式菜单、弹出式菜单、工具栏的设计制作。关键要学会综合运用所学知识技能，设计制作应用程序所需的单窗体、多窗体菜单系统，实现菜单功能。

第 13 章　网络数据库

本章内容概要

随着网络的发展，数据库越来越多地被应用于网络环境。也就是说，数据库的使用者更多是通过 Internet 访问数据库。这就要求设计者应该考虑如何把系统放到一个网络环境中。前面章节介绍的内容大多是基于一台计算机，所写的程序俗称单机版的程序。本章将介绍基于多台计算机的程序设计，俗称网络版的程序。

客户机　　　　　Internet　　　　　Web服务器　数据库服务器

图 13-1　基于浏览器、Web 服务器和数据库服务器的三级 B/S 模式

图 13-1 是一个网络环境的示意图，是现在流行的 B/S（Browser/Server）模式，也称为"浏览器/服务器"模式。我们通过一个例子来介绍这种模式的工作过程。假设现在某客户要访问某网站，一般他会先在客户机上打开"浏览器"，在浏览器的"地址栏"中输入网址，当他按下"回车键"的时候，实际上就发送了一个请求给 Internet 中的某个 Web 服务器，该服务器收到这个请求后，会把相应的网页传送给发出请求的客户机的浏览器。假设该客户要进行用户登陆，他会在登陆网页中填写"用户名"和"密码"，当他点击"登陆"按键的时候，又发出一个请求，送给 Web 服务器，Web 服务器为了核对用户的身份，会把"用户名"和"密码"送到数据库服务器，数据库服务器通过数据库管理系统访问相应的数据库后，把得到的结果告知 Web 服务器，Web 服务器再根据此结果决定是否让用户登陆到系统，并告知用户。

可见，要建设一个网站，需要有 Web 服务器和数据库服务器。使用前面学习的 ACCESS 相关知识可以完成数据库服务器的建设。在本章，将介绍 Web 服务器的搭建、Web 服务器如何接受客户机的访问并响应这些访问、Web 服务器又通过什么去访问数据库服务器并处理数据库服务器传回的结果。涉及的知识有 IIS、HTML、ASP 和 ADO。

13.1　IIS

在 Windows 操作系统中，要让一台计算机变成 Web 服务器是非常容易的。只需要在 Windows 中安装 IIS 即可。

IIS（Internet Information Server，互联网信息服务）是一种 Web（网页）服务组件，其中包括 Web 服务器、FTP 服务器、NNTP 服务器和 SMTP 服务器，分别用于网页浏览、文件传输、新闻服务和邮件发送等方面，它使得在网络（包括互联网和局域网）上发布信息成了一件很容易的事。

13.1.1　在 Windows XP 中安装 IIS

1. IIS 的添加

进入"控制面板",依次选"添加/删除程序→添加/删除 Windows 组件",将"Internet 信息服务(IIS)"前的小钩去掉(如有),重新勾选中后按提示操作即可完成 IIS 组件的添加。用这种方法添加的 IIS 组件中将包括 Web、FTP、NNTP 和 SMTP 全部四项服务。

2. IIS 的运行

当 IIS 添加成功之后,再进入"开始→设置→控制面板→管理工具→Internet 服务管理器(Internet 信息服务)"以打开 IIS 管理器。

13.1.2　Web 服务器建立

建立第一个 Web 站点

比如本机的 IP 地址为 192.168.0.1,自己的网页放在 D:\ Wy 目录下,网页的首页文件名为 Index.htm,现在想根据这些建立好自己的 Web 服务器。

对于此 Web 站点,我们可以用现有的"默认 Web 站点"来做相应的修改后,就可以轻松实现。请先在"默认 Web 站点"上单击右键,选"属性",以进入名为"默认 Web 站点属性"设置界面。

(1)修改绑定的 IP 地址:转到"Web 站点"窗口,再在"IP 地址"后的下拉菜单中选择所需用到的本机 IP 地址"192.168.0.1"。

(2)修改主目录:转到"主目录"窗口,再在"本地路径"输入(或用"浏览"按钮选择)好自己网页所在的"D:\ Wy"目录。

(3)添加首页文件名:转到"文档"窗口,再按"添加"按钮,根据提示在"默认文档名"后输入自己网页的首页文件名"Index.htm"。

(4)添加虚拟目录:比如你的主目录在"D:\ Wy"下,而你想输入"192.168.0.1/test"的格式就可调出"E:\ All"中的网页文件,这里面的"test"就是虚拟目录。请在"默认 Web 站点"上单击右键,选"新建→虚拟目录",依次在"别名"处输入"test",在"目录"处输入"E:\ All"后再按提示操作即可添加成功。

(5)效果的测试:打开 IE 浏览器,在地址栏输入"192.168.0.1"之后再按回车键,此时就能够调出你自己网页的首页,则说明设置成功!

13.2　HTML

HTML(超文本标记语言,Hypertext Markup Language),是用于描述网页文档的一种标记语言。下面是一个简单的 HTML 文档。

```
< html>
  < body>
    < h1> 你好! 我是 HTML 文档< /h1>
  < /body>
< /html>
```

从上面的例子中可见看到,HTML 文档有标签和纯文本。标签是由尖括号包围的关键词，通常是成对出现。以"＜h1＞你好！我是 HTML 文档＜/h1＞"为例，＜h1＞……
＜/h1＞是标签。"你好！我是 HTML 文档"是纯文本。

在 HTML 文档中包括头部内容和主体内容。

＜head＞和＜/head＞这 2 个标记符分别表示头部信息的开始和结尾。头部中包含的标
记是页面的标题、序言、说明等内容，它本身不作为内容来显示，但影响网页显示的效果。

网页中显示的实际内容包含在＜body＞和＜/body＞之间。

HTML 的内容非常多，对 HTML 文档的编辑通常是在诸如 Dreamweaver 或 FrontPage
等应用程序中完成。这此类软件中，我们可以较轻松地进行网页的布局或美化。本节主要对
表单和框架作一些简介。

13.2.1 表单

客户机要向服务器传输数据，如用户名、密码等，就用到了表单。

＜form＞和＜/form＞标签用于创建 HTML 表单。表单包含 input 元素，比如文本字
段、复选框、单选框、提交按钮等等。表单还可以包含 menus、textarea、fieldset、legend
和 label 元素。

表单中提供给用户的输入形式

```
< input type= *  name= * * >
```

"＊"可以是以下内容:text, password, checkbox, radio, image, hidden, submit, reset
"＊＊"可以是以下内容:Symbolic Name for CGI script

（1）文字输入和密码输入。

```
< form action= 处理该表单的 url method= POST>
您的姓名: < input type= text name= 姓名> < br>
您的主页的网址: < input type= text name= 网址 value= http://> < br>
密码: < input type= password name= 密码> < br>
< input type= submit value= "发送"> < input type= reset value= "重设">
< /form>
```

（2）复选框（Checkbox）和单选框（RadioButton）。

```
< form action= 处理该表单的 url method= POST>
< input type= checkbox name= 水果 1> Banana< p>
< input type= checkbox name= 水果 2 checked> Apple< p>
< input type= checkbox name= 水果 3 value= 橘子> Orange< p>
< input type= submit> < input type= reset>
< /form>
```

（3）隐藏表单的元素。

```
< form action= /cgi-bin/post-query method= POST>
< input type= hidden name= add value= hoge@ hoge. jp>
Here is a hidden element. < p>
< input type= submit> < input type= reset>
< /form>
```

（4）列表框（Selectable Menu）。

```
< form action= /cgi-bin/post-query method= POST>
< select name= fruits>
```

```
< option> Banana
< option selected> Apple
< option value= My_Favorite> Orange
< /select> < p>
< input type= submit> < input type= reset>
< /form>
```

（5）文本区域。

```
< form action= /cgi-bin/post-query method= POST>
< textarea name= comment rows= 5 cols= 60>
< /textarea>
< P>
< input type= submit> < input type= reset>
< /form>
```

13.2.2 框架

通过使用框架，可以在同一个浏览器窗口中显示不止一个页面。每份 HTML 文档称为一个框架，并且每个框架都独立于其他的框架。

框架结构标签（<frameset>）定义如何将窗口分割为框架，每个 frameset 定义了一系列行或列，rows/columns 的值规定了每行或每列占据屏幕的面积。框架标签（Frame）定义了放置在每个框架中的 HTML 文档。

框架标签（Frame）定义了放置在每个框架中的 HTML 文档。

在实践教程中"网络书店"的例子里，有一个 "sale.htm" 文件，这个文件就使用了框架。

在这个例子中，通过语句<frameset cols=" 25％，75％" frameborder=" no" >设置了一个两列的没有边框的框架集。第一列被设置为占据浏览器窗口的 25％。第二列被设置为占据浏览器窗口的 75％。

在第一列中，用通过语句<frameset rows=" 50％， * " frameborder=" no" >设置了一个两行的框架集。第一行通过语句<frame name=" sale2" src=" sale2. asp" >可显示文件 sale2. asp，第二行显示文件 sale3. asp。

13.3 ASP

前面介绍了客户机通过 HTML 文档中的表单向 Web 服务器发送数据。Web 服务器接收这些数据就要用到 ASP。

ASP 是 Active Server Page 的缩写，意为"动态服务器页面"。ASP 文件能够包含服务器端脚本，服务器脚本在服务器上执行，这些脚本被分隔符 <％ 和 ％> 包围起来。可包含合法的表达式、语句、或者运算符。ASP 文件还可以包含 HTML 标签。ASP 的网页文件的格式是 ".asp"。下面是一个 ASP 文件的示例。

```
< html>
< body>
   < %
     response. write("Hello World!")
```

```
%>
< /body>
< /html>
```

13.3.1 声明变量

在 Web 服务器中需要存储信息，变量就用于存储信息。下例演示如何声明变量，为变量赋值，并在程序中使用这个变量。

```
< %
dim name
name= "张三"
response. write(name & ",欢迎光临!")
%>
```

13.3.2 ASP 子程序

在 ASP 代码中可包含子程序和函数。下例演示如何声明函数，并在程序中使用这个函数。

```
< html>
< head>
< %
sub vbproc(num1,num2)
    response. write(num1* num2)
end sub
%>
< /head>
< body>
< p> Result: < %call vbproc(3,4)%> < /p>
< /body>
< /html>
```

在函数外声明的变量可被该 ASP 文件中的任何脚本访问。在函数中声明的变量只有在函数被调用时才会被访问，函数外的脚本无法访问该变量。如需声明供多个 ASP 文件使用的变量，可将变量声明为 session 变量或者 application 变量。

13.3.3 ASP 对象

ASP 中的内部对象非常重要。使用这些对象可以让 Web 服务器更容易收集客户机通过浏览器发送的请求信息、响应浏览器以及存储用户信息等。ASP 内嵌了五种基本对象：Response 对象、Request 对象、Server 对象、Application 对象和 Session 对象。在使用时要充分地利用这五个对象提供的各种方法及属性。

1. Response 对象

Response 对象用于从服务器向用户发送输出的结果。它的集合、属性和方法如表13-1、表 13-2、表 13-3 所示。

表 13-1　Response 集合

集合	描述
Cookies	设置 cookie 的值。假如不存在，就创建 cookie，然后设置指定的值

表 13-2　Response 属性

属性	描述
Buffer	规定是否缓存页面的输出
CacheControl	设置代理服务器是否可以缓存由 ASP 产生的输出
Charset	将字符集的名称追加到 Response 对象中的 content-type 报头
ContentType	设置 Response 对象的 HTTP 内容类型
Expires	设置页面在失效前的浏览器缓存时间（分钟）
ExpiresAbsolute	设置浏览器上页面缓存失效的日期和时间
IsClientConnected	指示客户端是否已从服务器断开
Pics	向 response 报头的 PICS 标志追加值
Status	规定由服务器返回的状态行的值

表 13-3　Response 方法

方法	描述
AddHeader	向 HTTP 响应添加新的 HTTP 报头和值
AppendToLog	向服务器记录项目（server log entry）的末端添加字符串
BinaryWrite	在没有任何字符转换的情况下直接向输出写数据
Clear	清除已缓存的 HTML 输出
End	停止处理脚本，并返回当前的结果
Flush	立即发送已缓存的 HTML 输出
Redirect	把用户重定向到另一个 URL
Write	向输出写指定的字符串

2. Request 对象

当浏览器向服务器请求页面时，这个行为就被称为一个 request（请求）。Request 对象用于从用户那里获取信息。它的集合、属性和方法描述如表 13-4、表 13-5、表 13-6 所示。

表 13-4　Request 集合

集合	描述
ClientCertificate	包含了存储于客户证书中的域值（field values）
Cookies	包含了 HTTP 请求中发送的所有 cookie 值
Form	包含了使用 post 方法由表单发送的所有的表单（输入）值
QueryString	包含了 HTTP 查询字符串中所有的变量值
ServerVariables	包含了所有的服务器变量值

表 13-5　Request 属性

属性	描述
TotalBytes	返回在请求正文中客户端所发送的字节总数

表 13-6　Request 方法

方法	描述
BinaryRead	取回作为 post 请求的一部分而从客户端送往服务器的数据，并把它存放到一个安全的数组之中

下面的例子演示了如何用 Request 对象从表单取回用户信息。

如果客户打开一个网页，里面包含如表单：

```
< form method= "get" action= "simpleform. asp">
姓名:< input type= "text" name= "name" /> < br /> < br />
< input type= "submit" value= "发送" />
< /form>
```

如果用户在上面的表单实例中输入"张三"，发送至服务器的 URL 会类似这样：

```
http://192.168.1.1/myweb/simpleform.asp? name= 张三
```

假设 ASP 文件"simpleform. asp"包含下面的代码：

```
< body>
欢迎< %response. write(request. querystring("name"))%>
< /body>
```

浏览器将显示如下：

欢迎张三

用户输入的信息可通过两种方式取回：Request. QueryString 或 Request. Form。

Request. QueryString 命令用于搜集使用 method=" get" 的表单中的值。使用 GET 方法从表单传送的信息对所有的用户都是可见的（出现在浏览器的地址栏），并且对所发送信息的量也有限制。

Request. Form 命令用于搜集使用 method=" post" 方法的表单中的值。使用 POST 方法从表单传送的信息对用户是不可见的，并且对所发送信息的量也没有限制。

如果将上例改为

```
< form method= "post" action= "simpleform. asp">
姓名:< input type= "text" name= "name" /> < br /> < br />
< input type= "submit" value= "发送" />
< /form>
```

发送至服务器的 URL 会类似这样：

```
http://192.168.1.1/myweb/simpleform.asp
```

假设 ASP 文件"simpleform. asp"包含下面的代码：

```
< body>
欢迎< %response. write(request. form("name"))%>
< /body>
```

浏览器将显示如下：

欢迎张三

3. Application 对象

在一起协同工作以完成某项任务的一组 ASP 文件称作应用程序（application）。Application 变量对一个应用程序中的所有页面均有效。通常用于存储一个特定的应用程序中所有用户的信息。

Application 对象的集合、方法和事件的描述如表 13-7、表 13-8、表 13-9 所示。

表 13-7　Application 集合

集合	描述
Contents	包含所有通过脚本命令追加到应用程序中的项目
StaticObjects	包含所有使用 HTML 的 \<object\> 标签追加到应用程序中的对象

表 13-8　Application 方法

方法	描述
Contents. Remove	从 Contents 集合中删除一个项目
Contents. RemoveAll ()	从 Contents 集合中删除所有的项目
Lock	防止其余的用户修改 Application 对象中的变量
Unlock	使其他的用户可以修改 Application 对象中的变量（在被 Lock 方法锁定之后）

表 13-9　Application 事件

事件	描述
Application _ OnEnd	当所有用户的 session 都结束，并且应用程序结束时，此事件发生
Application _ OnStart	在首个新的 session 被创建之前（这时 Application 对象被首次引用），此事件会发生

可以像这样在 "Global. asa" 中创建 Application 变量：

```
< script language= "vbscript" runat= "server">
Sub Application_OnStart
application("user")= ""
End Sub
< /script>
```

在上面的例子中，我们创建了一个 Application 变量:" user"。

可以像这样访问 Application 变量的值：

```
< %
Response. Write(Application("user") & ",欢迎您!")
%>
```

4. Session 对象

Session 对象用于存储关于某个用户的会话（session）信息，或者修改相关的设置。存储在 session 对象中的变量掌握着单一用户的信息，同时这些信息对于页面中的所有页面都是可用的。存储于 session 变量中的信息通常是 name、id 以及参数等。服务器会为每位新用户创建一个新的 Session 对象，并在 session 到期后撤销这个对象。

下面是 Session 对象的集合、属性、方法以及事件如表 13-10、表 13-11、表 13-12、表 13-13所示。

表 13-10　Session 集合

集合	描述
Contents	包含所有通过脚本命令追加到 session 的条目
StaticObjects	包含了所有使用 HTML 的 <object> 标签追加到 session 的对象

表 13-11　Session 属性

属性	描述
CodePage	规定显示动态内容时使用的字符集
LCID	设置或返回指定位置或者地区的一个整数。诸如日期、时间以及货币的内容会根据位置或者地区来显示
SessionID	为每个用户返回一个唯一的 id。此 id 由服务器生成
Timeout	设置或返回应用程序中的 session 对象的超时时间（分钟）

表 13-12　Session 方法

方法	描述
Abandon	撤销一个用户的 session
Contents. Remove	从 Contents 集合删除一个项目
Contents. RemoveAll ()	从 Contents 集合删除全部项目

表 13-13　Session 事件

事件	描述
Session _ OnEnd	当一个会话结束时此事件发生
Session _ OnStart	当一个会话开始时此事件发生

Session 对象开始于：

（1）当某个新用户请求了一个 ASP 文件，并且 Global. asa 文件引用了 Session _ OnStart 子程序时；

（2）当某个值存储在 Session 变量中时；

（3）当某个用户请求了一个 ASP 文件，并且 Global. asa 使用 <object> 标签通过 session 的 scope 来例示某个对象时；

假如用户没有在规定的时间内在应用程序中请求或者刷新页面，session 就会结束。可以使用 Timeout 属性设置这个时间间隔。

下面的例子把 "Donald Duck" 赋值给名为 username 的 session 变量，并把 "50" 赋值给名为 age 的 session 变量：

```
< %
Session("username")= "Donald Duck"
Session("age")= 50
%>
```

一旦值被存入 session 变量，它就能被 ASP 应用程序中的任何页面使用：

Welcome <%Response. Write（Session（" username"））%>

也可以在 session 对象中保存用户参数，然后通过访问这些参数来决定向用户返回什么页面。

5. Server 对象

ASP Server 对象的作用是访问有关服务器的属性和方法。其属性和方法描述如表 13-14、表 13-15 所示。

表 13-14　Server 属性

属性	描述
ScriptTimeout	设置或返回在一段脚本终止前它所能运行时间（秒）的最大值

表 13-15　Server 方法

方法	描述
CreateObject	创建对象的实例（instance）
Execute	从另一个 ASP 文件中执行一个 ASP 文件
GetLastError（）	返回可描述已发生错误状态的 ASPError 对象
HTMLEncode	将 HTML 编码应用到某个指定的字符串
MapPath	将一个指定的地址映射到一个物理地址
Transfer	把一个 ASP 文件中创建的所有信息传输到另一个 ASP 文件
URLEncode	把 URL 编码规则应用到指定的字符串

13.4　ADO

13.4.1　ADO 模型概述

ADO（ActiveX Data Objects，ActiveX 数据对象）是 Microsoft 提出的应用程序接口，用于访问数据库。如果希望通过网页访问 ACCESS 数据库，可以在 ASP 页面中包含 ADO 程序，当用户请求该 ASP 页面时，返回的网页将会包含从数据库中获取的数据。这些数据都是由 ADO 代码做到的。

ADO 包含了 7 个对象：

（1）Connection 对象：定义与数据源的连接。

（2）Command 对象：定义对数据源执行的命令。

（3）Recordset 对象：接收来自数据源的数据。

（4）Parameter 对象：为 Command 对象提供参数信息和数据。

（5）Field 对象：用来访问当前记录中的每一列的数据，可以用 Fields 对象创建一个新记录、修改已存在的数据等。

（6）Property 对象。

（7）Error 对象。

常用的是 Connection、Recordset 和 Command。

从 ASP 文件内部访问数据库的通常途径是：

（1）创建至数据库的 ADO 连接（ADO connection）。

（2）打开数据库连接。

（3）创建 ADO 记录集（ADO recordset）。

（4）打开记录集（recordset）。

（5）从数据集中提取你所需要的数据。

（6）关闭数据集。

（7）关闭连接。

ADO 对象模型中还包含了 3 个集合：

（1）Fields 集合。

（2）Properties 集合。

（3）Errors 集合。

13.4.2　ADO 对象详解

1. Connection 对象

Connection 对象用来与数据源建立连接、执行查询以及建立事务处理。可以设置 Connection 对象的 ConenectionString 属性来间接设置 Provider 属性。

2. Command 对象

Command 对象执行数据库操作命令，这些命令并不只限于查询串。使用 Command 对象可以建立一个新的连接，也可以使用当前已经建立的连接，这取决于对象"ActiveConection"属性的设置。如果"Activeconection"属性被设置为一个 Connection 对象的引用，那么 Command 对象就建立一个新的连接，并使用这个新连接。每个 Connection 对象可以包含多个 Command 对象。

例如：Command 对象用"Select * from Tablename"的形式来执行一个查询。

3. Recordset 对象

Recordset 对象用来操作查询返回的结果集，它可以在结果集中添加、删除、修改和移动记录。当创建了一个 Recordset 对象时，一个游标也被自动创建了。可以用 Recordset 对象的 CursorType 属性来设置游标的类型。游标的类型有 4 种：仅能向前移动的游标、静态的游标、键集游标和动态游标。

4. Parameters 集合和 Parameter 对象

Parameters 集合和 Parameter 对象为 Command 对象提供参数信息和数据。当且仅当 Command 对象执行的查询是一个带参数的查询时，Parameters 集合和 Parameter 对象才有用，Parameter 对象包含在 Parameters 集合中。Parameter 对象中可以包含 4 种类型的参数：输入、输出、输入输出和返回值类型。

5. Fields 集合和 Fields 对象

Fields 集合和 Fields 对象用来访问当前记录中的每一列的数据，可以用 Fields 对象创建一个新记录、修改已存在的数据等。用 Recordset 对象的 AddNew、Update 和 UpdateBatch 方法来添加新记录和更新记录。也可以用 Fields 对象来访问表中每一个字段的一些属性。

6. Properties 集合和 Property 对象

ADO 对象有两种类型的属性：一种是内置的，另一种是动态的。内置的属性不出现在对象的 Properties 集合中，而动态的属性是由 OLE DB 供应者定义的，它们出现在相应的

ADO 对象的 Properties 集合中。Connection、Command、Recordset 和 Field 对象包含有 Properties 集合，Properties 集合中包含了 Property 对象，它们负责提供四个对象的特征信息。ADO 的事件见表 13-16 所示。

表 13-16　ADO 事件

事件	事件描述	事件数据
ConnectionClose	指示 ADO 要与 OLE DB 数据源断开连接	无
ConnectionOpen	指示 ADO 正在连接到 OLE DB 数据源	如果客户端提供，则为连接到数据源所用的连接字符串
Find	指示 ADO 客户端已调用 ADO Recordset. Find 函数	"查找"操作的判据；根据该判据匹配记录
GetRows	指示 ADO 客户端已调用 ADO Recordset. GetRows 函数	提取的行数
QueryResult	指示数据库已返回响应查询的结果集	无
QuerySend	指示 ADO 正在执行命令	该事件可由下列函数触发 Connection. Execute Command. Execute Connection. <存储过程名> Recordset. Open 构成查询的 SQL 语句
RecordsetOpen	指示 ADO 正在打开远程服务器上的记录集。仅适用于三层方案	打开记录集的源（通常为行返回的命令文本）
Sort	指示 ADO 准备筛选或对数据排序	排序或筛选应用于记录集数据的判据
Transaction Rollback	指示 ADO 要中止当前本地事务	返回真或假。如果为真，则保持中止，即该事务中止后紧跟着开始另一事务。如果为假，则不保持中止
TransactionCommit	指示 ADO 正在提交 OLE DB 提供程序上的本地事务	返回真或假。如果为真，则保留提交，即该事务提交后紧跟着开始另一事务。如果为假，则不保留提交
TransactionStart	指示 ADO 正在开始 OLE DB 提供程序上的本地事务	ADO 开始事务所基于的隔离级别。隔离级别指示可看到其他事务所做更改的哪一级别
UpdateBatch	指示 ADO 正在向提供程序发送更新批处理。仅适用于三层方案	如果有，为 ADO 将更新发送到的远程服务器名

小　　结

通过本章的学习，希望大家能将之前学过的 VB 编程应用到网络的环境中。要完成这个转变，只需在一台 Windows 操作系统的计算机上安装 IIS，建立 Web 站点，编写网页文件即可。

如果在网页中使用 VB 的子集 VBScript，你可以制作丰富的效果，再加入表单和 ASP，就可以让客户机访问 Web 服务器。当你想建立一个电子商务网站的时候，别忘了还有一个 ADO，它可以让站点中的 ASP 文件去访问你精心设计的数据库。到这个时候，客户能访问你的 Web 站点，Web 站点能访问数据库，你就大功告成了。

第14章　学生信息管理系统介绍

本章内容概要

本章将以基于VB（Visual Basic）和Access数据库开发的"学生信息管理系统"为例，采用软件工程的思想作为系统设计和开发的基本步骤，向大家介绍管理信息系统开发的一般过程。旨在引导学生将之前各章学习过的内容进行综合运用，培养学生在编程语言方面的计算思维能力。

系统特点：由于本例将作为学生刚刚学完基础知识后不久，就开始尝试独立完成的系统之一，因此，为了让学生更快的上手，本系统在设计过程中，重点偏向于功能模块的简化和常用操作的强化。系统在功能模块上，简化为只保留学生比较常用的学生基本信息，课程信息和成绩信息的管理。常用操作上，重点强化对各类数据，以不同形式和方法实现"增，删，查，改"等操作。另外，从实用的角度出发，系统特意针对我校每学期都要计算各个同学成绩绩点的特点，在Access中设计了基于查询的查询，并在VB中将结果展示出来。

在软件工程领域中，系统开发的思想是，在开发过程中应基本遵循需求分析，数据库设计，总体设计，详细设计等步骤。下面我们就以此为主线，详细地介绍一下这个学生信息管理系统。

14.1　需求分析

学生信息的管理，包括了对在校学生基本信息，开设的课程信息，考试完成后的成绩信息等多种信息的录入，查询，修改和删除等各项工作。它是学校管理工作中的一项重要内容。随着信息技术的发展，越来越多的高校开始使用自己开发的学生信息管理系统，以便对本校的学生信息进行管理，并在自行开发的系统中，添加入一些符合自己学校特色的功能。如前面所述，为了让同学们更快地将所学知识运用到实践中，本系统利用VB+Access，开发了一个学生信息管理系统的简单原型。除了可以实现上述功能的电子化管理外，还在成绩部分，结合我校实际情况，添加了对成绩绩点的计算，以便于更好的贴合我校的具体情况。

14.2　数据库设计

为了满足需求分析中提到的各项功能，需要设计合理的数据库结构来存储各种数据。本系统的基本思路是，将所有的信息大致分为4个部分：登陆用户相关信息，学生基本信息，课程基本信息和成绩信息。其中，由于后3个部分数据之间是有一定联系的，因此在具体设计数据库时，需要合理分配每个部分应该具有哪些信息，有效避免信息冗余或信息缺失。

由于在数据库设计过程中，E-R图是一个很重要的部分，因此，下面就以E-R图的形式来对数据库中的各表，各表属性及各表间的关系进行描述。其中，矩形表示实体，即表；椭圆形表示实体的属性；菱形表示实体间的关系。如图14-1～图14-5所示。

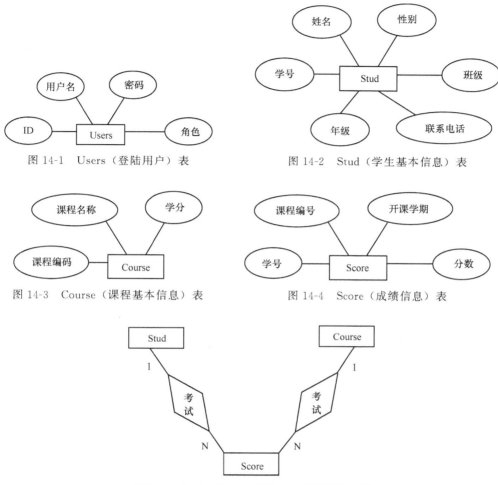

图 14-1　Users（登陆用户）表

图 14-2　Stud（学生基本信息）表

图 14-3　Course（课程基本信息）表

图 14-4　Score（成绩信息）表

图 14-5　Stud，Course 和 Score 三表间的关系

14.3　总体设计

总体设计部分，主要负责设计系统应该具有的主要功能模块。如前所述，此系统将功能简化为同学们常用的几个部分，具体描述如下：

（1）用户管理：这个部分主要是对系统登陆用户的管理。系统的登陆用户分为学生和老师两个大类，每类用户登陆系统后，会有不用的用户权限。两类用户都可以做对自己登陆密码修改的操作，但只有较高权限的用户，才可以进行新用户的添加工作。

（2）学生基本信息管理：包括了对学生基本信息的增加，删除，查询和修改等操作。

（3）课程信息管理：包括了对课程基本信息的增加，删除，查询和修改等操作。

（4）成绩信息管理：包括了对基础信息的增加，删除，查询和修改等操作，查询各科成绩绩点的操作和查询各个学期各位同学成绩绩点的操作。

学生信息管理系统功能模块如图 14-6 所示。

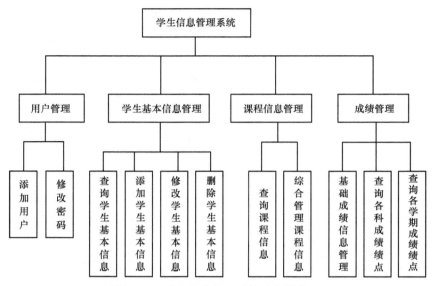

图 14-6　学生信息管理系统功能模块图

14.4　详细设计

14.4.1　界面设计

　　管理信息系统在具体设计过程中，如果能有一个简单，清晰而又易用的界面，将会给实际用户在使用过程中，带来很大的方便。因此，本系统尝试着用简单，直观的设计方式，来尽量给用户提供较好的用户体验。部分主要设计界面如图 14-7～图 14-12 所示：

图 14-7　系统登陆界面

图 14-8　系统主界面

图 14-9 用户添加界面

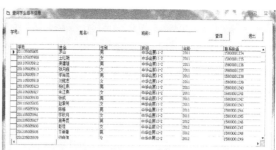

图 14-10 查询学生基本信息

图 14-11 查询各科成绩

图 14-12 查询各学期平均绩点

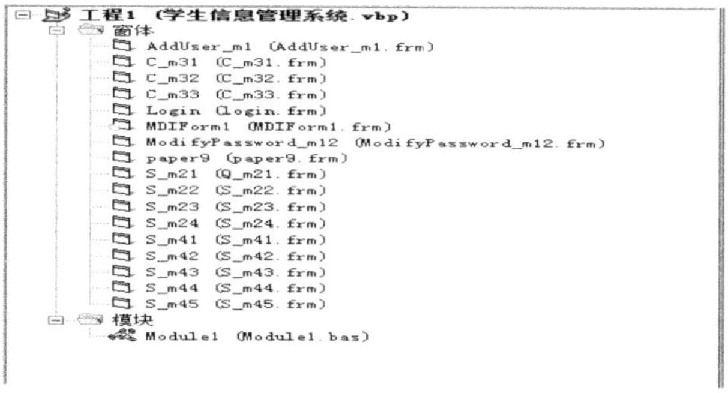

图 14-13 系统开发界面中窗体及模块结构分布

14.4.2 代码设计

由于本系统采用的是 VB＋Access 开发模式，而 VB 是一种可视化的开发工具，因此每个模块的具体代码，通常都是嵌入到相应窗体的具体控件（如按钮，文本框，组合框等）中。本系统中所用到的所有代码均分布在窗体和模块两大部分之中，其分布情况参加图 14-13。由于篇幅有限，因此，此次仅对部分功能的具体代码进行描述，其余部分，同学们可以参考光盘中附带的相关文件。

1. 登陆界面

登陆界面上具有代表性的代码主要集中在"登陆"按钮上，其设计思路如下。根据用户输入的用户名和密码，连接数据库，在数据库中查找是否有该用户。如存在该用户且输入的密码正确，那么则提示登陆成功，并转入系统主界面；否则，提示输入有误，不能进入系统。

　　在设计的具体过程中，首先要解决的是如何连接数据库的问题。VB 连接 Access 有很多种方法，此处采用的是编写代码，进行连接的方法，其优点是，编写一次，即可多次反复使用，并且如果需要修改或更换原有数据库名称时，可以在程序中仅修改一个地方，即完成对整个系统所有连接数据库地方更新的效果。

　　具体的设计过程，是先在模块中，写入相关的连接字段函数 connstring（），在其中写出数据连接方式和具体连接的数据库对象，具体代码如下：

```
Public Function connstring() As String
    connstring = "provider= Microsoft. Jet. OLEDB. 4. 0; Data source = " & App. Path & "/
student. mdb"
End Function
```

　　然后，为了在系统的各个其他地方，方便地使用各种 Sql 查询语句，系统专门在模块部分写了一个 ExecuteSQL（ByVal sql As String）函数，用于统一处理增，删，查，改的常用 sql 语句操作。具体代码如下：

```
Public Function ExecuteSQL(ByVal sql As String) As ADODB. Recordset
  Dim mycon As ADODB. Connection
  Dim rst As ADODB. Recordset
  Set mycon = New ADODB. Connection
  mycon. ConnectionString = connstring
  mycon. Open
  Dim stokens() As String
  On Error GoTo exectuesql_error
  stokens = Split(sql)
If InStr("INSER, DELETE, UPDATE", UCase(stokens(0))) Then
      mycon. Execute sql
  Else
  Set rst = New ADODB. Recordset
  rst. Open Trim(sql), mycon, adOpenKeyset, adLockOptimistic
  Set ExecuteSQL = rst
  End If
exectuesql_exit:
  Set rst = Nothing
  Set mycon = Nothing
  Exit Function
exectuesql_error:
  Resume exectuesql_exit
End Function
```

　　因此，登陆界面上的"登陆"按钮，之需要在上述两个函数的辅助下，即可快速实现之前提及的逻辑判断过程。"登陆"按钮的具体代码如下：

```
Private Sub Command1_Click()
'判断用户名和密码的有效性
  Dim mrc As ADODB. Recordset
  txtsql = "select 用户名 from users where 用户名= '" & Trim(Text1. Text) & "' and 密码=
```

```
'" & Trim(Text2.Text) & "'"
    Set mrc = ExecuteSQL(txtsql)
    If mrc.EOF = True Then
        MsgBox "用户名或密码错误!", vbExclamation + vbOKOnly, "警告"
        Text1.SetFocus
        Exit Sub
    End If
  '若验证通过,打开主界面
    LoginUser = Trim(Text1.Text)
    MDIForm1.Show
    Unload Me
End Sub
```

2. 主界面菜单的控制

成功登陆后,即可进入主界面。由于本系统的用户分成两大类,学生和教师,且具有不同权限(默认情况下,教师具有管理员权限),因此,需要根据登陆的是那种用户来确定主界面部分关键菜单是否可用。本系统在开发过程中,以"添加用户"这个子菜单为例,来控制不同类别的用户登陆后,此菜单是否可用。控制体代码,写在主界面窗体(MDIForm1.frm)的 Load 事件中,具体代码如下:

```
Private Sub MDIForm_Load()
'通过查询用户的权限,来确定是否需要禁用相应的菜单
    Dim mrc As ADODB.Recordset
    txtsql = "select * from users where 用户名= '" & LoginUser & "'"
    Set mrc = ExecuteSQL(txtsql)
    If mrc.Fields("角色") < > "管理员" Then
        tjyh_m11.Enabled = False
    End If
    LoginUserRole = mrc.Fields("角色")
End Sub
```

3. 查询学生的基本信息

此次,给出三个可查选项:学号、姓名和班级。当任何条件都不输入时,点击"查询",查询出全部的学生信息;单独输入其中一个选项的内容时,查询满足该选项的学生信息;同时输入两个或三个选项时,则查询出同时满足这些条件的学生。此部分的设计关键在于,如何将多种不同情况的查询,统一在一个"查询"按钮中。"查询"按钮的具体代码如下:

```
Private Sub Command1_Click()
    Set recRecordset1 = Adodc1.Recordset '复制记录集
    Dim sFilterStr As String
    Dim xhtj As String '学号条件
    Dim xmtj As String '姓名条件
    Dim bjtj As String '班级条件
    '查询时,若字段不填,则默认查询全部
    If Trim(Text1.Text) = "" Then
        xhtj = ""
```

```
    Else
        xhtj = "学号 like '* " & Trim(Text1.Text) & "* '"
    End If
    If Trim(Text2.Text) = "" Then
        xmtj = ""
    Else
        xmtj = "姓名 like '* " & Trim(Text2.Text) & "* '"
    End If
    If Trim(Text3.Text) = "" Then
        bjtj = ""
    Else
        xbtj = "班级 like '* " & Trim(Text3.Text) & "* '"
    End If
    If Trim(Text1.Text) <> "" And Trim(Text2.Text) <> "" Then
        xmtj = " and " & xmtj
    End If
    If (Trim(Text1.Text) <> "" Or Trim(Text2.Text) <> "") And Trim(Text3.Text) <>
"" Then
        xbtj = " and " & xbtj
    End If
        sFilterStr = Trim(sFilterStr & xhtj & xmtj & xbtj)
    If sFilterStr = "" Then
        Adodc1.RecordSource = "select *  from stud order by 学号"
        Adodc1.Refresh
    Else
        recRecordset1.Filter = sFilterStr
    End If
End Sub
```

4. 添加学生基本信息

　　此部分需要考虑的问题，大致有两个。一个是，新增的学生，各部分数据的有效性，如学号不能为空，姓名不能为空等；另外一个是，不能添加系统数据库中已经存在的学生。然后，再通过相关手段，将数据从前台界面上，更新到后台数据库中。主要的代码，集中在界面上的"添加"按钮中，具体内容如下：

```
Private Sub Command1_Click()
    If Trim(Text1.Text) = "" Then
        MsgBox "学号不能为空!", vbExclamation + vbOKOnly, "警告"
        Text1.SetFocus
        Exit Sub
    End If
    If Trim(Text2.Text) = "" Then
        MsgBox "姓名不能为空!", vbExclamation + vbOKOnly, "警告"
        Text2.SetFocus
        Exit Sub
```

```
      End If
   '判断学生是否已经存在
      Dim mrc As ADODB. Recordset
      txtsql = "select * from stud where 学号= '" & Trim(Text1. Text) & "'"
      Set mrc = ExecuteSQL(txtsql)
      If mrc. EOF = False Then
         MsgBox "该学号的学生已经存在名!", vbExclamation + vbOKOnly, "警告"
      Text1. SetFocus
      Exit Sub
      End If
      txtsql = "select * from stud"
      Set mrc = ExecuteSQL(txtsql)
      mrc. AddNew
      mrc. Fields("学号") = Trim(Text1. Text)
      mrc. Fields("姓名") = Trim(Text2. Text)
      mrc. Fields("性别") = Trim(Text3. Text)
      mrc. Fields("班级") = Trim(Text4. Text)
      mrc. Fields("年级") = Trim(Text5. Text)
      mrc. Fields("联系电话") = Trim(Text6. Text)
      mrc. Update
      MsgBox "学生添加成功!", vbExclamation + vbOKOnly, "警告"
      Text1. Text = ""
      Text2. Text = ""
      Text3. Text = ""
      Text4. Text = ""
      Text5. Text = ""
      Text6. Text = ""
End Sub
```

5. 修改学生基本信息

　　此部分中有两个主要按钮，一个是"查询"，一个是"保存"。由于是修改已经存在于数据库中的某个学生的相关信息，因此，系统提供了这样一个功能，当用户正确的输入该同学的学号时，点击"查询"按钮，系统自动从数据库中查出相应的数据，并填写在前台界面上，供用户修改。修改完成后，点击"保存"按钮，系统将当前界面上的信息，更新到数据库中。这两个按钮的具体代码，分别如下：

```
Private Sub Command1_Click() '查询按钮
   If Trim(Text1. Text) = "" Then
      MsgBox "学号不能为空!", vbExclamation + vbOKOnly, "警告"
      Text1. SetFocus
      Exit Sub
   End If
'判断学生是否已经存在
   Dim mrc As ADODB. Recordset
   txtsql = "select * from stud where 学号 = '" & Trim(Text1. Text) & "'"
```

```
        Set mrc = ExecuteSQL(txtsql)
    If mrc.EOF = True Then
        MsgBox "该学号的学生不存在!" & txtsql, vbExclamation + vbOKOnly, "警告"
        Text1.SetFocus
        Exit Sub
    Else
        Text2.Text = mrc.Fields("姓名")
        Text3.Text = mrc.Fields("性别")
        Text4.Text = mrc.Fields("班级")
        Text5.Text = mrc.Fields("年级")
        Text6.Text = mrc.Fields("联系电话")
    End If
End Sub


Private Sub Command2_Click()    '保存按钮
    If Trim(Text1.Text) = "" Then
        MsgBox "学号不能为空!", vbExclamation + vbOKOnly, "警告"
        Text1.SetFocus
        Exit Sub
    End If
    If Trim(Text2.Text) = "" Then
        MsgBox "姓名不能为空!", vbExclamation + vbOKOnly, "警告"
        Text2.SetFocus
        Exit Sub
    End If
'更新原有内容
        Dim mrc As ADODB.Recordset
        txtsql = "select * from stud where 学号= '" & Trim(Text1.Text) & "'"
        Set mrc = ExecuteSQL(txtsql)
        '更新时,不更新学号
        mrc.Fields("姓名") = Trim(Text2.Text)
        mrc.Fields("性别") = Trim(Text3.Text)
        mrc.Fields("班级") = Trim(Text4.Text)
        mrc.Fields("年级") = Trim(Text5.Text)
        mrc.Fields("联系电话") = Trim(Text6.Text)
        mrc.Update
        MsgBox "学生基本信息修改成功!", vbExclamation + vbOKOnly, "警告"
        Text1.Text = ""
        Text2.Text = ""
        Text3.Text = ""
        Text4.Text = ""
        Text5.Text = ""
        Text6.Text = ""
    End Sub
```

6. 删除学生基本信息

界面布局上和更新学生基本信息的窗体差不多，也是有"查询"这个功能按钮，不同的是"保存"换成了"删除"按钮。删除按钮的具体代码如下：

```
Private Sub Command2_Click()
    If Trim(Text1.Text) = "" Then
        MsgBox "学号不能为空!", vbExclamation + vbOKOnly, "警告"
        Text1.SetFocus
        Exit Sub
    End If
'删除原有内容
    Dim mrc As ADODB.Recordset
    txtsql = "select * from stud where 学号= '" & Trim(Text1.Text) & "'"
    Set mrc = ExecuteSQL(txtsql)
    If mrc.EOF = True Then
        MsgBox "该学号的学生不存在!" & txtsql, vbExclamation + vbOKOnly, "警告"
        Text1.SetFocus
        Exit Sub
    Else
      mrc.Delete
      MsgBox "学生基本信息删除成功!", vbExclamation + vbOKOnly, "警告"
    End If
    Text1.Text = ""
    Text2.Text = ""
    Text3.Text = ""
    Text4.Text = ""
    Text5.Text = ""
    Text6.Text = ""
End Sub
```

7. 课程信息的管理

课程信息虽然也基本上"增，删，查，改"等常用操作，但为了使同学们能够活学活用，举一反三，系统在设计的时候采用了与学生基本信息部分完全不同的方式来实现。此部分主要是借用 Adodc 和 DataGrid 这两个控件的配合来实现各项操作。相信此部分的内容，大家已经在前面的章节学习过了，因此，此处就不在冗述。具体代码可参见光盘中附带的系统源程序。

8. 查询各学期的平均绩点

此部分的功能是要查询出每个学生，每学期的平均绩点数字。实现此功能可以有多种方法，但是考虑到此系统是以 VB＋Access 方式进行开发的，而 Access 除了对数据进行存储外，自身还带有对数据的查询等功能。为了强化大家对 Access 的认识，此处，我们采用使用 Access 自带的查询，来获取相关的数据，再用 VB 进行前台界面的展示工作。

查询各学期的平均绩点，需要统计每个同学，每个学期所有课程的总绩点，再除以该生该学期所有课程的总学分。通过分析后发现，数据库中的 Score（成绩）表，很难在其上一次查询出我们所需的最终结果。所幸，Access 的查询数据来源，除了可以是表外，还可以是已经存在的查询。因此，本系统在解决此问题是，整体思路是，先建立两个查询，获取需要的中间结果，然后基于这两个查询，再建立一个最终查询，以获得所需要的数据。

　　首先，我们需要一个查询，以获得每个学生各个学期的总绩点数字。在系统中，我们制作出了 Q_score_1 查询，其设计视图如下所示（其中最后一列的字段内容为"总绩点：Sum（IIf（［分数］＜60，0，IIf（［分数］＜65，1，IIf（［分数］＜70，1.5，IIf（［分数］＜75，2，IIf（［分数］＜80，2.5，IIf（［分数］＜85，3，IIf（［分数］＜90，3.5，4）））））））＊［学分］）"），如图 14-14 所示。

图 14-14　Q_score_1 查询的设计视图

　　然后，我们还需要一个查询，获取每个学生各个学期的所有相关课程学分之和。在系统中，我们制作出了 Q_score_2 查询，其设计视图如图 14-15 所示：

图 14-15　Q_score_2 查询的设计视图

　　最后，我们做一个最终查询 Q_score_Avg_JD，以获取每个同学，每个学期的绩点。其设计视图如图 14-16 所示：

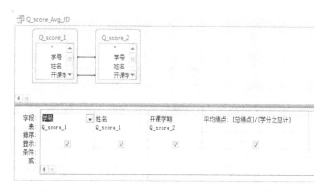

图 14-16　Q＿score＿Avg＿JD 查询的设计视图

小　　结

　　由于篇幅有限，此处就不能将所有的细节一一详述了。总体来说，学生信息管理系统是一个利用 VB＋Access 实现的管理信息系统简单原型，它一方面实现了管理信息系统常用的登陆及数据日常管理操作，同时又引入了针对我校的成绩绩点计算方式。

　　建议同学们在学习的过程中，先运行此系统，体验一下此系统提供的主要功能，同时思考一下，这些功能有可能是用我们学过的哪些知识点来实现的。然后，可以通过学习光盘中附带的本系统相关资料，来进一步验证自己的想法。最后，如果可以，希望同学们能自己动手尝试着做一个类似的小系统，从而加深同学们对相关知识点的理解和掌握，进一步培养自己在系统开发方面计算思维的能力。

参 考 文 献

龚沛曾，杨志强，陆慰民 . 2013. Visual Basic 程序设计教程 . 4 版 . 北京：高等教育出版社

姜继红，谭宝军 . 2011. Access 2003 中文版基础教程 . 2 版 . 北京：人民邮电出版社

李玲玉，牛晓太 . 2012. Visual Basic 程序设计教程 . 北京：清华大学出版社

李玉玲，牛晓太 . 2012. Visual Basic 程序设计教程（高等学校计算机课程规划教材）. 北京：清华大学出
    版社

林士伟，刘钱 . 2009. Visual Basic 程序设计 . 2 版 . 北京：中国铁道出版社

林卓然 . 2012. VB 语言程序设计 . 3 版 . 北京：电子工业出版社

刘宏，马晓荣 . 2012. Access 2003 数据库应用技术 . 北京：机械工业出版社

刘瑞新 . 2007. Visual Basic 程序设计教程 . 3 版 . 北京：电子工业出版社

刘卫国 . 2007. Visual Basic 程序设计教程 . 北京：北京邮电大学出版社

刘晓梅，李春强 . 2010. 程序设计基础及应用 . 北京：清华大学出版社

刘志妩，张焕君，马秀丽等 . 2011. 基于 VB 和 SQL 的数据库编程技术 . 北京：清华大学出版社

罗朝盛 . 2007. Visual Basic 6.0 程序设计教程 . 2 版 . 北京：人民邮电出版社

沈洪，施明利，朱军 . 2010. VB 程序设计 . 北京：清华大学出版社

谈冉，薛研歆 . 2011. Visual Basic 高级语言程序设计 . 北京：清华大学出版社

田更，王海等 . 2009. Visual Basic 程序设计 . 2 版 . 北京：中国铁道出版社

王建忠，何明瑞，张萍 . 2013. Visual Basic 程序设计 . 北京：科学出版社

吴昊 . 2007. Visual Basic 程序设计教程 . 北京：中国铁道出版社

杨明广，王秀华 . 2006. Visual Basic 程序设计教程 . 北京：中国科学技术出版社

张洪明 . 2003. Visual Basic 6.0 程序设计基础教程 . 北京：科学出版社

朱子江，胡毅 . 2010. Access 2003 数据库应用技术 . 北京：水利水电出版社